Klimawandel oder heiße Luft?

Udo Moll

www.klimawandel-oder-heisse-luft.de

Kontaktadresse des Autors:
dresimum@gmail.com

Copyright © 2016 by Dr. Udo Moll
Alle Rechte vorbehalten
ISBN 978-1536828467

Meiner Frau zum 75. Geburtstag
in Dankbarkeit für ihre Geduld und ihr Verständnis

INHALT

VORBEMERKUNG 8
1 WO IST DAS PROBLEM? 11
2 KLIMATOLOGIE, KLIMAFORSCHUNG UND IHRE
  BETREIBER 23
3 WAS WETTER MIT KLIMA ZU TUN HAT 27
4 KLIMA HAT SYSTEM 30
   4.1 Die Sonne als Antrieb 33
   4.2 Ozeane als Wärmespeicher und Transportbänder 35
   4.3 Kontinente sind globale Wärmetauscher 42
   4.4 Die Isolier- und Kühlwirkung von Eis und Schnee 45
   4.5 Lebewesen steuern die Chemie von Luft und Meer 46
5 HAUPTAKTEURIN IST DIE ATMOSPHÄRE 48
   5.1 Was ist eigentlich Atmosphäre? 49
   5.2 Der Bauplan der Atmosphäre 54
   5.3 Wasserdampf – ein Sonderling unter den Gasen 57
   5.4 Luft hat Gewicht: Druck und Statik der Atmosphäre 62
   5.5 Wie die Atmosphäre erwärmt wird 67
      5.5.1 Sonnenstrahlung auf dem Weg zur Erdoberfläche 67
      5.5.2 Reflexion und Absorption mindern die Strahlungskraft ...70
      5.5.3 Am Grund der Atmosphäre – die Globalstrahlung 72
      5.5.4 Ein- und Ausstrahlung halten sich genau die Waage 75
      5.5.5 Natürlicher Treibhauseffekt – eine Glashausanalogie 78
6 WAS ZUSÄTZLICHES CO_2 BEWIRKT UND WAS NICHT 83
   6.1 Wie groß ist der Strahlungsantrieb von CO_2 wirklich? 86
   6.2 Wie groß ist die Klimasensitivität von CO_2 wirklich? 88
   6.3 Und wie wirken sich Rückkopplungen aus? 89
   6.4 Die anthropogene Klimakatastrophe fällt aus! 95
   6.5 Abschließende Hochrechnung: Wo stehen wir heute? 97
   6.6 Das letzte Wort haben die Ozeane – aber erst ab 3016 98

7 THERMISCHE UNGLEICHGEWICHTE GESTALTEN UNSER KLIMA ... 101

7.1 Die Verteilung der Lufttemperatur als Maß allen Klimas 102
    7.1.1 Die Lufttemperatur ist eine schwankende Größe 102
    7.1.2 Nach oben wird es im Normalfall kälter 104
    7.1.3 Wenn Luft in die Luft geht 106
    7.1.4 Die Frontalzonen: Folgen des globalen Energiegefälles ... 108
7.2 Die Allgemeine Zirkulation der Atmosphäre 111
    7.2.1 Passate, ITC und Monsune – die Hadleyzirkulation 112
    7.2.2 Von den Rossbreiten zur Polarfront – die Ferrelzirkulation 117
    7.2.3 Die Rossbyzellen als polare Kältelieferanten 125
7.3 Der Idealkontinent und die Klimarübe 126
    7.3.1 Die Verteilung der Klimaregionen auf der Klimarübe ... 128
    7.3.2 Objektive Klimaklassifikationen sind brotlose Kunst 131
    7.3.3 Klimawandel und atmosphärische Zirkulation oder wie man regionale Klimamärchen entlarven kann 133

8 WIE DIE NATUR DAS KLIMA WANDELN KANN ... 137

8.1 Platten und Kontinente sind in Bewegung 138
8.2 Die Erdbahn ist nicht wirklich stabil 140
8.3 Auch die Sonnenaktivität schwankt beträchtlich 143
8.4 Wenn Vulkane den Himmel verdunkeln 148
8.5 Interne Systemschwankungen und Rückkopplungen 149
    8.5.1 El Niño und La Niña – die ungleichen Geschwister 150
    8.5.2 NAO – die Wettergöttin Europas 161
    8.5.3 AMO und seine Beziehung zu Hurrikanen 167

9 BLICK IN DEN RÜCKSPIEGEL ... 170

9.1 Welche Zeugen können wir finden? 170
9.2 Das Eiszeitalter und die Milankovićzyklen 172
9.3 Abrupte Klimakapriolen – Golfstrom im Off-Modus 177
9.4 Die Alpengletscher spielen verrückt – auch ohne CO_2 182
9.5 Was treibt denn langfristig wirklich unser Klima an? 188

10 FAZIT: MEHR HEISSE LUFT ALS ANTHROPOGENER KLIMAWANDEL ... 192

LITERATUR ... 194

SACHREGISTER ... 199

„Das, was allgemein als ausgemacht gilt, verdient, am meisten untersucht zu werden."

Georg Christoph Lichtenberg

VORBEMERKUNG

„Im Stil der Katholischen Kirche warnen Umweltschützer seit einem Vierteljahrhundert vor der Treibhaushölle. Durch die globale Erwärmung, so ihre düstere Prophezeiung, würden Plagen biblischen Ausmaßes in Marsch gesetzt: Dauerdürren, Sintfluten und Wirbelstürme von nie da gewesener Wucht.
Doch inzwischen glauben deutlich weniger Menschen an den Weltuntergang. Einen dramatischen Meinungsumschwung hat eine Umfrage im Auftrag des SPIEGEL ermittelt: Die Deutschen verlieren die Angst vor dem Klimawandel. Fürchtete sich 2006 noch eine satte Mehrheit von 62 % vor der globalen Erwärmung, ist es jetzt nur noch eine Minderheit von 39 %...
Zu diesem Stimmungswechsel hat vermutlich beigetragen, dass die Erwärmung Pause macht: Seit mittlerweile 15 Jahren steigt die globale Mitteltemperatur nicht mehr weiter an - anders als von den Computersimulationen der Klimatologen vorhergesagt."[1] Daraus lässt sich zwar wissenschaftlich noch nichts wirklich Fundiertes ableiten, aber Anlass zum Nachdenken ergibt sich allemal.
Trotz dieser Entwicklung steht nach wie vor eine große Verunsicherung unserer Gesellschaft im Raum, wenn es um das heutige Klima und dessen zukünftige Entwicklung geht. Ein nahezu undurchdringliches Dickicht an unbeantworteten Fragen, unsachgemäßen, laienhaften oder sogar bewusst lancierten falschen Antworten und Prophezeiungen breitet sich überall in den Medien öffentlich vor uns aus. Selbst Messwerte klingen häufig unglaubwürdig, denn oft kann man sich des Eindrucks nicht erwehren, sie seien herbeigemessen oder herbeigerechnet worden, um ein vorgefasstes Ergebnis zu erzielen.
All das ist weniger deshalb möglich, weil das Thema Klimatologie ein sehr kompliziertes und schwer durchschaubares ist, sondern eher, weil es eines ist, welches uns alle betrifft. So nimmt es nicht weiter Wunder, dass Krethi und Plethi sich berufen fühlen, ihre ureigensten Kommentare öffentlich abzugeben und sich dabei den Anschein geben, die absolute Wahrheit gefunden zu haben. Selbst von wissenschaftlicher Seite

---

[1] Aus Der Spiegel 39/2013, Klima: Ratloses Orakel

meint so mancher, seine Predigt zur Klimaideologie beisteuern zu müssen, sehr oft gänzlich losgelöst von seriöser klimatologischer Sachkenntnis und Fachkompetenz. Gleichwohl soll nicht bestritten oder verkannt werden, dass sich hier von Fall zu Fall wider Erwarten auch die eine oder andere fruchtbare Ergänzung ergeben hat. Aber dennoch: Klimawissenschaft kommt einem häufig wie eine bibelgestützte Ideologie vor, der man gefälligst zu glauben hat. Aber seit wann hat Wissenschaft etwas mit Glauben zu tun?

Angesichts der im Großen und Ganzen vollkommen untragbaren Gesamtsituation möchte das vorliegende Buch den gewiss nicht leichten Versuch unternehmen, seinen hoffentlich zahlreichen klimatologisch interessierten Lesern ein wenig die Augen zu öffnen und den Blick zu erweitern. Es möchte den klimatologischen Laien durch fachlich fundierte, aber dennoch sprachlich allgemein verständliche Informationen in die Lage versetzen, klimatologische Scharlatanerie – auch so genannte wissenschaftliche – in der öffentlichen Diskussion zu unterscheiden und zu trennen von den relativ wenigen seriösen Beiträgen, was häufig nicht so einfach ist. In diesem Sinne ist es unumgänglich, dem Laien eine vereinfachte Kurzfassung von Allgemeiner Klimatologie, Paläoklimatologie und historischer Klimatologie mit an die Hand zu geben, soweit diese Fachgebiete für den Zugang zur heutigen Diskussion relevant sind. Denn man sieht bekanntlich nur, was man weiß.

Nur so kann es nach Auffassung des Autors hoffentlich einigermaßen gelingen, einem weiteren Personenkreis die Angst vor dem gefürchteten Klimawandel dauerhaft durch das Verbreiten von mehr „Klimabildung" zu nehmen und sie durch Sachverstand und eigene Urteilsfähigkeit zu ersetzen. Am wünschenswertesten wäre es natürlich, das weiter oben zitierte Umfrageergebnis des Wochenmagazins „Der Spiegel" gegen null schrumpfen zu sehen.

Dies soll allerdings nicht heißen, die heute betriebene Schwarzweißmalerei der Diskussion ins Gegenteil umkehren zu wollen. Es gilt lediglich, in aller Deutlichkeit klarzustellen, dass der Mensch bei weitem nicht die Alleinschuld am gegenwärtigen Klimawandel trägt. Vielmehr leistet die Natur selbst auch einen sehr stark unterschätzten Beitrag. Maßlos überschätzt wird hingegen die Auswirkung von CO_2, welches nicht einmal halb so viel Erwärmung erzeugt, wie man uns weismachen will. Was keineswegs bedeuten soll, dass es unvernünftig wäre, unseren Energieverbrauch zukünftig auf eine nachhaltige Basis zu stellen!

Im Sommer 2016   Udo Moll

„Je mehr Leute es sind, die eine Sache glauben, desto größer ist die Wahrscheinlichkeit, dass die Ansicht falsch ist. Menschen, die Recht haben, stehen meistens allein."

Sören Kierkegaard

1 WO IST DAS PROBLEM?

Der erste Wissenschaftler, der sich mit dem Wärmehaushalt der Erde beschäftigte, war der französische Mathematiker und Physiker Jean Baptiste Joseph Fourier (1768 – 1830). Er veröffentlichte bereits 1824 eine physikalische Abhandlung über dieses komplizierte Thema und gilt seither als Entdecker des heute viel zitierten Glashauseffekts.[2] Zur Zeit Fouriers waren die physikalischen Hintergründe dieses auch als Treibhauseffekt bezeichneten Phänomens jedoch noch lange nicht bestätigt und seine Ausführungen über einen wärmenden atmosphärischen Effekt somit reine Spekulation.
Erst nachdem Gustav Kirchhoff im Jahr 1859 die Spektralanalyse zur Begründung seiner Strahlungsgesetze entwickelte, beschäftigte sich als erster der irische Physiker John Tyndall (1820-1893) mit dem Absorptionsverhalten verschiedener atmosphärischer Gase und bestätigte mit seinem Differenzspektrometer Fouriers Behauptung, dass Gase in der Atmosphäre Wärme absorbieren können. Im Jahr 1890 begann dann Svante August Arrhenius (1859-1927), schwedischer Physiker und Nobelpreisträger für Chemie, zu untersuchen, wie die mittlere Erdtemperatur von wärmeabsorbierenden Gasen abhängt.[3] Damit war er der erste Wissenschaftler, der sich mit der Frage beschäftigte, wie sich eine Erhöhung der CO_2-Konzentration und der anderer Treibhausgase auf das Erdklima auswirken.
Allerspätestens seit dem Beginn der systematischen und kontinuierlichen instrumentellen Messung des Kohlendioxidgehalts der Erdatmosphäre im Jahr 1958 hat sich die mögliche globale Erwärmung unseres Planeten als Konsequenz anthropogen (durch den Menschen) verursachter Emissionen von Treibhausgasen zu einem bedeutenden wissenschaftlichen Thema entwickelt. Diese bis heute fortgesetzte Messreihe auf dem hawaiischen Mauna Loa verdanken wir dem US-amerikanischen Wissenschaftler Charles David Keeling von der Scripps

---

[2] Fourier, J. B. J.: Mémoire sur les températures du globe terrestre et des espaces planétaires. Les sciences de DES de Mémoires de l'Académie Royale 7, 1824.
[3] Arrhenius, S.: On the Influence of Carbonic Acid in the Air upon the Temperature of the Ground. In: Philosophical Magazine and Journal of Science 41, Nr. 251, 1896, S. 237–276.

Institution of Oceanography. Er dachte seiner Zeit um Lichtjahre voraus und gilt seitdem als einer der Pioniere der modernen Klimaforschung. Die täglich aktualisierte graphische Darstellung seiner Datensammlung ist als Keelingkurve weltweit hinreichend bekannt geworden.[4]

Nicht zuletzt dank ihrer Hilfe, so hoffen die Klimaforscher, wird es bald gelingen, die Täterschaft der Menschheit in Sachen globaler Erwärmung zu beweisen. Was ja trotz aller Fortschritte bis heute noch immer nicht so ganz gelungen ist und wohl auch kaum gelingen kann. Ein vollkommen zweifelsfreier „Fingerabdruck" steht denn auch noch aus. Es gibt nämlich eine natürliche globale Erwärmung, die es eindeutig zu unterscheiden gilt von einem menschlichen Anteil. Erstere gehört zum natürlichen Rauschen im System, während Letzterer das eigentliche Signal ist, welches durch angestrengtes Lauschen vom Rauschen zu trennen ist. Man fühlt sich unwillkürlich in das technische Zeitalter von

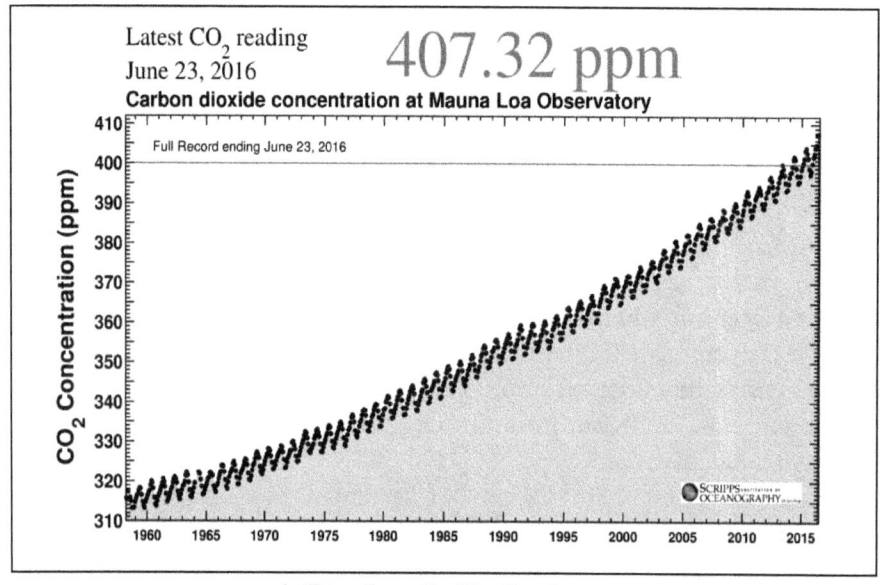

1: Die aktuelle Keelingkurve.

Volksempfänger und Radiodetektor zurückversetzt, wenn man Derartiges in wissenschaftlicher Literatur ernsthaft präsentiert bekommt.[5] Zumal anhand einfacher Gleichungen der Eindruck erweckt wird, der Erwärmungseffekt steigender CO_2-Konzentrationen auf die Glo

---

[4] https://scripps.ucsd.edu/programs/keelingcurve/
[5] Z. B. Mojib Latif: Globale Erwärmung. Stuttgart (Ulmer) 2012, S. 55 f. Diese Textstelle sei nur stellvertretend als eines von ungezählten Beispielen aus der Klimaforschungsliteratur genannt.

baltemperatur sei exakt quantifizierbar.[6] Aber ganz so reibungslos scheint es denn doch nicht zu sein, denn sonst könnten wir die aktuelle Klimadiskussion einfach beenden und statt dessen wirklich ganz konkret ausrechnen, was genau klimatisch passieren wird, wenn in Zukunft beispielsweise verschiedene CO_2-Schwellen überschritten werden. Dieses Thema wird weiter unten noch sehr ausführlich zu diskutieren sein, denn es gibt in der Tat Wissenschaftler, die vollkommen unverblümt und plausibel, aber dennoch völlig ungehört nachweisen, dass wirklich nichts passieren wird. Aber eins nach dem anderen!

Der immer bedrohlichere Ausmaße annehmende Verlauf der Keelingkurve und der gleichzeitige, unaufhaltbar scheinende globale Temperaturanstieg mahnen immerhin große Teile der Weltgemeinschaft eindringlich zum Umdenken und zur Abkehr von herkömmlichen Energielösungen, wenngleich es noch immer auch kompetente Stimmen gibt, die obigen Zusammenhang bestreiten oder zumindest in Zweifel ziehen.

In der Rückschau wundert es mich heute doch sehr, warum wir uns erst seit den 1980er Jahren ernsthaft fragen, ob der Mensch das Weltklima ändert. Und wenn ja, wie schnell und in welchem Ausmaß? Ich selbst hegte schon als zwölfjähriger Ruhrgebietsbewohner ähnlich düstere Klimagedanken, wie sie wohl auch Keeling zur selben Zeit gehabt haben musste, bevor er seine Messreihe ins Leben rief. Allerdings möchte ich gerne gestehen, dass ich von CO_2 und globaler Erwärmung noch nichts ahnte. Ich machte mir lediglich Sorgen über die tagtäglich zu beobachtende haarsträubende Luftverschmutzung bei gleichzeitig immer schneller wachsender Nachkriegswirtschaft. Meine Phantasie wurde angeregt durch die allgegenwärtigen Hochöfen, Kokereien, Kühltürme, rauchenden Schlote, Fördertürme und die wie zur Rußabweisung anthrazitfarben angestrichenen Häuser. Nicht von der Hand zu weisen war auch der brikettähnliche Naseninhalt, der alltäglich das blütenweiße Taschentuch verunreinigte. Außerdem gab es winterliche Smogwetterlagen, bei denen sich nach zehnminütigem Schulweg das Muster des Pullovers wie ein schwarzer Stempelabdruck auf dem darunter getragenen weißen Oberhemd wiederfand. Erwachsene pflegten meine damaligen „Forschungsergebnisse" mit einem milden Lächeln zu quittieren. Sie merkten offenbar noch nichts. Mir hatte es jedenfalls gelangt, weshalb ich mich gleich nach dem Abitur weiter nach Süden verdünnisierte.

Man mag sich zwar heute damit trösten, dass es gelungen ist, derartige Zustände im ehemaligen Kohlenpott zu beseitigen, aber man sollte

---

[6] Ebda., S.35 - 42.

auch nicht vergessen, dass sie sich gegenwärtig in China und anderen Schwellenländern in noch nie dagewesenem Ausmaß und in enormer flächenmäßiger Ausdehnung wiederholen. Der ein oder andere Klimaforscher könnte jedoch sogar froh darüber sein, denn immerhin besteht die hohe Wahrscheinlichkeit, dass solche riesigen Dunstglocken, wie sie heute Fernost einhüllen, die globale Erwärmung ziemlich deutlich herabmindern. Zum einen, weil ihre Schwebteilchen selbst einen erheblichen Teil des einfallenden Sonnenlichts unmittelbar durch Reflexion von der Erdoberfläche fernhalten. Zum anderen erhöht sich die Wolkenalbedo, d. h. die Reflexionskapazität der Wolken, durch die Verschmutzung. Es können nämlich viel mehr feinste reflektierende Wassertröpfchen an den schwebenden Aerosolpartikeln zu dichteren Wolken kondensieren, als dies bei sauberer Luft der Fall wäre. Auf diese Weise wird mehr einfallendes Sonnenlicht in den Weltraum zurückgestrahlt.

Schon weit über 50 Jahre vor Keeling hatte man den Zusammenhang zwischen Treibhausgasen in der Gashülle der Erde und der Lufttemperatur an der Erdoberfläche erkannt. 1896 berechnete der schwedische Nobelpreisträger Svante Arrhenius, dass eine Verdoppelung des CO_2-Gehalts der Atmosphäre eine globale Erwärmung von 4° bis 6° C zur Folge haben würde.

Das war schon bemerkenswert für seine Zeit, auch wenn die Ergebnisse nach heutigem Wissensstand um ein Vielfaches zu hoch ausgefallen sind. Aber erst seit den CO_2-Messungen Keelings ist unter den Klimatologen allmählich der Verdacht nicht mehr bestreitbar, dass der Mensch aufgrund der rasanten Entwicklung der Weltwirtschaft heute und in der Zukunft dazu beitragen könnte, die natürliche Zusammensetzung unserer Atemluft durch den erhöhten Ausstoß von Kohlendioxid und anderen Treibhausgasen nachhaltig in Richtung einer gravierenden globalen Erwärmung zu verändern. Besonders treffend formulierte dies Keelings Lehrer Roger Revelle 1957 angesichts des bevorstehenden Beginns der CO_2-Messungen in der New York Times: „Die Menschen führen momentan ein groß angelegtes geophysikalisches Experiment aus, das so weder in der Vergangenheit hätte passieren können noch in der Zukunft wiederholt werden kann."[7]

Seit den 1980er Jahren haben sich möglicher anthropogen verursachter Klimawandel und globale Erwärmung schließlich zu einem hochaktuellen, ja sogar brisanten Thema entwickelt, welches schon längst nicht mehr nur Klimawissenschaftler umtreibt oder solche, die sich dafür halten. Das Problem wurde angesichts erster deutlicher Anzeichen einer

---

[7] Aus Mojib Latif: Globale Erwärmung. Stuttgart (Ulmer) 2012, S. 6.

beginnenden globalen Erwärmung in Windeseile zu einem Brennpunkt öffentlichen Interesses, ja sogar zur Menschheitsfrage, und beschäftigt längst auch ganze Heerscharen von Hände ringenden Politikern rund um den Globus. Es entwickelte sich – offenbar von schlechtem Gewissen und Schuldbewusstsein gesteuert – eine richtiggehende Klimahysterie, und fast jedermann lauschte anfänglich verängstigt, aber vertrauensvoll den wissenschaftlich begründeten Erkenntnissen und Warnungen der allmächtigen Klimaforscher. Sichtbarster Ausdruck dieser auf der Glaubwürdigkeit der Klimatologie basierenden Entwicklung war 1988 die Gründung des auch als Weltklimarat bezeichneten Intergovernmental Panel on Climate Change (IPCC), zu Deutsch „Zwischenstaatlicher Ausschuss für Klimaveränderungen", mit Sitz im schweizerischen Genf. Träger dieses Gremiums sind das Umweltprogramm der Vereinten Nationen (UNEP) und die World Meteorological Organization (WMO), die ebenfalls zur UNO gehört.

Das Aufgabenspektrum des IPCC fasst der SPIEGEL ONLINE 2010 kurz und prägnant zusammen. Der Weltklimarat „soll umfassend, objektiv und ergebnisoffen die wissenschaftlichen, technischen und sozioökonomischen Informationen über den von Menschen verursachten Klimawandel bewerten. Das Gremium, dem Hunderte von Wissenschaftlern in aller Welt zuarbeiten, soll versuchen, die Folgen und Risiken der Klimaveränderung abzuschätzen und ausloten, wie man sie abschwächen oder sich zumindest an sie anpassen kann. Der IPCC führt keine eigenen Forschungsprojekte durch, sondern analysiert die Ergebnisse wissenschaftlicher Veröffentlichungen, die dem Peer-Review-Verfahren – der Prüfung von Fachartikeln durch unabhängige Gutachter – gefolgt sind."[8]

All das war mit Sicherheit gut gemeint. Kritisch anzumerken ist an dieser Stelle jedoch trotzdem, dass ein solches Verfahren die etablierten, also begutachtenden Forscher ganz offensichtlich bevorteilt. Sie werden natürlich ein typisches „Revierverhalten" entwickeln und hinter den Kulissen ein äußerst wirksames Kartell aufbauen, so dass anders denkende Forscher als Outsider ganz einfach unterdrückt oder, anders ausgedrückt, regelrecht abgewürgt werden. Es findet ganz automatisch eine geistige Inzuchtdegeneration statt. Damit beraubt sich die Klimatologie in aller Öffentlichkeit weitestgehend ihrer Neutralität und vor allem großer Teile ihrer Glaubwürdigkeit.

Der erste Klimareport des IPCC stammt aus dem Jahr 1990. Hier war mit Blick auf die globale Erwärmung noch von einem natürlichen Vor-

---

[8] http://www.spiegel.de/wissenschaft/natur/forscherskandal-heiser-kriegums-klima-a-a-688175.html

1 Wo ist das Problem?

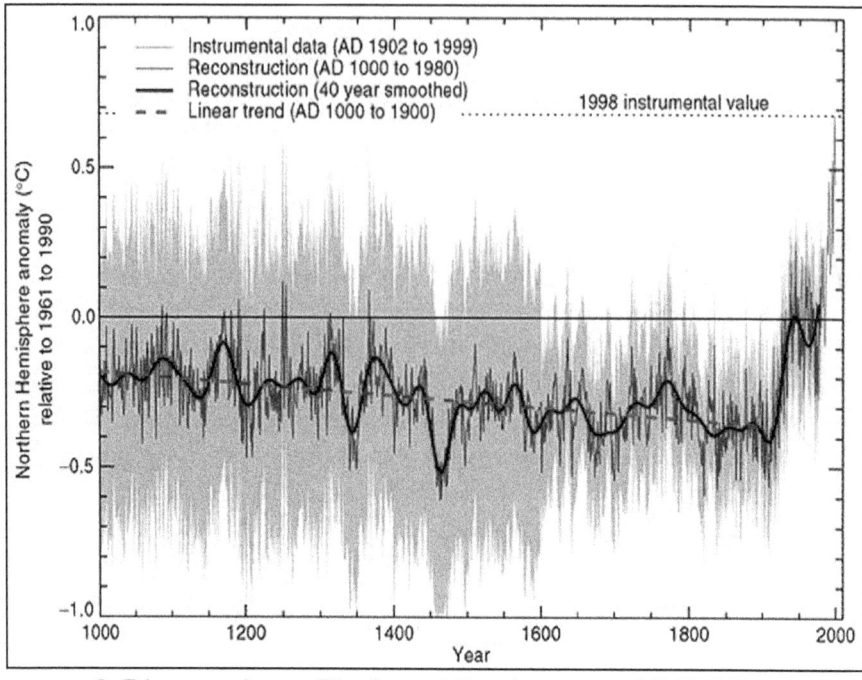

2: Die umstrittene Hockeyschlägerkurve von M. E. Mann.
Aus: http://www.spiegel.de/wissenschaft/natur/klimaforschung-streit-um-die-hockeyschlaeger-grafik-a-886334.html

gang die Rede, der durch die anthropogenen Treibhausgasemissionen überlagert und verstärkt werde. Der Bericht von 2007 liest sich dagegen gänzlich anders. Er schreibt die zunehmende Klimaerwärmung einzig und allein dem Menschen zu. Ausgeklügelte Computermodelle sowie zahllose Messreihen und Studien, in sechsjähriger Arbeit von über 2.500 Spezialisten durchgeführt, sollen diese weittragende und weltweit beachtete Aussage belegen, wenn nicht gar beweisen. Ob das so möglich ist, wird allerdings stark in Zweifel gezogen, denn Klima ist von Natur aus keineswegs ein statischer Zustand der Atmosphäre.
Als Ikone dieser Sichtweise des Klimaproblems fungiert, ungeachtet heftiger Kritik an der Methodologie ihrer Entstehung, häufig noch immer die so genannte Hockeyschlägerkurve, die der Klimahistoriker Michael E. Mann von der Pennsylvania State University zusammen mit zwei Kollegen im Jahr 1999 zielgerichtet zusammengemurkst und veröffentlicht hat.[9] „Für die Erstellung des Diagramms wurde eine große Zahl verfügbarer Klimadaten der letzten Jahrhunderte zusammengefasst, unter anderem Messdaten von Wetterstationen, aber auch bestimmte indirekte Klimadaten, so genannte Proxies, aus Sedimenten,

---

[9] Mojib Latif: Globale Erwärmung. Stuttgart (Ulmer) 2012, S. 28.

Bohrkernanalysen des Polareises oder Daten aus der Borstenkiefern-Dendrochronologie (Baumringdaten)." So jedenfalls sehen es manche Klimaforscher. Das Ergebnis jedoch war ein Diagramm, welches über 900 Jahre einen relativ gleichmäßigen Temperaturverlauf mit leichtem Abwärtstrend comme il faut zeigt und ab dem 20. Jahrhundert, wie könnte es anders sein, einen abrupten Steilanstieg der Temperatur dokumentiert. Die Ähnlichkeit dieser Kurve mit der Form eines Hockeyschlägers führte zu ihrem einprägsamen Namen.

Unüberhörbar ist jedoch der Verdacht von „abgewürgten" oder „ungläubigen" **Klimaskeptikern**, dass die von der IPCC geradezu im Voraus geforderten Ergebnisse im Sachstandsbericht von 2007 in Anlehnung an die Hockeyschlägerkurve lediglich „herbeigeforscht" und „herbeigerechnet" wurden. Frei nach dem Motto, dass man nur lange und kompliziert genug herumrechnen muss, um das Wunschergebnis zu bekommen. Die mannschen Rechenergebnisse werden denn auch von Kritikern nicht als Klimaprognosen gesehen, sondern als bloße Prophezeiungen oder sogar als Frechheit apostrophiert. Dies mag zunächst erstaunen, denn Computermodelle führen im Normalfall stets zu klaren Ergebnissen. Es sei denn, die eingegebenen Datensätze sind nicht ganz lupenrein. Wer möchte, kann an dieser Stelle einmal raten, was in obigem Fall wohl zutreffend sein mag.

Deshalb scheint man auf Seiten der **etablierten Klimaforscher** oder **Klimarealisten** nun doch etwas zurückrudern zu wollen, denn man spricht heute nicht mehr von Klimaprognosen, sondern von Klimaprojektionen, weil man eben leider die Randbedingungen eines Prognosemodells (z. B. die zukünftige Entwicklung der Treibhausgasemissionen oder die Genese und Dynamik der Wolkenbildung) fast nicht und schon gar nicht genau abschätzen kann, geschweige denn kennt. Auch bei der Quantifizierbarkeit der Treibhauswirkung von CO_2 ist man bei den Etablierten (bewusst?) nicht sehr weit gediehen. Und allein mit globalen oder hemisphärischen Mittelwerten der Temperatur kann man keinerlei Vorhersage zu räumlichen Auswirkungen von Klimawandel berechnen. Da braucht es schon erheblich mehr an geographischer Sachkenntnis. Und gerade daran mangelt es dem modernen Klimaforscher von heute, dem **Neoklimatologen**, in aller Regel ganz erheblich. Aber eben nur dann wäre man vielleicht tatsächlich in der Lage, Klima vorherzusagen. Da es sich jedoch beim Klimasystem und erst recht beim Erdsystem um hochgradig nichtlineare Wirkungs- und Rückkopplungsvorgänge handelt, kann man das Klassenziel momentan nicht wirklich erreichen. Es ist nach heutigem Kenntnisstand unmöglich, die Gesamtheit aller Interdependenzen datentechnisch korrekt zu erfassen oder auch nur abzuschätzen.

1 Wo ist das Problem?

Nicht nur mancher Klimatologe, sondern erst recht der Laie fragt sich, was die bewusste Massenproduktion von wissenschaftlichen Mutmaßungen in Form von schönen Computermodellen für einen Sinn machen soll. Oder welchen Sinn Klimaforschung macht, deren erklärtes Hauptanliegen es ist, Klimaprojektionen[10] zu entwickeln.[11] Die Antwort liegt beinahe auf der Zunge, denn die Spatzen pfeifen sie in der Klimalandschaft allenthalben von den Dächern: um die Vorgaben der IPCC und der Politik gewissenhaft herbei zu rechnen. Das jedenfalls behauptet die „andere Seite" der untereinander zerstrittenen Klimaforscher, die von den Etablierten verächtlich als ***Klimaskeptiker*** abgetan werden. Genau an dieser Stelle kommt es auf dem nationalen und internationalen Klimaparkett zu nicht enden wollenden Grabenkämpfen zwischen Wissenschaftlern untereinander, aber auch zwischen Wissenschaft und Politik sowie Industrie bzw. Interessenverbänden. Und all das, obwohl Naturwissenschaften doch per definitionem eineindeutig arbeiten!

Seinen vorläufigen Höhepunkt fand dieser Forscherkrieg im November 2009, als unbekannte Hacker über 1.000 E-Mails britischer Klimaforscher stahlen und ins Internet stellten. Ein gigantischer Skandal schien sich anzukündigen, der in Anlehnung an den Watergate-Skandal, welcher einst zum Rücktritt von US-Präsident Richard Nixon geführt hatte, *"Climategate"* genannt wird. „Der Schriftverkehr erlaubt einen tiefen Einblick in die Mechanismen, Fronten und Kämpfe in der Klimawissenschaft." SPIEGEL ONLINE hat die ... "Climategate"-Mails aus 15 Jahren, die frei im Internet zugänglich sind und ausgedruckt fünf dicke Aktenordner füllen, analysiert. Das Ergebnis: „Führende Forscher haben sich unter teils heftigen Angriffen von außen in einen erbitterten und folgenschweren Grabenkrieg verstrickt, in den auch Medien, Umweltverbände und Politiker hineingezogen wurden."[12] Den Klimaskeptikern konnte dieser Skandal und die damit verbundenen Enthüllungen nur recht sein, lieferten sie ihnen doch teilweise gute Argumente zur Bekämpfung der anderen Seite.

Bei den Skeptikern sind, das muss man festhalten, zwei Gruppierungen strikt auseinander zu halten: Da sind zum einen solche Klimaskeptiker, die den anthropogen verursachten globalen Klimawandel zumeist naiv unter dem Deckmantel obskurer Ideologien oder Dogmen zu verharm-

---

[10] Mojib Latif: Globale Erwärmung. Stuttgart (Ulmer) 2012, S. 28.

[11] Man nimmt ganz bewusst Abstand von dem Begriff ‚Klimaprognose', weil man das Wetter nur drei Tage im Voraus treffsicher prognostizieren kann. Wie aber soll das ausgerechnet bei der Summe von Wetter, dem Klima, langfristig funktionieren?

[12] http://www.spiegel.de/wissenschaft/natur/forscherskandal-heiser-kriegums-klima-a-a-688175.html

1 Wo ist das Problem?

losen oder sogar gänzlich zu negieren pflegen. Als eines der bemerkenswertesten und offenbar sogar erfolgreichen Beispiele diesbezüglicher klimaskeptischer Trivialliteratur sei dem geneigten Leser, der sich ein Bild machen möchte, das einschlägige Buch von Hartmut Bachmann[13] zum Anlesen empfohlen.

Eine gänzlich andere Klientel von Skeptikern gruppiert sich um das *EIKE* genannte Europäische Institut für Klima und Energie e.V., welches im Jahr 2007 gegründet wurde und seitdem vom Kartell der etablierten Klimaforscher geringschätzig mit gerümpften Nasen betrachtet wird. Nach eigener Aussage ist EIKE „ein Zusammenschluss einer wachsenden Zahl von Natur-, Geistes- und Wirtschaftswissenschaftlern, Ingenieuren, Publizisten und Politikern, die die Behauptung eines allein „menschengemachten Klimawandels" als naturwissenschaftlich nicht begründbar und daher als Schwindel gegenüber der Bevölkerung ansehen. EIKE lehnt folglich jegliche Klimapolitik als einen Vorwand ab, Wirtschaft und Bevölkerung zu bevormunden und das Volk durch Abgaben zu belasten.[14] Der Verein und seine Mitglieder veröffentlichten bisher eine ganze Reihe sachlicher kritischer Schriften, in denen mit teilweise sehr überzeugenden naturwissenschaftlichen Denkansätzen die offiziell propagierte Ausschließlichkeit anthropogen verursachter Klimaerwärmung stark in Zweifel gezogen wird.

Dies gilt für mein Dafürhalten insbesondere für Beiträge, die ohne Zweifel aus den Federn von ausgewiesenen Fachleuten stammen. Auch, wenn gerade dieses von Seiten der Etablierten natürlich in Abrede gestellt wird. Schließlich liegen ja noch nicht einmal Peer-Review-Ergebnisse vor! Viele von ihnen scheinen die alten Herren von EIKE hämisch für einen harmlosen Rentnerverein von ahnungslosen Gruftis mit Demenztendenzen abtun zu wollen. Zumindest kommt dieser Eindruck auf, wenn man einschlägigen Internetforen und Webseiten einen Besuch abstattet. Was das alles mit seriöser Klimaforschung zu tun haben soll, darf und muss man sich schon ernsthaft fragen.

Neuerdings versucht EIKE u. a. wohl auch deshalb, politische Schwergewichte als Agitatoren in den Ring des „Klimakampfes" zu schicken. Beispielsweise hat sich jüngst Fritz Vahrenholt, seines Zeichens RWE-Manager und SPD-Mann, vor den Karren der Skeptiker spannen lassen. Zusammen mit seinem Koautor Lüning sagt er in seinem 2012 erschienenen Buch „Die kalte Sonne" eine möglicherweise drohende Klimakatastrophe ganz einfach ab. Er tut dies mangels wissenschaftlicher Potenz auf, gelinde gesagt, sehr populistische Art und Weise, was

---

[13] Hartmut Bachmann: Die Lüge der Klimakatastrophe. Berlin (Frieling) 2008.
[14] http://www.eike-klima-energie.eu/eike/

der klimatologische Laie leider nicht unbedingt bemerken wird. „Das Buch ist", wie Der Spiegel meint, „der neueste Coup in einem Meinungskampf, der die Öffentlichkeit verwirrt zurücklässt. Was passiert denn nun mit dem Klima? Wie kann man sich ein Bild vom Stand der Forschung machen? Vahrenholt und sein Mitstreiter steigen damit in eine teils emotionale Debatte zwischen Klimawandel-Warnern und Klimaskeptikern ein. Das Problem: Beide Seiten profitieren von dem Streit - auf Kosten der Allgemeinheit und der Glaubwürdigkeit der Wissenschaft."[15]

Und last, but not least sind da noch jene „Klimaexperten" zu nennen, die auf Panikmache bauen, weil sie auch einmal den Sprung in die Tagesschau schaffen möchten, wohl wissend, dass Propheten nur dann Beachtung und/oder Gehör finden, wenn sie Hiobsbotschaften zu verkünden haben. Weite Teile der Medien gehören leider in diese Kategorie. Als bekanntestes Beispiel aus Deutschland gilt ohne Zweifel noch immer das viel zitierte Titelfoto von „Der Spiegel"[16], welches den Kölner Dom halb überflutet inmitten eines ausgedehnten Meeres zeigt. Nicht minder Furcht erregend war kürzlich eine Sendung in ZDFinfo, in der die bis zur Halskrause abgesoffene Freiheitsstatue von New York nebst der aus den Fluten ragenden Kuppel des Petersdoms gezeigt wurde. In jüngster Zeit mehren sich Presseberichte über verstärkten Abbruch von aufschwimmendem Gletschereis in der Antarktis. Verantwortlich ist ausgerechnet, man höre und staune, die Zunahme von Schneefällen. Die Eisränder halten angeblich dem Gewicht der auflastenden Schneemassen nicht mehr stand... Und natürlich steigt mal wieder der Meeresspiegel. Ich denke, dass Archimedes hier erhebliche Zweifel anzumelden hätte. Der Pegel in meinem Whiskyglas ist noch nie gestiegen, bloß weil die darin schwimmenden Eiswürfel geschmolzen sind.

Derlei apokalyptische Drohungen hat es schon seit den Anfängen der Menschheitsgeschichte gegeben und wird es auch weiterhin immer geben, sei es als simpler Ausdruck der Lust am Untergang oder gar als ein Mittel, Macht über seine Mitmenschen auszuüben. Wer Angst und Schrecken sät, der wird gehört. In diesem Sinne überbieten sich manche Medien gegenseitig mit immer haarsträubenderen Katastrophengesängen, die außerhalb jeglicher wissenschaftlicher Realität und Vernunft stehen. Jeder Sturm, jeder Hagelschlag, jedes Hochwasser, ja sogar antarktische Schneestürme, milde Winter oder heiße Sommer werden, wie

---

[15] http://www.spiegel.de/wissenschaft/natur/klima-propaganda-die-verkaeufer-der-wahrheit-a-813953.html
[16] Der Spiegel 33/1986.

könnte es anders sein, dem Klimawandel zugeschrieben. Egal ob richtig oder falsch. Hauptsache, der Bericht gelangt wirkungsvoll in die Köpfe der Leserschaft. Glücklicherweise lassen sich, wie wir mittlerweile aus der eingangs erwähnten Umfrage des SPIEGEL wissen, immer weniger Mitbürger von diesem Quatsch überzeugen oder gar in Angst und Schrecken versetzen.

Die Klimaforschung hat durch die angesprochenen Grabenkämpfe durch eigenes Verschulden stark an Glaubwürdigkeit verloren. Aber auch überzogene Medienberichte haben ein gutes Stück weit zu diesem Vertrauensschwund beigetragen. Die Entstehung dieses Problemkreises lässt sich relativ einfach nachvollziehen, wenn man sich zunächst einmal klar macht, dass eine globale anthropogene Klimaerwärmung keine reale Erfahrung ist. Sie ist vielmehr immer noch ein (theoretisches) naturwissenschaftliches hypothetisches Konstrukt, welches durch objektive Messergebnisse und Modellrechnungen verifiziert, also bestätigt werden soll. Was bis heute allerdings noch in keinster Weise befriedigend geschehen konnte.

Im Gegenteil: Es gibt mehrere kritische Ansätze von Seiten der Skeptiker und/oder Nicht-Etablierten, welche die wichtigsten Teile der Hypothese nicht nur sichtlich ins Wanken zu bringen drohen, sondern sie ganz eindeutig durch die Anwendung physikalischer Gesetze bereits teilweise falsifiziert haben. Und eine angezählte Hypothese ist im Sinne des Wortes zunächst einmal falsifiziert. Wissenschaftler, für die Karl Popper und seine wissenschaftstheoretischen Gedanken[17] kein Fremdwort sind, würden sich ihrer beruflichen Ethik gegenüber verpflichtet fühlen, eine solche Hypothese strengstens und vor allem intersubjektiv zu überprüfen und zu überarbeiten, anstatt sie als Dogma bzw. als absolute Wahrheit an sämtliche Wände zu schmieren. Hält sie nicht stand, dann gehört sie konsequent neu überdacht und nötigenfalls auf dem nächsten Datenfriedhof entsorgt. Da helfen auch keine geschönten Messwerte oder fruchtlosen Mammutrechnungen mehr weiter, um aus einer solchen Sackgasse herauszukommen. Verschleierungstaktiken sind der absolut falsche Weg.

Aus beiden wissenschaftlichen Lagern dringen, häufig gewollt und gezielt, laufend einschlägige Informationen über den Stand der Dinge an die Außenwelt, in Politik und Gesellschaft, wo sie durch vielfältige Transformationen seitens der Medien, einzelner Politiker und der Bildungseinrichtungen zu einem sozialen Konstrukt „umgefummelt" werden.[18] Dabei kommt es mit schöner Regelmäßigkeit dazu, dass sich zwi-

---

17 Karl Popper: Logik der Forschung. 11. Auflage. Tübingen 2005.
18 Vgl. Cubasch, Ulrich u. Dieter Kasang: Anthropogener Klimawandel. Gotha (Klett-

1 Wo ist das Problem?

schen gesellschaftlicher Lesart von Klimaerwärmung und den wissenschaftlich begründeten Varianten abgrundtiefe Gräben und Verwerfungen auftun, wodurch das Image der Wissenschaft weiter – zu Unrecht zwar, aber trotzdem deutlich – angekratzt wird.

An dieser Schnittstelle zwischen Wissenschaft und Gesellschaft möchte sich das vorliegende Buch nützlich machen. Es will den nicht ganz einfachen Versuch wagen, wissenschaftlich erwiesene und auch nicht erwiesene Fakten und Faktoren eines möglichen globalen Klimawandels, wie sie bis zum jetzigen Zeitpunkt vorliegen, so plausibel zusammenzutragen und zu erklären, dass sie von jedem interessierten Laien in ihren Zusammenhängen und Rückkopplungen auch tatsächlich überschaut und verstanden werden können. Die Nebelschwaden zwischen Dichtung und Wahrheit sollen sich auflösen und einem klaren Durchblick weichen. So lässt sich vielleicht verlorenes Vertrauen in die Klimatologie teilweise zurückgewinnen. Gleichermaßen, und das halte ich für besonders spannend, möchte ich selbstverständlich seriöse wissenschaftliche Argumente von skeptischen Fachleuten mit in meinen Ausflug durch die Klimatologie einbeziehen, die wichtige Teile der heute geltenden Lehrmeinungen zumindest für fragwürdig halten.

Ein solches Buchprojekt halte ich nach dem aktuellen Stand der Dinge in der gegenwärtigen Situation für absolut unverzichtbar, damit sich fachfremde, aber von Klimaveränderungen und deren Folgen vital betroffene Bürger unserer Gesellschaft endlich ein klareres Urteil zum Thema Klimawandel oder gar „Klimakatastrophe" bilden können. Nur so kann es gelingen, Verharmloser und Panikmacher, aber ebenso auch Politwissenschaftler mit ihren Seilschaften[19] und Kartellen zu enttarnen und im klimatologischen Wettbewerb zu schwächen.

Es ist an der Zeit, sachlich und deutlich darauf zu verweisen, dass Klimatologie von Anbeginn eine von physikalischem Denken genährte Naturwissenschaft war und ist, die konsequenterweise keine zwei Wahrheiten vertreten kann. Auch für Konsensdenken ist hier kein Raum, denn diesen Begriff hat die Politik, eine gänzlich andere Sparte also, für sich gepachtet.

Perthes) 2002, S. 6 f.
[19] Vgl. Hans von Storch u. Werner Krauß: Die Klimafalle. München (Hanser) 2013.

2 KLIMATOLOGIE, KLIMAFORSCHUNG UND IHRE BETREIBER

Dieses Kapitel habe ich an den Anfang gestellt, weil Klimatologie alles andere als eine eigenständige, homogene wissenschaftliche Disziplin ist und war. Stattdessen spielen sich inzwischen auf diesem Feld ganze Heerscharen von Fachfremdlingen auf, als hätten sie die Klimatologie erfunden. Außenstehende ahnen gar nicht, welche Disziplinen neuerdings in dieses breit gestreute Fachgebiet drängen.

Klimatologie ist aus heutiger Sicht vernünftigerweise, wie auch Wikipedia[20] meint, als interdisziplinäre Wissenschaft zu sehen, die sich aus Teilgebieten der Meteorologie, Geographie, Geologie, Ozeanographie, Geochemie und Physik zusammensetzt. Auch schon nach dem bekannten Geographen Wilhelm Lauer war „Klimatologie…keine scharf abgegrenzte, geschlossene Wissenschaft, sondern beschäftigte sich als primäres Teilgebiet der Meteorologie und Geographie mit den physikalischen Erscheinungen der Lufthülle der Erde und ihrer Interaktion mit den Gegebenheiten der Erdoberfläche in Raum und Zeit".[21]

Mit Blick auf die globale Erwärmung spielen drei Teil- bzw. Unterdisziplinen der Klimatologie heute eine tragende Rolle:

1. Die (Allgemeine oder) ***Theoretische Klimatologie***, deren Ziel es ist, die Allgemeine Zirkulation der Atmosphäre nach physikalisch-mathematischen Grundgesetzen mit Hilfe weniger gemessener meteorologischer Grundparameter zu berechnen.[22]

2. Die ***Paläoklimatologie***, die sich als Teilgebiet der Geologie mit der prähistorischen Klimageschichte beschäftigt und

3. die ***Historische Klimatologie***, deren Anliegen die Klimageschichte in historischer Zeit ist.

Gänzlich anders lautende Vorstellungen entwickelt dagegen z. B. der aus TV-Sendungen hinreichend bekannt gewordene Klimaforscher

---

[20] https://de.wikipedia.org/wiki/Klimatologie#Skalen
[21] Wilhelm Lauer: Klimatologie. Braunschweig (Westermann) 1995.
[22] Nach Westermann Lexikon der Geographie, Bd. 2, S. 817, Stichwort „Klimatologie". Braunschweig (Westermann) 1969.

Mojib Latif stellvertretend für viele andere. Der Begriff Klimatologie ist in seinen Vorstellungen ganz offensichtlich ersatzlos gestrichen und durch Klimaforschung ersetzt worden, welche sich auf „weitgehend physikalische Inhalte" stützt. Wo hier eigentlich der Unterschied zur Klimatologie sein soll, vermag ich persönlich nicht zu erkennen. Warum also diese Begriffsverwirrung?

Aber das ist auch nicht weiter wichtig, denn längst ist alles schon wieder Schnee von gestern. Es hat sich bereits der Übergang „zu einer Erdsystemforschung mit zunehmend bio-geochemischen Inhalten und der Einbeziehung weiterer neuer Wissensgebiete"[23] vollzogen. Also nix mehr mit Physik? Das hört sich wirklich alles sehr viel wissenschaftlicher und kompetenter an, denn schon unter dem Namen dieses Monsters kann sich kein Außenstehender mehr etwas Konkretes vorstellen. Die Klimatologie jedenfalls ist offenbar schon lange im Mülleimer der Wissenschaftsgeschichte gelandet, wenn es nach Mojib Latif geht.

Gleichzeitig hat sich natürlich auch das Anforderungsprofil grundlegend gewandelt, wenn es um das Personal geht, welches Erdsystemforschung mit bio-geochemischen Inhalten zu bewältigen im Stande ist. Echte Geowissenschaftler wie beispielsweise Geographen haben da keine Perspektiven mehr. Sie scheinen als Klimatologen schon längst so gut wie abgehalftert zu sein. „Die meisten in der Klimaforschung tätigen Wissenschaftler haben Meteorologie, Ozeanographie, die Fächer Latifs also, oder Geophysik studiert … Hinzu kommen Seiteneinsteiger aus der Physik, der Mathematik oder aus anderen naturwissenschaftlichen Fächern wie etwa der Chemie oder der Biologie. Insbesondere auch das Studium der Geologie ermöglicht den Einstieg in die Klimaforschung."[24] Vermutlich wäre auch gegen Wirtschaftswissenschaftler nichts einzuwenden, wenn man Klimaschutzpakete schnüren möchte oder CO_2-Zertifikate im Blickfeld hat, denn auch auf diesem Fachgebiet verfügt Latif über Grundkenntnisse. Geographen jedenfalls passen ganz offenbar nicht oder überhaupt nicht mehr in das gängige klimaforscherische Weltbild der hochgradig fachfremden **Neoklimatologen**, obwohl sich Geographen seit den Zeiten Alexander von Humboldts bis in die Gegenwart als klassische Klimaforscher und Begründer der Klimatologie hervorgetan haben.

Man fragt sich willkürlich, ob hier schon einer der wissenschaftsinternen Grabenkämpfe an die Oberfläche dringt oder ob diese Unterlassungssünde ein bloßes Versehen ist. Ein Blick in die einschlägige Literatur zum Thema „Klimawandel" bringt hier ein wenig mehr Klarheit.

---

[23] Mojib Latif: Globale Erwärmung. Stuttgart (Ulmer) 2012, S. 9 – 10.
[24] Ebda.

Es zeigt sich, dass Klimaforschung in Deutschland tatsächlich etwas ganz anderes beinhaltet als Klimatologie. Man muss dieses Fachgebiet ganz offensichtlich fachfremd für sich in Anspruch nehmen, um optimale öffentliche Wirkung zu erzielen. Als gelernter Klimatologe oder Meteorologe wüsste man viel zu viel, was in dieser Branche hochgradig unerwünscht ist. Wie sonst könnten beispielsweise zwei der neoklimatologischen Topmacher des PIK[25] ein Buch über den Klimawandel veröffentlichen[26], in welchem der Allgemeinen Zirkulation der Atmosphäre doch tatsächlich null Raum gewidmet wird, während die von den Medien hinreichend ausgenudelten angeblichen Folgen des Klimawandels publikumswirksam hochstilisiert werden. Immerhin ist gerade die zirkulierende Atmosphäre das bedeutsamste Medium für flächenhaften „Klima"-transport zwischen den strahlungsintensiven äquatorialen Breiten und den strahlungsarmen polaren Breiten der Erde. Die Atmosphäre ist es doch, die Klima räumlich über den Globus verteilt, die Klima überall auf der Erde spürbar und messbar macht. Selbst der so viel zitierte globale Mittelwert der Temperatur wird in der Atmosphäre und nicht im Ozean gemessen!

Ohne genaue Kenntnis der Allgemeinen Zirkulation der Atmosphäre kann ich, wenn überhaupt, nur die Rückseite der „Klimamedaille" betrachten und nicht mehr, höchstens weniger. An dieser Stelle sei die Frage gestattet, warum sich die Meteorologie wohl im Wesentlichen mit der Atmosphäre beschäftigt? Und warum tut es ihr die Klimatologie gleich? Weil uns die Lufthülle der Erde mit unserem Wetter „versorgt" und weil die zirkulierende Atmosphäre unseren Globus in Klimazonen und –regionen einteilt. Klimawandel und seine Folgen in voller Tragweite ableiten und erklären kann ich somit überhaupt nicht, wenn ich diese fundamentalen räumlich-kausalen Zusammenhänge stillschweigend ignoriere, aus welchen Gründen auch immer. Selbst die Umbenennung des Fachgebiets in Klimaforschung entbindet keinesfalls von der zwingenden Notwendigkeit, das klimatisch hochgradig wirksame und hochsensible Wirkungsgefüge von Atmosphäre und ihrer Unterlage (der Erdoberfläche) gebührend zu beachten und zu berücksichtigen. Als Fazit bleibt die Feststellung, dass sich die einstigen Hilfswissenschaften der Klimatologie im Zuge des Klimawandels ganz offenkundig in Nestflüchter verwandelt haben, die im Anschluss sogleich das Zepter in die Hand genommen haben. Mit gutem Erfolg, wie man heute sieht, denn Meteorologen und vor allem Geographen haben bis dato schwei-

---

[25] Potsdam-Institut für Klimafolgenforschung.
[26] Stefan Rahmstorf und Hans-Joachim Schellnhuber: Der Klimawandel. Diagnose, Prognose, Therapie. München (C. H. Beck) 2012.

gend zugeschaut, wie ihnen Seiteneinsteiger äußerst öffentlichkeitswirksam und mit größtem Geschick die Butter vom Brot genommen haben und immer noch nehmen. Und in Politik und Öffentlichkeit fällt das nicht weiter auf, denn niemand stellt coram publico die Frage, warum die deutsche Klimaforscherelite größtenteils noch nicht einmal vom Fach ist. Oder dass fast alle Seiteneinsteiger weder eine synoptische Karte lesen können noch wissen, dass und warum die Polargrenze des Weizenanbaus auf der Westseite des südamerikanischen Kontinents in analoger Breitenlage von Madrid verläuft.

Etwas andere Antworten auf die Frage, wer denn nun eigentlich Klimaforschung betreibt, geben von Storch und Krauß in ihrem jüngst erschienenen Buch „Die Klimafalle"[27] Sie gehen jedoch weniger von den fachlichen Provenienzen des Personals aus. Sie erkennen noch ganz andere, noch schlimmere Probleme. „Die Klimaforschung wurde von der Politik gekidnappt, um ihre Entscheidungen als von der Wissenschaft vorgegeben und als alternativlos verkaufen zu können." Aus dieser Zwangslage heraus haben sich „kollektive Verachtungsrituale" entwickelt, welche die Klimadebatte vergiften! Der jüngste Klimabericht des IPCC sei eine "Gemeinschaftsproduktion von Wissenschaft und Politik". Eine solch mutige und kompromisslose Einschätzung aus der Feder eines Insiders verlangt echte Bewunderung ab. Endlich fängt einmal einer an, die Wahrheit offen auf den Tisch zu legen.

---

[27] Hans von Storch u. Werner Krauß: Die Klimafalle. München (Hanser) 2013.

3 WAS WETTER MIT KLIMA ZU TUN HAT

Die meisten wissenschaftlichen Bücher beschäftigen sich zu Beginn mit Begriffsdefinitionen. Auch wir möchten an dieser Stelle ganz bewusst einen solchen Einstieg in unser Thema wählen. Man kann ja schließlich nicht über Klima oder gar Klimawandel reden, ohne zu wissen und verstanden zu haben, was denn Klima eigentlich ist. Jeder benutzt diesen Begriff als festen Bestandteil der täglichen Sprache, doch nur einige wenige haben sich jemals ernsthaft gefragt, was sich eigentlich dahinter verbirgt.

So, wie die anthropogene Klimaerwärmung ist letztlich auch das **Klima** selbst als wissenschaftliches Konstrukt aufzufassen, welches sich von nicht geographisch oder meteorologisch vorgebildeten Personen nur in relativ eng begrenztem Umfang erfahren lässt. Die Bühne, auf der sich Klima „abspielt", ist nämlich die Erdatmosphäre, die Gashülle unserer Erde. Und die kann man bekanntlich nicht sehen. Luft ist vollkommen unsichtbar. Glücklicherweise kann man sie jedoch wenigstens fühlen! Ihre Eigenschaften und ihr Zustand sind damit also erfassbar, sprich messbar.

Am einfachsten lässt sich der Begriff des **Wetters** definieren, denn Wetter ist die augenblickliche Qualität eines Luftraumes über einem Ausschnitt der Erdoberfläche, wobei unter anderem Temperatur, Niederschlag, Luftfeuchtigkeit, Luftdruck, Wind oder Sonnenschein wichtige meteorologische Parameter sind, die das Wetter kennzeichnen. Wetter kann man sozusagen „anfassen". Festzuhalten ist dabei, dass das Wetter eine sehr kurzfristige Erscheinung ist, die sich täglich, ja sogar stündlich oder sogar noch schneller ändern kann. Der Blitz aus heiterem Himmel ist ein gutes Beispiel.

Der Ablauf des Wetters folgt dabei einem absolut chaotischen System, welches, wenn überhaupt, nur für einen kurzen Zeitraum bedingt vorhersehbar und vorhersagbar ist. Diese Einsicht erlangt früher oder später jeder, der regelmäßig den Wetterbericht über sich ergehen lässt. Dennoch soll hier ausdrücklich anerkannt werden, dass auf diesem Gebiet in den letzten Jahrzehnten ganz erhebliche Fortschritte von Seiten der Meteorologie erzielt worden sind. Es kommt tatsächlich immer seltener vor, dass der Wetterbericht nicht zutreffend ist.

3 Was Wetter mit Klima zu tun hat

Das Klima ist dagegen von weitaus komplexerer Natur als unser Wetter. Eine moderne Definition liefern Weischet und Endlicher: „Das Klima eines geographischen Raumes kann als das Integral aller charakteristischen Eigenschaften des Luftraumes über dem betreffenden Ausschnitt der Erdoberfläche angesehen werden."[28] Franz Mauelshagen hat es unter einem sehr einfachen Nenner plausibel auf den Punkt gebracht.[29] Vereinfacht ausgedrückt ist Klima zunächst einmal nichts anderes als das durchschnittliche Wetter eines Luftraums über einer Erdstelle. Wetter wird also gemessen, Klima wird dagegen statistisch aus diesen Messergebnissen gemittelt, also berechnet und deshalb auch als die Statistik des Wetters bezeichnet. „Klima", so ein unter Meteorologen bekannter Spruch, „ist das, was wir erwarten. Wetter das, was wir bekommen."[30] Die Weltorganisation für Meteorologie hat in diesem Zusammenhang festgelegt, dass der Erhebungszeitraum von relevanten Klimadaten sehr langfristig angelegt sein muss, mindestens über einen Zeitraum von 30 Jahren. Für gegenwärtige Untersuchungen wird üblicherweise der Referenzzeitraum von 1961 bis 1990 herangezogen.

Die Unterscheidung von Wetter und Klima lässt sich am besten anhand eines einfachen Beispiels veranschaulichen: Wenn in einem Weinbaugebiet in einer Nacht ein Teil der Ernte durch Bodenfrost vernichtet wird, so handelt es sich um ein extremes Wetterphänomen. Kommen Schadensfröste jedoch regelmäßig immer wieder vor, so handelt es sich um ein ganz typisches, den Weinbau negativ beeinflussendes Klimaelement dieser Gegend.

Häufig werden singuläre extreme Wettererscheinungen von der breiten Öffentlichkeit völlig fälschlich als Anzeichen von Klimaänderungen fehlinterpretiert. Erst recht geschieht dies bei Klimaanomalien wie beispielsweise dem extrem langen Kältewinter des Jahres 2013 oder dem Hitzesommer von 2003. Das eine Mal, so glaubt man, ist bewiesen, dass eine globale Erwärmung überhaupt nicht stattfindet, im zweiten Fall scheint es erwiesen zu sein, dass eine extreme Erwärmung bereits stattgefunden hat. Einzelne Extreme geben aber bekanntlich keinerlei Hinweise auf einen Klimawandel. Insofern können tatsächlich nur langfristige Beobachtungen über mindestens drei Jahrzehnte für die Erkennung von Klimasignalen herangezogen werden. Aussagen auf mittel- oder kurzfristiger oder gar auf einmaliger Beobachtungsbasis sind dagegen stets fehlerhaft und unzutreffend.

---

[28] Wolfgang Weischet u. Wilfried Endlicher: Regionale Klimatologie. Die Alte Welt. Stuttgart, Leipzig (Teubner) 2000, S. 19.

[29] Franz Mauelshagen: Klimageschichte der Neuzeit 1500–1900. Darmstadt (Wissenschaftliche Buchgesellschaft) 2010, S. 6 ff.

[30] Mojib Latif: Globale Erwärmung. Stuttgart (Ulmer) 2012, S 19.

Unsere Definition des Klimas hört sich eigentlich ganz plausibel und brauchbar an. Aber bei genauem Hinsehen wird man feststellen, dass sie so, wie sie ist, lediglich eine aus langfristigen Mittelwerten gewonnene statische Betrachtungsweise des Klimas erlaubt. Es fehlen noch die unerlässlichen dynamischen Aspekte des Klimas, ohne die wir bei seiner weiteren Erforschung auf der Stelle treten müssten. Klima ist nämlich keine auf immer gleich bleibende, festgeschriebene, d. h. statische Größe, sondern eine dynamische Größe, die permanenten natürlichen, neuerdings möglicherweise auch anthropogenen Veränderungen unterworfen ist.

Als Konsequenz aus dieser Erkenntnis hat sich der Interessenschwerpunkt der Klimatologie in den vergangenen fünf Jahrzehnten denn auch sukzessive und konsequent weg von den Mittelwerten verschoben. Variabilität wurde wichtiger als Durchschnitte. Die Erforschung der Klimadynamik, des aktuellen Klimawandels und seiner zukünftigen Weiterentwicklung rückte langsam aber sicher in den Mittelpunkt des Interesses. Die Schwankungsbreite von Klimaanomalien, die Häufigkeiten und Intensitäten von Extremereignissen bis hin zu Veränderungen der langjährigen Mittelwerte gerieten in den Fokus der Klimatologie und der Klimaforschung.

4 KLIMA HAT SYSTEM

Nicht lange nach dem Beginn der öffentlichen Klimadebatte haben auch seitlich eingestiegene Neoklimatologen beim Sichten klimatologischer Literatur erkannt und publik gemacht, dass unser Klima auf das Zusammenspiel einer stattlichen Anzahl von natürlichen Kräften zurückgeht. Diese Klimafaktoren wirken jeweils einzeln für sich und darüber hinaus aber auch zusätzlich über rückgekoppelte „konzertierte Aktionen" auf höchst komplexe, multifunktionale Weise. Hinzu kommen zu allem Überfluss auch noch externe Einflussgrößen, variable Randbedingungen sowie enorm unterschiedliche Zeitskalen. Entsprechend kompliziert ist es deshalb, unser Klima und seinen permanenten Wandel wissenschaftlich zu systematisieren und zu erklären.
Neuerdings hat sich obendrein noch ein weiterer, neuer Klimafaktor hinzugesellt, wenngleich dieser Vorgang noch immer nicht so recht nachweisbar ist: Der Mensch mit seinen enorm hohen Emissionen von allerlei Treibhausgasen, die höchstvermutlich in einer markanten, verwerfungsähnlich wirkenden globalen Klimaerwärmung gipfeln werden, wenn es nicht rechtzeitig gelingt, dem aktuellen Trend entscheidend entgegenzuwirken. Dieses Szenario steht jedenfalls dann zu erwarten, wenn man den Rechenkünsten der IPCC-Modellathleten vertrauensvoll zugeneigt ist. Erhebliche Zweifel werden immer lauter, wenngleich ernst zu nehmende Zweifler immer heftiger vom Klimaforscherkartell unterdrückt und abgewürgt werden.
Vor mehr als 25 Jahren begann die moderne Generation von Klimaforschern (Neoklimatologen) auf der Suche nach mehr Wissenschaftlichkeit von **Klimasystem** zu sprechen, wenn sie die dynamischen Aspekte des Klimas im Visier hatten. Unter Klimasystem verstehen sie ein kausales Modell, mit dessen Hilfe die Ursachen von Klimagenese, Klimakonstanz und Klimawandel angeblich leichter erklärbar werden, als dies zuvor jemals möglich war. Bei Licht betrachtet handelt es sich beim Konzept des Klimasystems jedoch lediglich um eine Neuerfindung bei gleichzeitiger Erweiterung und Modifizierung des sehr viel älteren Konzepts der Klimafaktoren, wenngleich dieses ältere Konzept vordergründig betrachtet dem einen oder anderen Klimafachmann rein deskriptiv erscheinen mag. Man sollte eben mal näher hinschauen!

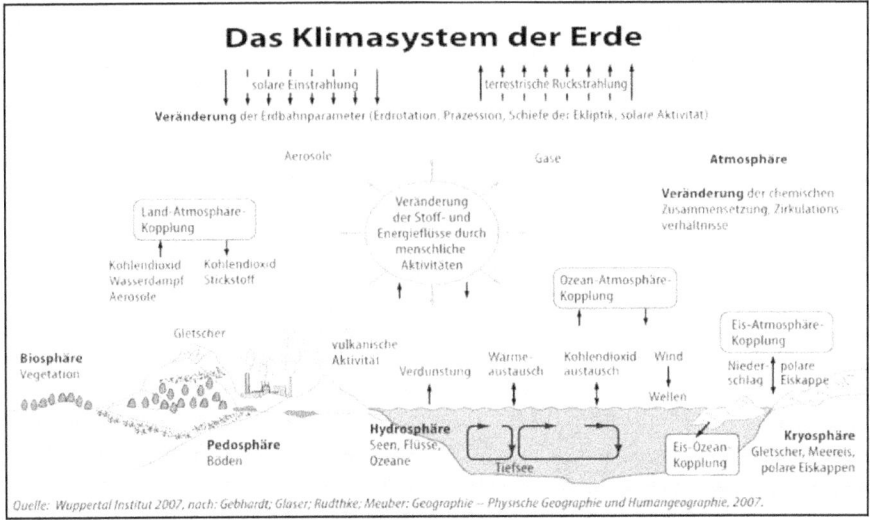

3: Schema des Klimasystems.

Als erste sprachen amerikanische Klimatologen bereits in den 1950er Jahren von „dynamischer Klimatologie", und schon in den 1960er Jahren definierte Wolfgang Weischet[31], eine der bedeutenden Lichtgestalten in der deutschen Klimatologielandschaft, wie folgt: „Klima (ist) jener Komplex charakteristischer Qualitäten des Luftraumes über einer Erdstelle, welcher durch dessen spezifische Lage auf der Erdoberfläche bedingt ist.

Als *Lagebedingungen* fungieren:

1. die *solare* im System der Breitenkreise,

2. die *meteorologische* im Kreislauf der Allgemeinen Zirkulation der Atmosphäre und

3. die *geographische* im Verbreitungsgefüge der Land- und Wasserflächen sowie der Reliefgliederung und dem Bedeckungszustand der Erdoberfläche."

Es fehlen hier zwar die zum Zeitpunkt der Definition noch nicht als klimarelevant verdächtigten anthropogenen Klimafaktoren. Aber deutlich hervorgehoben ist der räumliche, d. h. geographische Aspekt des Klimas, der in der heutigen „modernen" Diskussion der Seiteneinsteiger häufig und gerne übersehen wird. Dass dieses Konzept rein deskriptiver Natur sein soll, kann man eigentlich nicht nachvollziehen, denn ein ganzes Fragenbündel zu Ursachen und Wirkungen, zur Kausalität also, stellt sich bei diesem Vorgängermodell doch nicht weniger

---

[31] Westermann Lexikon der Geographie, Bd. 2, S. 813, Stichwort „Klima". Braunschweig 1969.

von selbst als beim angeblich moderneren **Klimasystem**. Aber derartige Überlegungen sind heute längst peripheres Geplänkel, denn sie bringen schließlich die blindwütigen Modellrechnungen rund um das CO_2-Dogma nicht weiter.

Wie wichtig die räumliche Betrachtungsweise von Klima ist, selbst wenn sie noch so grob und kleinmaßstäbig ist, mag folgendes einfaches Beispiel demonstrieren: Die globale Temperaturzunahme gegenüber dem vorindustriellen Stand der Dinge beträgt bis heute rund 0,7° C. Neuerdings ist des Öfteren sogar schon von 0,8° C die Rede. So schnell kann das gehen. Das macht den Klimawandel natürlich dringlicher! Aber bleiben wir hier noch bei 0,7° C. Für die nördliche Hemisphäre lautet der entsprechende Wert dagegen 1,0° C, für die Südhalbkugel konsequenterweise nur 0,4° C. Wie war das noch mit der polaren Anbaugrenze des Weizens?

Noch eine kleine Wichtigkeit sei an dieser Stelle vorausgeschickt, um von Anfang an eine fundamentale Facette bei den Zielsetzungen des IPCC deutlich herauszustellen: Die globale Klimareihe beginnt ausgerechnet nach der Kleinen Eiszeit. „In der Mitte des 19. Jahrhunderts waren die Klimabedingungen so ungünstig, dass als Folge der Kälteperiode in Mitteleuropa Missernten und Hungersnöte auftraten und Menschen verhungert sind. Wer diese lebensfeindliche Klimaepoche für Mensch und Natur zum Referenz-/Normalklima erklärt, indem er die aktuelle Erwärmung dramatisiert und als Klimakatastrophe darstellt, der stellt die Klimarealität auf den Kopf und schürt bewusst eine Klimahysterie."[32]

Um sich überhaupt ein halbwegs anschauliches Bild von Klimadynamik oder von Klimawandel machen zu können, benötigt man als Erstes einen klaren Überblick über die einzelnen Komponenten, aus denen sich das komplizierte Klimasystem zusammensetzt. Ein vereinfachtes, aber dennoch recht komplexes Schema leistet dabei sehr gute Dienste *(Abb. 3)*. Eines wird beim Betrachten dieses schematischen Klimasystems auf den ersten Blick klar: Klima ist offenbar wirklich etwas Hochkompliziertes. Da ist nicht nur die **Atmosphäre** mit ihren chaotischen Vorgaben folgenden Wetterabläufen, in der Klima erfahrbar stattfindet! Hinzu kommen als klimaprägende Komponenten noch weitere Sphären, nämlich die variablen Unterlagen der Atmosphäre: die **Hydrosphäre** (Ozeane, Seen, Flüsse, globaler Wasserkreislauf), die **Lithosphäre** (Gesteine und Oberflächenrelief), die **Pedosphäre** (Boden), die **Kryosphä-**

---

[32] Malberg, Horst: Langfristiger Klimawandel auf der globalen, lokalen und regionalen Klimaskala und seine primäre Ursache: Zukunft braucht Herkunft. In: Beiträge zur Berliner Wetterkarte. Hrsg. Verein BERLINER WETTERKARTE e.V. zur Förderung der meteorologischen Wissenschaft. Berlin 2009, S. 9.

re (Land-, Schelf- und Meereis, Schnee) und die **Biosphäre** (Gesamtheit aller Lebewesen einschl. Mensch). Diese sechs Sphären bilden gemeinsam die *internen Klimafaktoren*. Zwischen ihnen laufen Prozesse auf verschiedenen Zeitskalen ab, und es entstehen bei eintretenden Veränderungen **Rückkopplungen**, denn die internen Klimafaktoren stehen in Wechselwirkungen miteinander.

Allein diese einfache Betrachtung macht deutlich, dass Klima nicht statisch sein kann. Schon immer muss es natürliche, von menschlichen Eingriffen völlig unabhängige Klimaänderungen gegeben haben. Es kann nicht nur der Mensch sein, der sich gegenwärtig vielleicht anschickt, unser Klima zu beeinflussen.

Zu den internen Klimafaktoren gesellen sich als weitere Elemente die *externen Klimafaktoren*, welche von außen auf das Klima einwirken, ohne dabei selbst vom Klima beeinflusst zu werden. Wechselwirkungen existieren hier also nicht. Hierzu gehören die **Sonneneinstrahlung** sowie *vulkanische Tätigkeiten* der Erde. Variable Randbedingungen wie etwa die Entstehung neuer Hochgebirge durch **Plattentektonik** oder die Drift ganzer Kontinente und damit die Veränderung ihrer Lage im Gradnetz der Erde, aber auch Veränderungen der **Erdbahnparameter** und der *Sonnenaktivität* komplettieren schließlich das Gesamtsystem Klima.

4.1 Die Sonne als Antrieb

Das Klimasystem ist vergleichbar mit einer riesigen Wärmekraftmaschine von globaler Dimension. Diese besteht im Wesentlichen aus zwei „beweglichen" Komponenten – Atmosphäre und Ozeanen –, die so gut wie ausschließlich von der *eingestrahlten Sonnenenergie* angetrieben werden. Andere extraterrestrische Wärmequellen sind größenordnungsmäßig vollkommen bedeutungslos, und auch die so genannte Erdwärme spielt mit Blick auf eine mögliche energetische Einflussnahme auf Atmosphäre und Ozeane keinerlei Rolle.

Die Sonne und ihre Strahlung steht deswegen am Beginn jeder klimatologischen Betrachtung, denn nur sie allein liefert die Energie, welche die Allgemeine Zirkulation der Atmosphäre antreibt, die ihrerseits zum allergrößten Teil für die flächenhafte räumliche Verteilung der global ungleich eingestrahlten Sonnenenergie über die gesamte Erde zuständig ist. Unterstützend wirken die teils ebenfalls sonnengetriebenen, teils aber auch durch die Atmosphäre selbst angestoßenen großen Meeresströmungen, indem sie einen nicht gerade unerheblichen Teil der globa-

4 Klima hat System

len Energietransportarbeit zusätzlich zur Atmosphäre übernehmen. Bleibt also Folgendes festzuhalten: Die Einwirkung des externen Klimafaktors Sonneneinstrahlung auf die internen Klimafaktoren Atmosphäre und Ozeane ist der alleinige Antriebsmotor des globalen Klimasystems.

Wie wir alle wissen, ist der Einfallswinkel der die Erde erreichenden Sonnenstrahlung in Abhängigkeit von der geographischen Breite äußerst variabel. Und beispielsweise vom Sonnenbaden ist uns allen geläufig, dass die eingestrahlte Energiemenge umso größer wird, je steiler der Einfallswinkel ist. Das Strahlungsmaximum wird bei einem Einfallswinkel von 90° erreicht. Grundgröße für sämtliche Berechnungen der Sonnenstrahlung und ihrer Verteilung auf der Erde ist die **Solarkonstante**. „Es ist diejenige Strahlungsenergie, welche oberhalb des Atmosphäreneinflusses bei mittlerem Sonnenabstand und senkrechtem Strahleneinfall in einer Minute durch die Flächeneinheit fließt." Die genaue Größe der Solarkonstanten kann man nur im Weltraum oberhalb der Atmosphäre messen, denn jede Messung innerhalb der Atmosphäre wäre verfälscht.[33] Der genaue Wert der Solarkonstanten beträgt 1,96 cal pro cm² und Minute oder 1.367 W/m². Umgerechnet in elektrische Energie entspricht das global $427 \cdot 10^{13}$ Kilowattstunden (kWh) pro Tag. Nur rund $1 \cdot 10^{10}$ kWh täglich wurden in den 1990er Jahren weltweit von Elektrizitätswerken erzeugt.[34] Dieser Vergleich mag veranschaulichen, welch riesige Energiemengen sich unserer Erde und damit ihrer Atmosphäre sowie ihren Land- und Wasserflächen über die Bestrahlung durch die Sonne mitteilen.

Bei gleichmäßiger Verteilung der Strahlungsmenge über den gesamten Erdball betrüge die mittlere eingebrachte Energiemenge 706 cal pro cm² und Tag. Man könnte damit tagtäglich eine Eisdecke von 9 cm Dicke zum Schmelzen bringen! Natürlich verhindert die Kugelgestalt unserer Erde eine solche gleichmäßige Verteilung der eingestrahlten Energie. Aber die raumzeitliche Aufteilung lässt sich für die Bedingungen des Solarklimas rechnerisch bestimmen. Klimatologisch besonders relevant an einer solchen Berechnung, wie sie Weischet durchgeführt hat, sind die Feststellungen, dass

1. die Jahresmengen der empfangenen Strahlungsenergie vom Äquator zu den Polen hin pro Breitenkreis unablässig abnehmen, wobei am Polarkreis noch die Hälfte, am Pol nur noch etwa 40 % der äquatorialen Energiemenge einkommen.

---

[33] Wolfgang Weischet: Einführung in die Allgemeine Klimatologie. Berlin-Stuttgart (Borntraeger) 2002, S. 34.
[34] Ebda., S. 34.

2. sich die Zone der stärksten Energiedifferenz in den hohen Mittelbreiten zwischen 40° und 60° befindet. Etwa 38 % des gesamten Energieunterschiedes zwischen Äquator und Pol entfallen auf diesen kleinen Bereich der Erdoberfläche.

Das *Energiegefälle* von den niederen äquatorialen Breiten zu jedem der beiden Pole besitzt fundamentale Bedeutung für den typischen Ablauf unseres Klimas. Denn zwischen den Tropen mit ihrem Energieüberschuss und den Polarzonen mit einem erheblichen Energiedefizit bilden sich aufgrund des in dieselbe Richtung verlaufenden globalen Luftdruckgefälles Ausgleichsströmungen, die auf ihren jeweils meridional, d. h. polwärts gerichteten Wegen auf beiden Hemisphären durch die Erdrotation (Corioliskraft) und die Reibung an der Erdoberfläche in zonale, d. h. westöstliche Richtung abgelenkt werden. Dies ist die Grundbedingung für die Entstehung der Allgemeinen Zirkulation der Atmosphäre, welche im Mittel Energie aus tropischen in höhere Breiten transportiert *(Kap. 7.1.4 u. 7.2)*. Ohne detaillierte Kenntnis dieser fundamentalen Zusammenhänge ist jedes wissenschaftliche Verständnis unseres globalen Klimas unmöglich. Das sei an dieser Stelle ausdrücklich hervorgehoben, weil die fundamentale Bedeutung der klimatischen Sensitivität der Atmosphäre gegenwärtig von vielen „Klimaforschern" zu Gunsten der Ozeane marginalisiert wird.

4.2 Ozeane als Wärmespeicher und Transportbänder

Ein weiterer globaler *Energietransport* zum Ausgleich des Wärmegefälles zwischen tropischen und polaren Breiten findet ohne jeden Zweifel in den Ozeanen statt. Aber eben als Wechselwirkung zwischen Hydrosphäre und Atmosphäre. Letztere sorgt in letzter Konsequenz für die weiträumige Verteilung der im Ozeanwasser transportierten Energie. Besondere Bedeutung kommt in diesem Wirkungsgefüge den unterschiedlichen thermischen Eigenschaften von Wasser und Luft zu. Um ein bestimmtes Volumen an Wasser zu erwärmen, benötigt man etwa 3.333 Mal mehr Energie als zur Erwärmung einer entsprechenden Menge Luft. Oder anders herum ausgedrückt: Die Wärmespeicherungskapazität von Wasser ist 3.333 Mal größer als die von Luft.
Sonnenlicht dringt rund 10 – 20 m tief in das Wasser der Ozeane ein, so dass die dabei absorbierte Energie auf ein enorm großes Volumen verteilt wird, welches etwa 1.000 mal größer ist als beim von der Sonne bestrahlten Festland. Etwas „aufgebessert", wenn auch nicht entschei-

dend, wird dieses Verhältnis aufgrund der geringen Albedo von Wasser.[35] Als **Albedo** bezeichnet man das Maß für das Rückstrahlvermögen von diffus reflektierenden, also nicht selbst leuchtenden Oberflächen. Eine durchschnittlich beschaffene Landoberfläche absorbiert nur 34 % des auftreffenden Sonnenlichts, während die darüber hinaus gehende Strahlung reflektiert wird. Bei Wasser dagegen beträgt der absorbierte Energieanteil 68 %.

Die Verteilung der absorbierten Sonnenenergie auf ein enorm großes Volumen sorgt konsequenterweise dafür, dass sich die Oberflächen von Gewässern erheblich weniger erwärmen als dies bei Landmassen der Fall ist. Doch damit nicht genug! Verstärkt wird dieser Effekt zusätzlich auch noch dadurch, dass Wind und Strömungen eine turbulente Durchmischung von Wasser verursachen. Auf diese Weise vergrößert sich das ohnehin schon große Volumen, auf welches sich die eingestrahlte Energie ursprünglich verteilt hat, noch weiter. Aber auch die Abkühlung von Wasser an der Oberfläche führt zu weitergehender Durchmischung, weil das spezifisch schwerere, da kältere Oberflächenwasser nach unten absinkt. Auf den freien Ozeanen erreicht die **Durchmischungszone** auf diese Weise Tiefen von 300 bis 500 m. Sie wird durch die **Thermokline** von der nach unten folgenden stillen **Tiefenwasserzone** getrennt. Unterhalb der Thermokline bewegen sich die Temperaturen je nach Wassertiefe und Klimazone zwischen +3° C und +1,3° C.

Hält die Abkühlung an der Oberfläche eines Sees oder Meeres lange genug an, so wird durch die dann ununterbrochen wirksame konvektive Durchmischung letztendlich das gesamte Wasserbecken bis zum Boden hin auf eine einheitliche Temperatur heruntergekühlt. Diese liegt im Süßwasser bei rund 4° C, im Meerwasser bei -1,3° C. Bis zu diesen Temperaturen herunter wird die gesamte in einem Wasserbecken gespeicherte Sonnenenergie für den Austausch mit der Atmosphäre bereitgestellt. Physikalisch möglich ist dieses Phänomen aufgrund der so genannten **Anomalie des Wassers**. Süßwasser erreicht seine größte Dichte bereits bei 4° C und wird bei weiterer Abkühlung wieder leichter. Daraus erklärt sich, warum Seen von oben nach unten zufrieren. Das spezifisch leichtere Eis schwimmt auf der Wasseroberfläche.

Etwas komplizierter wird das Ganze bei Salzwasser. Mit Zunahme des Salzgehalts sinken sowohl der Gefrierpunkt als auch die Temperatur, bei der das Dichtemaximum erreicht wird, linear ab. Beide Kurven schneiden sich bei -1,3° C. Ab diesem Punkt wäre Meereis schwerer als

---

[35] Wolfgang Weischet: Einführung in die Allgemeine Klimatologie. Berlin-Stuttgart (Borntraeger) 2002, S. 84.

Wasser und müsste unweigerlich auf den Meeresboden absinken und alles darunter befindliche Leben unter sich begraben! Dies würde real auch tatsächlich passieren, denn dort, wo sich die beiden Linien schneiden, wird erst der durchschnittliche Salzgehalt der Weltmeere von nicht ganz 35 ‰ erreicht. Hier also wäre das Meereis schon deutlich schwerer als das Meerwasser. Glücklicherweise wird dies durch das Gefrieren von Meerwasser an der Oberfläche verhindert, denn der Gefrierprozess entzieht dem Eis so viel Salz, dass es letztlich doch leichter wird als das umgebende Salzwasser. Das spezifische Gewicht von Salzwasser ist um den Gewichtsanteil des gelösten Salzes größer als dasjenige von Süßwasser.

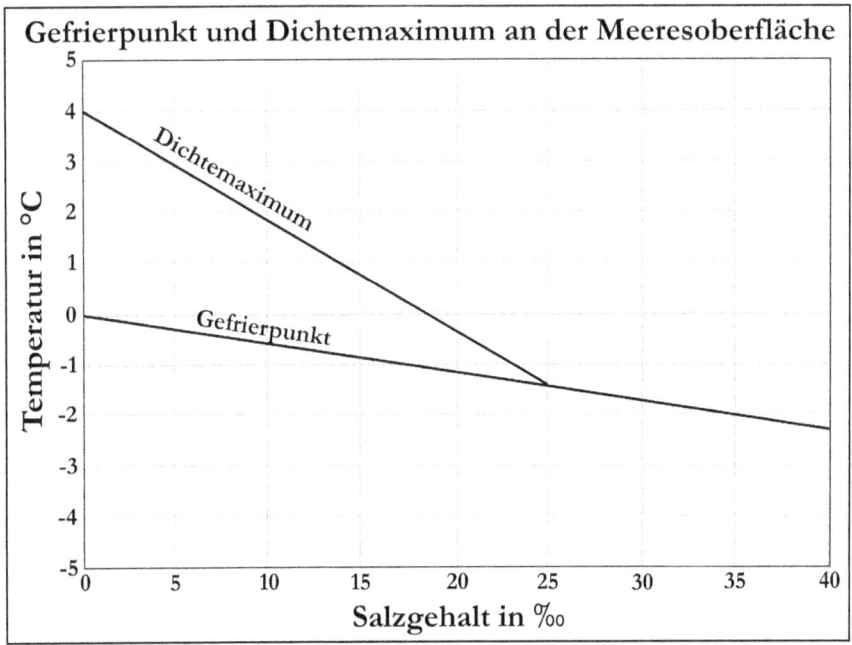

4: *Anomalie des Wassers in Abhängigkeit vom Salzgehalt (‰).*
Nach http://meereisportal.de

Große Wasserflächen können nach dem bisher Gesagten auf die Atmosphäre sowie auf angrenzende Landflächen kühlend oder wärmend, d. h. thermisch ausgleichend wirken. Selbst jahreszeitliche Strahlungsschwankungen können sich bei genügend großen Wasserkörpern thermisch nur minimal auf deren Oberflächentemperatur auswirken. Darüber hinaus aber sind die Ozeane aufgrund ihrer riesigen Wärmespeicherkapazität in der Lage, enorme Energiemengen über globale Entfernungen zu transportieren. Im einfachsten Fall sind es quasipermanent wehende Winde, die als Teilglieder der Allgemeinen Zirkulation der Atmosphäre den Antrieb von großen oberflächlichen Meeresströmungen übernehmen. Bekannteste Beispiele sind der warme Golfstrom, der in Europa für besonders milde und ausgeglichene Temperaturen sorgt, oder der kalte Humboldtstrom, welcher die Westküste Südamerikas mit subantarktischem Wasser und kaltem Auftriebswasser abkühlt.

Noch weitreichender und fast von atmosphärischer Dimension in seinen klimatischen Auswirkungen ist der **Wärmetransfer**, der ganz allein von Temperatur- und Salzgehaltsunterschieden und daraus resultierenden Dichteunterschieden zwischen nord- und südatlantischem Meerwasser als Konvektionsströmung in Gang gesetzt wird. Wie ein riesiges **Wärmetransportband** umspannt diese nach ihren Antrieben benannte thermohaline (Temperatur/Salzgehalt) Zirkulation den gesamten Globus. Ihre Antriebszonen befinden sich östlich und südlich vor Grönland im subarktischen Nordatlantik sowie im subantarktischen Ross- und im Weddellmeer. In diesen Seegebieten kühlt das Meerwasser besonders stark aus, und zusätzlich gibt das hier entstehende Eis fast seinen kompletten Salzgehalt während des Gefrierens an das Umgebungswasser ab. Das Wasser ist hier also spezifisch besonders schwer (verdichtet) und sinkt permanent in die Tiefe ab. Als Tiefenwasser breitet es sich langsam auf dem Boden des Weltmeeres aus. Im Indischen Ozean und im Pazifik gelangt es schließlich wieder an die Oberfläche und geht in weltumspannende Warmwasserströme wie beispielsweise

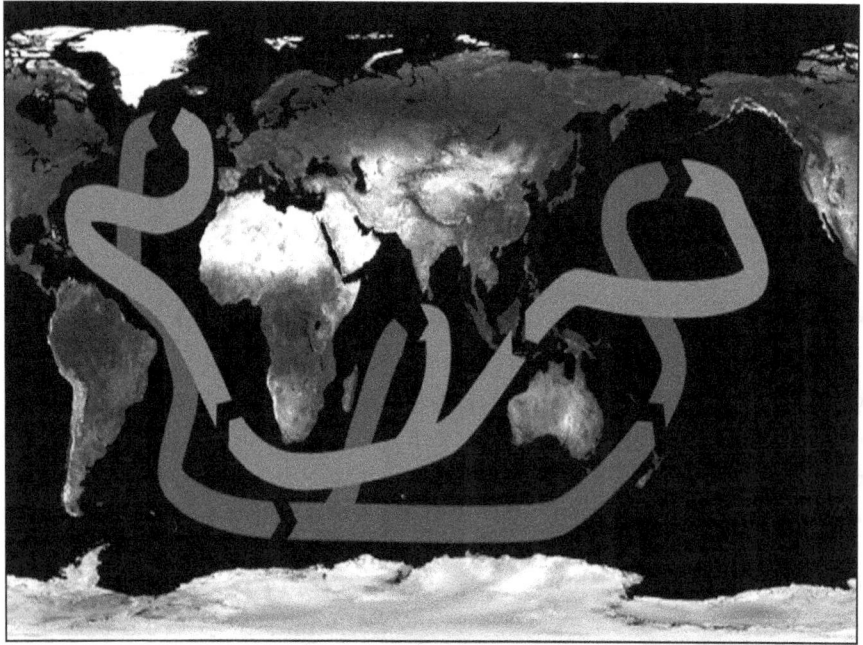

5: Das große marine Förderband der Weltmeere (thermohaline Zirkulation).
Quelle: Wikimedia Commons.
https://commons.wikimedia.org/wiki/File:Thermohaline_circulation.png

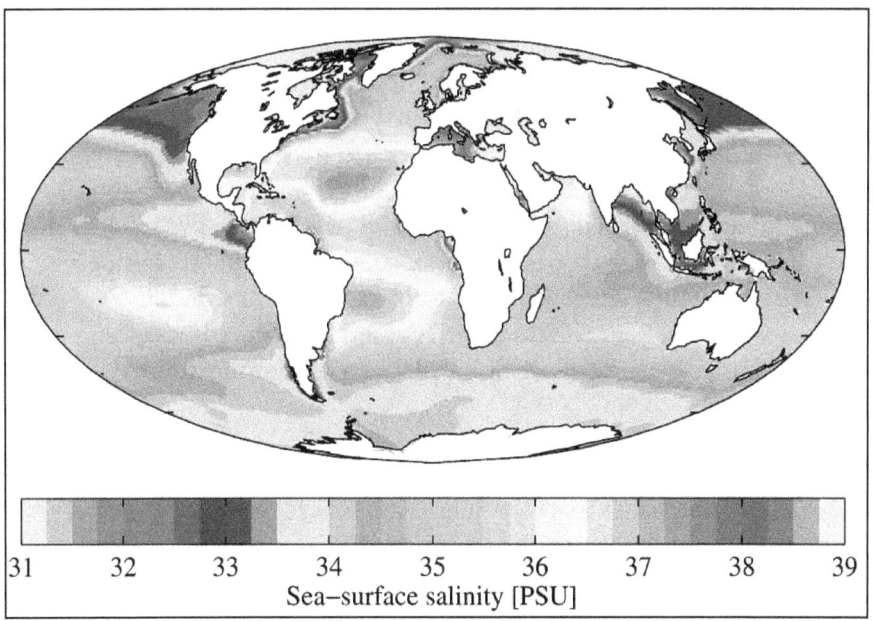

6: Der Oberflächen-Salzgehalt der Ozeane.
Quelle: Plumbago aus World Ocean Atlas 2009.

den Golfstrom über. Für die gesamte Umwälzung der Ozeane müssen wir eine Zeitspanne von rund 1.000 Jahren veranschlagen.

Bleibt noch die Frage offen, warum im Nordpazifik und im südlichen Indischen Ozean kein Tiefenwasser gebildet wird. Dazu gibt uns das Satellitenbild über den Salzgehalt der Ozeane *(Abb. 6)* eine schlüssige Antwort: Es zeigt sehr anschaulich, dass die **Salzkonzentration** im nördlichen Pazifik um etwa 2,5 – 3 ‰ geringer ist als im nördlichen Nordatlantik. Diese wenigen Promille fehlen dem Pazifikwasser, um die zum Absinken notwendige Dichte zu erreichen. Die Abkühlung allein reicht nicht aus. Eine Erklärung für den höheren Salzgehalt des gesamten Atlantiks gegenüber dem Pazifik liefert uns ein Blick auf die physische Karte. Es ist das Relief der östlich an die Ozeane grenzenden Festländer. In den Mittleren Breiten beider Amerikas stemmen sich die meridional verlaufenden Hochgebirgsketten der Kordilleren (Rocky Mountains und Anden) den vorherrschenden Winden als fast unüberwindliche Hindernisse entgegen. Die Konsequenz ist, dass der überwiegende Teil der über dem Pazifik verdunstenden Feuchtigkeit über einem schmalen Gebietsstreifen zwischen der amerikanischen Westküste und den Gebirgsketten im Hinterland abregnen muss. Eine etwaige Salzkonzentration bei der Verdunstung wird durch einmündende Flüsse, die aus den Kordilleren kommen, sofort wieder herabgesetzt. Die pazifische **Wasserdampfbilanz** ist deshalb ausgeglichen.

4 Klima hat System

Diese Aussage trifft besonders augenscheinlich für den Nordpazifik zu. Im Südpazifik dagegen ist die Salzkonzentration etwas höher und kommt beinahe schon an die atlantischen Werte heran. Das liegt daran, dass das Energiegefälle zwischen den Tropen und den Polarkalotten auf der Südhalbkugel im Sommer geringfügig höher, im Winter aber doppelt so hoch ist wie auf der Nordhalbkugel. Die südhemisphärische Westwindzirkulation fällt also wesentlich energiereicher, stabiler und auch dauerhafter aus, so dass trotz des gewaltigen Gebirgshindernisses der Anden deutlich mehr Wasserdampftransport stattfinden kann. Außerdem steht insgesamt auch mehr Wasserdampf zur Verfügung, denn im Windklima der „Wasserhalbkugel" ist die Verdunstung besonders hoch.

Das höhere Energiegefälle ergibt sich aus mehreren Faktoren:

1. Die **Antarktis** ist ein Kontinent, die **Arktis** ein Meeresgebiet. Als Konsequenz aus den bereits abgeleiteten Unterschieden der thermischen Eigenschaften von Land- und Wasserflächen ergibt sich für die Antarktis ein erheblich geringeres Wärmespeichervermögen als für die Arktis *(Kap. 4.2)*.

2. Zusätzlich nimmt der eisgepanzerte Südkontinent aufgrund seiner extrem hohen **Albedo** nur minimale Mengen an Wärmestrahlung auf. In der Arktis hingegen zerbrechen im Sommer überall Meereisflächen und geben größere Wasserkörper frei. Die Albedo sinkt dadurch deutlich, das Meer kann Wärme einnehmen und speichern. Aus der Antarktis hingegen fließt ganzjährig extreme Kaltluft ab und wird in die atmosphärische Zirkulation der Mittleren Breiten „eingefüttert".

3. Außerdem ist die Südhalbkugel gegenüber der Nordhalbkugel strahlungsklimatisch benachteiligt, denn sie durchläuft den **sonnenfernsten Punkt** der Erdumlaufbahn im Hochwinter, den **sonnennächsten Punkt** im Hochsommer. Das bedeutet längere und strahlungsärmere Winter sowie kürzere, wenn auch strahlungsreichere Sommer. Auf der Nordhalbkugel liegen die Dinge genau umgekehrt. Folgende Temperaturwerte sprechen für sich: Im Südpolargebiet werden im Winter Mitteltemperaturen von -60° C erreicht, im Sommer sind es immerhin noch -25° C. Die Vergleichszahlen der Arktis nehmen sich dagegen mit -35° C bzw. -1° C eher bescheiden aus. Der thermische Vorteil der südhemisphärischen Wasserhalbkugel gegenüber der nordhemisphärischen Landhalbkugel erhält auf diese Weise einen beachtlichen Dämpfer.

4. Aber noch zehnmal stärker ist die Temperaturabsenkung durch den Golfstrom, welcher enorme Energiemengen von der Südhalbkugel

bis in die subarktischen Meere der Nordhalbkugel verfrachtet und dort für Erwärmung sorgt. Außerdem verursachen antarktische Kaltwasserströme an den Westseiten der Südkontinente eine weitere Temperaturdämpfung.

Als Gesamtergebnis lässt sich festhalten, dass die Mitteltemperatur der Südhalbkugel je nach Quelle um etwa 1,2 – 2° C geringer ist als die der Nordhalbkugel, und auch die Windgeschwindigkeiten fallen aufgrund der thermischen und tellurischen (Verteilung von Land/Meer) Bedingungen im Süden deutlich höher aus. Womit auch unsere bisher offen gebliebene Frage weitestgehend beantwortet ist: „Warum liegt die polwärtige Weizenanbaugrenze der Südhemisphäre auf der analogen geographischen Breite wie Madrid?" Wir erkennen daraus, dass schon relativ geringfügig erscheinende großräumige Temperaturunterschiede weitreichende Folgen nach sich ziehen. Gleiches gilt natürlich auch für geringfügig erscheinende Klimaänderungen. Auch sie können mitunter fatale Auswirkungen haben.

Zurück zur Wasserdampfbilanz: Gänzlich anders als beim Pazifik ist die Situation beim Atlantik. Die allgemeine zonale Streichrichtung beinahe aller eurasischen Hochgebirge stimmt mit der vorherrschenden West-Windrichtung weitestgehend überein, so dass ungeschmälerter Wasserdampftransport vom Atlantik bis in die Weiten Asiens und sogar darüber hinaus stattfinden kann. Die Wasserdampfbilanz des Atlantiks ist deswegen negativ, d. h. die Wasserdampfverluste werden nur mit einer gewissen Verzögerung durch zuströmendes Wasser aus anderen Ozeanen kompensiert. Die Salzkonzentration nimmt auf diese Weise also zu, so dass sich die Tendenz zur Bildung von Tiefenwasser weiter verstärkt.

Vollkommen anderer Meinung scheinen laut Spiegel Online „Geoforscher" zu sein, die „glauben, den wahren Grund zu kennen: Passatwinde treiben Regenwolken nach Westen zum Pazifik. Die Wolken bestehen aus Wasser, das im Atlantik verdunstet ist. So wird der Pazifik süßer, der Atlantik salziger."[36] Diese Botschaft klingt für den gelernten Klimatologen wie ein Märchen aus 1001 Nacht, was im Kapitel zur Allgemeinen Zirkulation der Atmosphäre *(Kap. 7.2.1)* noch zu erklären sein wird. Entweder stammt dieses „Wissen" von klimatologisch ahnungslosen Seiteneinsteigern[37] – ich nenne sie Neoklimatologen –, oder aber es handelt sich wieder einmal um reines Journalistengarn, welches hier gekonnt um unseren Globus gesponnen wurde.

---

[36] http://www.spiegel.de/wissenschaft/weltall/satellitenbild-der-woche-salzkarte-der-meere-zeigt-suesswasserfladen-a-787840.html
[37] Siehe S. 24/25.

Und warum kann im subantarktischen Atlantik und Pazifik an jeweils einer Stelle Tiefenwasser gebildet werden, im Indischen Ozean dagegen nicht? Auch bei der Beantwortung dieser Frage hilft ein Blick auf die Karte. Die Salzkonzentration liegt bei allen drei Ozeanen in den subantarktischen Breiten auf gleichem, aber viel niedrigerem Niveau als im Nordatlantik. Die zum Absinken notwendige Dichte des Meerwassers kann also unter den gegebenen thermischen Bedingungen der Atmosphäre nicht ganz erreicht werden. Nur an zwei Stellen wird der Salzmangel durch besonders starke Abkühlung des Wassers überkompensiert: im Rossmeer und im Weddellmeer. Hier nämlich befinden sich die mit weitem Abstand größten **Schelfeisgebiete** der Erde. Über den kalten Eismassen liegen permanent riesige Kaltluftkörper, deren sommerliche Mitteltemperaturen niemals -10° C übersteigen. Das Ross-Schelfeis ist mit einer Fläche um 500.000 km² nur geringfügig kleiner als Frankreich, und auch das Filchner-Ronne-Schelfeis im Weddellmeer steht dem kaum nach.

„Als Schelfeis bezeichnet man eine große auf dem Meer schwimmende Eisplatte, die über einen sie kontinuierlich speisenden Gletscher mit dem Festland verbunden ist. An der landseitigen Basis, der so genannten Aufsetzlinie, haben Schelfeise Mächtigkeiten von 800 bis 1.500 m, dagegen sind sie an der Front nur noch 100 bis 200 m dick. Ursächlich für die abnehmende Dicke der Platten sind Abschmelzvorgänge an ihrer Unterseite und Fließvorgänge im Eis, wodurch sie kontinuierlich an Masse verlieren. Die nahezu vertikale seewärtige Front (Abbruchkante) der Ross-Schelfeis-Platte, die Rossbarriere, erstreckt sich auf einer Länge von 600 bis 800 km und ragt 20 bis 50 Meter über den Meeresspiegel auf. Rund 90 % des frei auf dem Meer schwimmenden Eises befinden sich also unter dem Wasserspiegel."[38]

4.3 Kontinente sind globale Wärmetauscher

Die Festländer unserer Erde sind, ganz anders als die Ozeane, absolut überhaupt keine Wärmespeicher. Ganz im Gegenteil: Boden- oder Gesteinsoberflächen tendieren zu einer sehr schnellen Abgabe von eingenommener **Wärmeenergie**, ganz ähnlich einem Heizkörper. Vom auf die Erde einfallenden kurzwelligen Sonnenlicht werden beim Durchdringen der Erdatmosphäre nur etwa 17 % der enthaltenen Strahlungsenergie direkt absorbiert und in Wärme umgewandelt, verteilt auf viele

---

[38] http://de.wikipedia.org/wiki/Ross-Schelfeis

Kilometer Atmosphärenmächtigkeit. Die Reststrahlung gibt danach beim Auftreffen auf vegetationslose Landflächen doppelt so viel Wärme (34 %) an die obersten 2–3 mm der nackten Landoberfläche ab. Von dort wird die gesamte eingenommene Energiemenge in Form von *langwelliger Wärmestrahlung* innerhalb weniger Stunden an die Atmosphäre, zu einem sehr viel geringeren Teil aber auch in den Weltraum weitergegeben. Es wird keine Energie in der Erde gespeichert.

Allerdings sind der Wärmeabgabe an die Atmosphäre zwei klimarelevante physikalische Prozesse vorgeschaltet:

1. Zum einen erfolgt die volle Wärmeausgabe im Tagesverlauf mit einer etwa zwölfstündigen Dämpfung, weil die eingegebene Wärme zunächst rund 25 bis maximal 100 cm tief in die Boden- oder Gesteinsunterlage eindringt, bevor sie aufgrund der einsetzenden Abkühlung an der Oberfläche wieder aufsteigt und an die Luft ausgegeben wird. Betrachten wir das Ganze im *jahresperiodischen Temperaturgang*, so ist festzuhalten, dass sich die *Eindringtiefe* der eingegebenen Wärme ganz erheblich vergrößert. Sie beträgt an die 10 bis 15 m. Neuerdings gehen Forscher in den Alpen[39] im Jahresgang sogar von Eindringtiefen bis zu 20 m aus. Dieser Wert deckt sich ziemlich gut mit den quantitativen Angaben von Caquot und Kérisel aus dem Fachgebiet der Bodenmechanik.[40] Ihre Berechnungen stützen sich auf die Gesetze der Wärmeausbreitung, die sich aus der fourierschen Gleichung und den Temperaturbedingungen an der Bodenoberfläche ergeben. Ab 15 – 25 m Tiefe herrscht in Böden *Isothermie*, d. h. permanent gleich bleibende Temperatur, deren Höhe der mittleren Jahrestemperatur der Außenluft über dieser Stelle entspricht. Weiter nach unten erfolgt dann wieder eine konstante Temperaturzunahme, wie sie durch die *geothermische Tiefenstufe* indiziert wird. Diese beträgt im Mittel 1° C pro 33 m, kann aber regional sehr stark schwanken. In Vulkangebieten sinkt sie sehr stark ab, wo hingegen sie in alten kristallinen Massiven auf 125 m und mehr ansteigen kann. Dies ist sehr bedeutsam im Zusammenhang mit tief reichenden Dauerfrostböden (bis 1500 m!) in Sibirien.

Auch Haeberli und Maisch bemühen bei ihren Ausführungen die Gesetze der Wärmeausbreitung, jedoch mit vollkommen anderen Ergebnissen. Während bei den französischen Baugrundspezialisten deckungsgleich zur allgemeinen Klimatologie unterhalb von 25 m Tiefe in

---

[39] Wilfried Haeberli und Max Maisch: Klimawandel im Hochgebirge. In: Der Klimawandel. Einblicke, Rückblicke und Ausblicke. Hrsg. W. Endlicher u. F.-W. Gerstengarbe, Potsdam 2007, S. 102.
[40] Albert Caquot und Jean Kérisel: Grundlagen der Bodenmechanik. Berlin-Heidelberg-New York (Springer) 1967, S. 77.

einem Boden weder tageszeitliche noch jahreszeitliche Temperaturschwankungen stattfinden können, greift die rezente nordhemisphärische Klimaerwärmung von unter 1° C bei den Züricher Geographen bis in Tiefen von 150 m und mehr in die zu beobachtenden Prozesse der **Permafrostschmelze** ein, und das, obwohl sich Boden im Wesentlichen aus dem Einstrahlungs-Input von kurzwelligem Sonnenlicht aufheizt und im Gegenzug so genannte terrestrische Wärme an die Luft ausgibt. Die Wärmeleitfähigkeit von Luft würde bei weitem nicht ausreichen, um Boden spürbar zu erwärmen! Sie ist diesbezüglich ausgerechnet das weitaus ungünstigste der vier natürlich vorkommenden Grundmaterialien der Erde: Gestein (0,011[41]), Wasser (0,001), Luft (0,00005) und organische Substanzen, beispielsweise nasser Moorboden (0,002), wie er bei auftauendem Permafrost oft charakteristisch ist. Das soeben Gesagte gilt allerdings nur unter der Einschränkung, dass Windstille herrscht. Bei Luftbewegung tritt jedoch zum *molekularen Wärmeaustausch* der *turbulente Wärmeaustausch* hinzu, welcher enorm viel effektiver ist. Er kann in Abhängigkeit von der Stärke der Luftbewegung bis zu 1.000 Mal wirkungsvoller sein als molekularer Wärmeaustausch. Unter diesem Aspekt dürfte ein geringfügiges Plus beim Auftauprozess von Dauerfrostböden möglich sein. Aber ein Horrorszenario, wie es in den Alpen sehr gerne an noch gefrorene Felswände gemalt wird, ist diesem Effekt nicht unbedingt zuzuschreiben.

2. Verdunstet während des Prozesses der Wärmeeingabe Bodenfeuchtigkeit, so setzt im selben Augenblick ein Wärmetransport ein. *Verdunstung* benötigt Wärme, d. h. der Boden gibt nur einen Teil seiner Strahlungswärme direkt an die Atmosphäre weiter. Ein nicht unerheblicher Energieanteil wird dem bei der Verdunstung von Bodenwasser entstehenden Wasserdampf übertragen, und zwar in Form von latenter Wärme. Diese wird erst dann wieder freigesetzt, wenn der mittlerweile in der Atmosphäre transportierte (unsichtbare) Wasserdampf andernorts kondensiert, also wieder zu Wasser wird. Es entsteht dann dort fühlbare Kondensationswärme.

Wir haben bis jetzt allerdings nur von vegetationslosen Landoberflächen gesprochen. Sobald jedoch die Landoberfläche von einer *Vegetationsdecke* überzogen ist, werden Strahlungsumsatz und Wärmeverteilung stark modifiziert. Allein schon die Beschaffenheit von Vegetation bezüglich ihrer Höhe und Dichte kann beinahe beliebig viele Ausprägungen aufweisen, einmal ganz davon abgesehen, dass die Verhältnisse zusätzlich einem permanenten Wandel unterliegen. Es lassen sich deshalb nach Weischet (2002) nur einige allgemeine Regeln aufstellen:

---

[41] In cal/°C·cm·s; s ≙ Sekunde

1. An erster Stelle ist Vegetation selbst ein sehr *schlechter Wärmespeicher.*

2. Gleichzeitig aber lässt sie, bedingt durch ihren *Schattenwurf,* im Mittel nur etwa 10 % der eingestrahlten Energie zum darunter befindlichen Boden durch, so dass dessen ohnehin geringe, aber immerhin doch bessere Wärmespeicherkapazität gar nicht erst zum Tragen kommt.

3. Auch die Wärmeübertragung ist in einer Vegetationsdecke nur sehr gering. Sie wirkt deshalb wie ein echter *Isolator.*

4. Von sehr entscheidender klimatischer Relevanz ist zusätzlich noch die so genannte *Transpiration* von Pflanzen, denn sie reguliert die thermischen Verhältnisse der gesamten Umgebung.[42] Durch das Verdunsten von Wasser über die Blätter entsteht nämlich Kälte, weil der Verdunstungsprozess Energie erfordert, die der Umgebung als Verdunstungswärme entzogen wird. Der dabei gebildete Wasserdampf führt die vereinnahmte Verdunstungswärme als latente Energie mit sich und gibt sie erst wieder beim *Kondensieren* als echte Wärme an die Luft weiter. Auf diesem Weg ergibt sich ein weiteres Wärmedefizit für den Erdboden.

4.4 Die Isolier- und Kühlwirkung von Eis und Schnee

Die Bedeckung größerer Land- oder Wasserflächen mit Eis und/oder Schnee führt zu einer thermischen Isolierung der Unterlage. Größerer Energieaustausch zwischen Land oder Wasser und Atmosphäre wird so fast vollständig unterbunden. Die Folge ist, dass sich unter einer *Eis- oder Schneedecke* keinerlei nennenswerte Temperaturschwankungen ergeben können. Meerwasser kann also unter einer Eisdecke nur -1,3° C kalt werden, und schneebedeckte Böden sind mitsamt der enthaltenen Vegetation vor extremen Kältegraden geschützt, wie sie an der Oberfläche von Schnee häufig auftreten. Andererseits kann eine Schneedecke über Gletschern oder Permafrostböden besonders im Frühjahr die wärmende Außenluft fernhalten und auf diese Weise Auftauprozesse hinauszögern oder gar verhindern.

Gleichzeitig sorgt die helle Oberfläche von Schnee und Eis für eine stark erhöhte Reflexion von eingestrahltem Sonnenlicht. Nur etwa 5 –

---

[42] Wolfgang Weischet: Einführung in die Allgemeine Klimatologie. Berlin-Stuttgart (Borntraeger) 2002, S. 88.

25 % der einfallenden Energie werden beispielsweise von frisch gefallenem Schnee absorbiert. Das Verhältnis von reflektierter zu einfallender Energie ist die **Albedo** eines Körpers, ausgedrückt in Prozent der einkommenden Strahlung. Je heller ein Körper ist, desto höher fällt seine Albedo aus. Während frischer Schnee eine Albedo von 75 bis 95 % besitzt,[43] sinkt der Wert bei Altschnee je nach Verschmutzungsgrad auf nur noch 40 – 70 %. Bei Süßwassereis beträgt die Albedo 30 – 40 %. Aber selbst das ist noch eine große Albedo, denn weite Teile der vegetationsbedeckten Mittelbreiten erreichen im Mittel lediglich einen Wert von 16 %, Ozeane von 7 – 9 %. Die mittlere Albedo der Erde beträgt rund 30 %.

Aber kommen wir noch einmal auf die hohe Albedo von Schnee und Eis zurück. Zwischen 2 und 20 % der an der Oberfläche absorbierten Energie dringen immerhin in eine Tiefe von 10 cm ein. Diese hohe Eindringtiefe, zusammen mit großer Albedo und hoher spezifischer Wärme, sorgt dafür, dass Schnee- oder Eisflächen erst bei intensiverer Einstrahlung abschmelzen können. Außerdem sorgt die hohe Albedo für weitere Abkühlung der Umgebungsluft und damit für zusätzliche Stabilität von Eis- und Schneedecken. Man spricht hier von einer positiven Rückkopplung. Diese kann sich aber auch ins Gegenteil umkehren, wenn Eis oder Schnee abschmelzen. Dann nämlich nimmt die örtliche Albedo sofort sprunghaft ab, und der Abschmelzprozess verstärkt sich aufgrund der negativen Rückkopplung.

4.5 Lebewesen steuern die Chemie von Luft und Meer

Die Erdatmosphäre besteht bis in eine Höhe von etwa 20 km aus einem Gemisch von **permanenten Gasen**: Stickstoff N_2 (78,08 Vol. %), Sauerstoff O_2 (20,95 Vol. %), Argon Ar (0,93 Vol. %) und Kohlendioxid CO_2 (0,03 Vol. %). Hinzu kommen Spurengase, unter denen Ozon (O_3) und Wasserstoff (H_2) ihre Anteile räumlich und zeitlich verändern können. Eine bedeutende klimatische Rolle spielt zusätzlich der mit kleinem, aber variablem Anteil (4 – 0 Vol. %) beteiligte Wasserdampf *(Kap. 5.3)*. Das gesamte Gasgemisch ist das, was wir Luft nennen. Die Turbulenzen der Atmosphäre sorgen dafür, dass das Mischungsverhältnis der permanenten Gase stets gewahrt bleibt, obwohl Dichteunterschiede der Gase untereinander eigentlich eine Schichtungstendenz anregen. Aber nicht nur Luftturbulenzen stabilisieren das

---

[43] Zahlenmaterial aus Wolfgang Weischet: Einführung in die Allgemeine Klimatologie. Berlin-Stuttgart (Borntraeger) 2002, S. 79.

Gasgemisch unserer Atmosphäre. Auch die Lebewesen der Erde, deren Gesamtheit (einschl. Mensch) als Biosphäre bezeichnet wird, haben einen bedeutenden Anteil an der chemischen Zusammensetzung der Luft. Besonders erwähnenswert ist in diesem Zusammenhang z. B. der räumlich und zeitlich stets gleich bleibende Sauerstoffgehalt der Luft. Dies ist erstaunlich, wenn man bedenkt, dass Sauerstoff einerseits durch Pflanzen beim Assimilieren produziert wird, andererseits über städtischen und industriellen Agglomerationen durch Verbrennung und Atmung massenhaft gebunden wird. Ein so genanntes Fließgleichgewicht verhindert einen Rückgang des Sauerstoffanteils über Verdichtungsräumen.

Nicht weniger bedeutsam ist der Einfluss der Biosphäre auf die Steuerung des globalen Kohlenstoffkreislaufs. Sowohl die festländischen als auch die marinen (Phytoplankton) Pflanzengemeinschaften sind daran beteiligt. Durch Photosynthese und Assimilation entziehen Pflanzen der Atmosphäre und dem Meer unter Abgabe von Sauerstoff permanent Kohlendioxid. Letzteres wird bei der Atmung sowie beim bakteriellen Verrotten und/oder beim Verbrennen von Pflanzen wieder freigesetzt. Ein großer Teil kann aber auch der Atmosphäre dauerhaft entzogen werden, etwa durch Absinken von abgestorbener Biomasse im Meer oder durch deren Fossilisation. Somit befindet sich der natürliche CO_2-Gehalt der Atmosphäre in einem von der Biosphäre gesteuerten Gleichgewicht, wobei der Mensch seit dem Beginn des industriellen Zeitalters durch übermäßige Freisetzung von CO_2 und anderen Treibhausgasen dabei ist, diesen natürlichen Gleichgewichtszustand nachhaltig zu verändern. Die zu Beginn vorgestellte Keeling-Kurve beweist diesen Tatbestand eindeutig. Allerdings steht heute noch zur Diskussion, ob der anthropogene CO_2-Anteil tatsächlich so gravierende klimatische Folgen nach sich ziehen wird, wie es die so genannte etablierte Klimaforschung glauben machen will.

5 HAUPTAKTEURIN IST DIE ATMOSPHÄRE

Die *Erdatmosphäre* ist das wichtigste Rad im Getriebe unseres globalen Klimasystems. In ihr laufen physikalische und chemische Vorgänge ab, die das Leben auf der Erde erst ermöglichen. Ohne Atmosphäre gäbe es weder Wolken, noch Wind, Regen oder Schnee. Selbst ein blauer Himmel wäre ohne Atmosphäre nicht vorhanden. Sie spielt die Hauptrolle als Motor einer gigantischen Wärmekraftmaschine, angetrieben durch die unvorstellbar große Energiemenge, welche durch die Sonnenstrahlung zur Erde gelangt. Von zentraler Bedeutung ist dabei die Tatsache, dass die eingestrahlte Sonnenenergie aufgrund der kugelförmigen Gestalt der Erde und ihrer Oberfläche ungleichmäßig über den Globus verteilt wird.

Dadurch bildet sich ein erhebliches Energiedefizit zwischen den äquatorialen Breiten und den Polargebieten. Der zwangsläufig auftretende Wärmeausgleich setzt global wirksame Luftströmungen in Gang, die so genannte *Allgemeine Zirkulation der Atmosphäre*, über welche sich die dringlichsten Energieüberschüsse weltweit über die Erdoberfläche verteilen und sich kurzfristig ausgleichend abschwächen. Die Ozeane beteiligen sich als zusätzliche Hilfsmotoren an den erdumspannenden Wärmetransporten und lösen auf diese Weise weitere großräumige energetische Umverteilungsprozesse in der Atmosphäre aus. Als Ergebnisse aus diesen äußerst komplizierten Prozessabläufen resultieren unser Wetter und gleichzeitig auch das breite Spektrum unterschiedlicher Klimazonen der Erde.

Nicht minder deutlich wird die überragende klimatische Rolle, die unserer Atmosphäre zukommt, wenn man sich den Erdzustand vergegenwärtigt, der sich ohne ihre Existenz einstellen würde. Die Atmosphäre wirkt nämlich über ihre Rolle als flächenhafter Energieverteiler hinaus als natürliche *Isolierschicht* gegen die lebensfeindlichen Temperaturbedingungen des Weltraums. Wäre die Atmosphäre überhaupt nicht vorhanden, dann herrschte auf der Erde ein so genanntes *solares Klima*, unter dessen Bedingungen die Durchschnittstemperatur an der Erdoberfläche gerade einmal unwirtliche -18° C betragen würde. Leben könnte unter solchen Voraussetzungen nicht oder bestenfalls in äquatorialen Breiten existieren. Mit Atmosphäre, so wie sie heute zusammengesetzt ist, beträgt die globale Mitteltemperatur dagegen angenehm warme +15° C!

5.1 Was ist eigentlich Atmosphäre?

Unter **Atmosphäre** versteht man ganz allgemein ein Gas oder ein Gasgemisch, welches einen Himmelskörper umhüllt und von dessen Schwerkraft festgehalten wird. Je nach Größe, Temperatur und Masse des Himmelskörpers kann sich seine Atmosphäre aus sehr unterschiedlichen Gasen zusammensetzen. Bei unserer Erdatmosphäre, die im allgemeinen Sprachgebrauch als **Luft** bezeichnet wird, handelt es sich um ein weitestgehend stabiles Gemisch aus permanenten Gasen. Permanente Gase heißt, dass diese unter den atmosphärischen Druck- und Temperaturverhältnissen weder in ihre flüssige noch in ihre feste Phase übergehen können. Wir sprechen hier also zunächst ausschließlich von absolut trockener Luft. Beim Auftreten von Wasserdampf gilt die obige Prämisse nicht mehr.

Stickstoff (N_2) besitzt mit 78,084 Vol. % den weitaus größten Anteil an der Atmosphäre, gefolgt von **Sauerstoff** (O_2) mit weiteren 20,942 Vol. %. Weit abgeschlagen gesellen sich noch **Argon** (Ar) mit 0,934 Vol. % und **Kohlendioxid** (CO_2) mit z. Zt. rund 0,04 Vol. % hinzu. Außerdem finden sich in prozentualen Bereichen von Tausendstel bis Milliardstel so genannte **Spurengase** wie *Neon* (Ne), *Helium* (He), *Methan* (CH_4), *Krypton* (Kr), *Wasserstoff* (H_2) und *Distickstoffoxid* (N_2O), *Kohlenmonoxid* (CO), *Xenon* (X) sowie *Ozon* (O_3), *Schwefeldioxid* (SO_2) und *Fluorchlor-Kohlenwasserstoffe* (FCKW).

Klimatisch wirksam sind vor allem die so genannten **Treibhausgas**e wie Kohlendioxid, Methan, Distickstoffoxid und Ozon. Diese sind, abgesehen vom Ozon, zum allergrößten Teil in der unteren Atmosphäre, der so genannten Troposphäre, bis maximal etwa 17 km Höhe angereichert, weil in diesem untersten Atmosphärenstockwerk die Luftdichte am größten ist. Lediglich **Ozon** kommt größtenteils erst weiter oben in der Stratosphäre vor. Die gute Durchmischung der Luft in der Troposphäre durch allgegenwärtige Turbulenzen sorgt für eine gleichmäßige Zusammensetzung der einzelnen Gase. Erst in sehr großen Höhen ab etwa 100 km beginnen die Gase, sich nach ihrem spezifischen Gewicht zu schichten. Leichtere Gase befinden sich somit am weitesten oben. Charakteristisch für die Treibhausgase ist ihre Fähigkeit, zu einem kleineren Teil kurzwellige Sonnenstrahlung, vor allem aber langwellige terrestrische Wärmestrahlung zu absorbieren, die von der tagsüber aufgeheizten Erdoberfläche ausgesendet wird. Dieser natürliche Glashauseffekt ist es, der unsere Erde erst bewohnbar macht. Eine Störung seines Gleichgewichts verändert unausweichlich unser Klima.

Den Idealzustand der Trockenheit von Luft, wie oben zunächst angenommen, treffen wir in der Natur allerdings nur bei relativ selten vorkommenden meteorologischen Konstellationen an. Viel häufiger dagegen enthält Luft Gemengeteile von **Wasserdampf** (H_2O), einem unsichtbaren, nicht permanenten Gas, dessen Volumenanteil je nach räumlichen und zeitlichen Randbedingungen zwischen 0 und 4 % schwanken kann. Der Maximalwert von 4 % wird überwiegend in den feuchten Tropen erreicht. In den Mittelbreiten bewegt sich der Wasserdampfgehalt der Luft volumenmäßig zwischen durchschnittlich 1,3 % im Sommer- und 0,4 % im Winterhalbjahr. Damit gehört Wasserdampf zwar nur zu den kleinen Gasanteilen der Luft, was aber gar nichts über seine Bedeutung aussagt. Zum einen besteht beim Wasserdampf unter den thermischen Bedingungen der Atmosphäre die Möglichkeit der Zustandsänderung, d. h. Wasserdampf kann je nach Temperaturverhältnissen der Luft von der gasförmigen in die flüssige oder feste Phase übergehen. Außerdem besitzt Wasserdampf unter allen Treibhausgasen der Atmosphäre das bei weitem größte Absorptionspotential langwelliger Erdwärmestrahlung! Er übertrifft die diesbezüglichen Fähigkeiten von Kohlendioxid (CO_2) um ein Vielfaches, denn auf ihn entfallen bis zu 70 % des globalen natürlichen Treibhauseffekts.

Trotzdem dürfen wir an dieser Stelle keinesfalls übersehen, dass es hier eine erhebliche Einschränkung zu beachten gilt. Kondensierter Wasserdampf, Wolken also, können nämlich keineswegs temperatursteigernd auf die Erdoberfläche einwirken, trotz ihrer gewiss sehr wirksamen Funktion als Ausstrahlungsabsorber. Denn Wolken erhöhen durch ihre helle Oberfläche gleichzeitig die Albedo der Erdoberfläche beträchtlich, vermindern dadurch die zur Erdoberfläche durchdringende UV-Einstrahlung und wirken deshalb abkühlend!

Ähnliches gilt für die Mehrzahl der in der Luft suspendierten **Aerosole**. Allgemein versteht man unter Aerosolen[44] „alle so genannten Verunreinigungen der Luft, die von natürlichen oder künstlichen Quellen (Emittenten) in die Atmosphäre gebracht, dort durch die vielfältigen Bewegungsvorgänge der Luft eine Zeit lang in der Schwebe gehalten (suspendiert) und nach einer von Art und Größe des Aerosolpartikels und der atmosphärischen Bedingungen abhängigen Verweildauer und eventuellen chemischen Reaktionen untereinander oder mit Bestandteilen der reinen Luft wieder auf der Unterlage (Immission) abgesetzt

---

[44] Wolfgang Weischet: Einführung in die Allgemeine Klimatologie. Berlin-Stuttgart (Borntraeger) 2002, S. 41.

werden. Es handelt sich in der Hauptsache um Staub, Rauch, Dämpfe und Mikroorganismen."

Besondere Bedeutung kommt den so genannten **Sulfataerosolen** zu, welche größtenteils chemischen Reaktionen von Schwefelverbindungen entstammen. Sie können sowohl auf natürliche Weise entstehen als auch auf anthropogen verursachte Verbrennungsprozesse zurückgehen. **Dimethylsulfid** (DMS) ist die am häufigsten biogen in die Atmosphäre emittierte Schwefelverbindung. Es wird von Phytoplankton gebildet und ist im Oberflächenwasser der Ozeane gelöst. Jährlich werden etwa 30 Millionen Tonnen an die Atmosphäre abgegeben. Dort oxidiert DMS über Dimethylsulfoxid (DMSO) und Schwefeldioxid zu Schwefelsäure, die zu Tröpfchen kondensiert. Über den Ozeanen ist das die dominante Quelle von Kondensationskernen für die Wolkenbildung und beeinflusst damit deutlich das Globalklima in Richtung Abkühlung.[45]

Aufgrund ihrer hellen Oberfläche strahlen die Partikel des Sulfataerosols einfallendes Sonnenlicht in den Weltraum zurück und wirken so direkt abkühlend auf den umgebenden Ausschnitt der Erdoberfläche. Außerdem sind sie als Kondensationskerne aktiv an der Wolkenbildung beteiligt, so dass sie auf diese Weise auch indirekt abkühlend wirksam werden. Das genaue Gegenteil bewirken durch Verbrennungsprozesse hervorgerufene Rußpartikel. Ihre dunkle Färbung sorgt für eine sehr

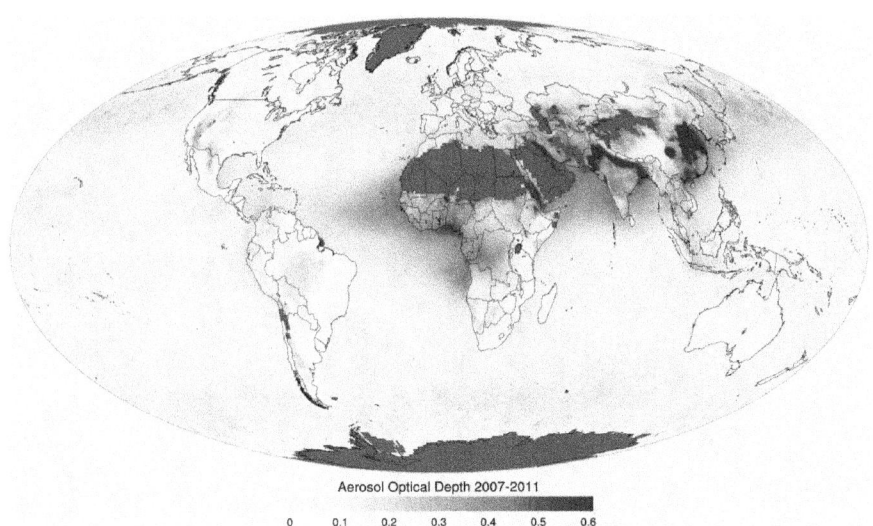

7: Die globale Verbreitung von Aerosolen 2007 – 2011.
Quelle: https://commons.wikimedia.org/wiki/File:Modis_aerosol_optical_depth.png, nach Giorgiogp2.

---

[45] Nach https://de.wikipedia.org/wiki/Dimethylsulfid

niedrige Albedo, so dass sowohl eingestrahltes kurzwelliges Sonnenlicht als auch von der Erdoberfläche zurückgeworfene langwellige Infrarotstrahlung absorbiert wird. Quantitative Aussagen über die vermutliche Klimawirksamkeit von Rußaerosolen liegen noch nicht vor.

Weitere natürliche Aerosole neben vulkanischen und marinen Sulfatverbindungen sind Meersalzkristalle entlang der Küstenlinien und vor

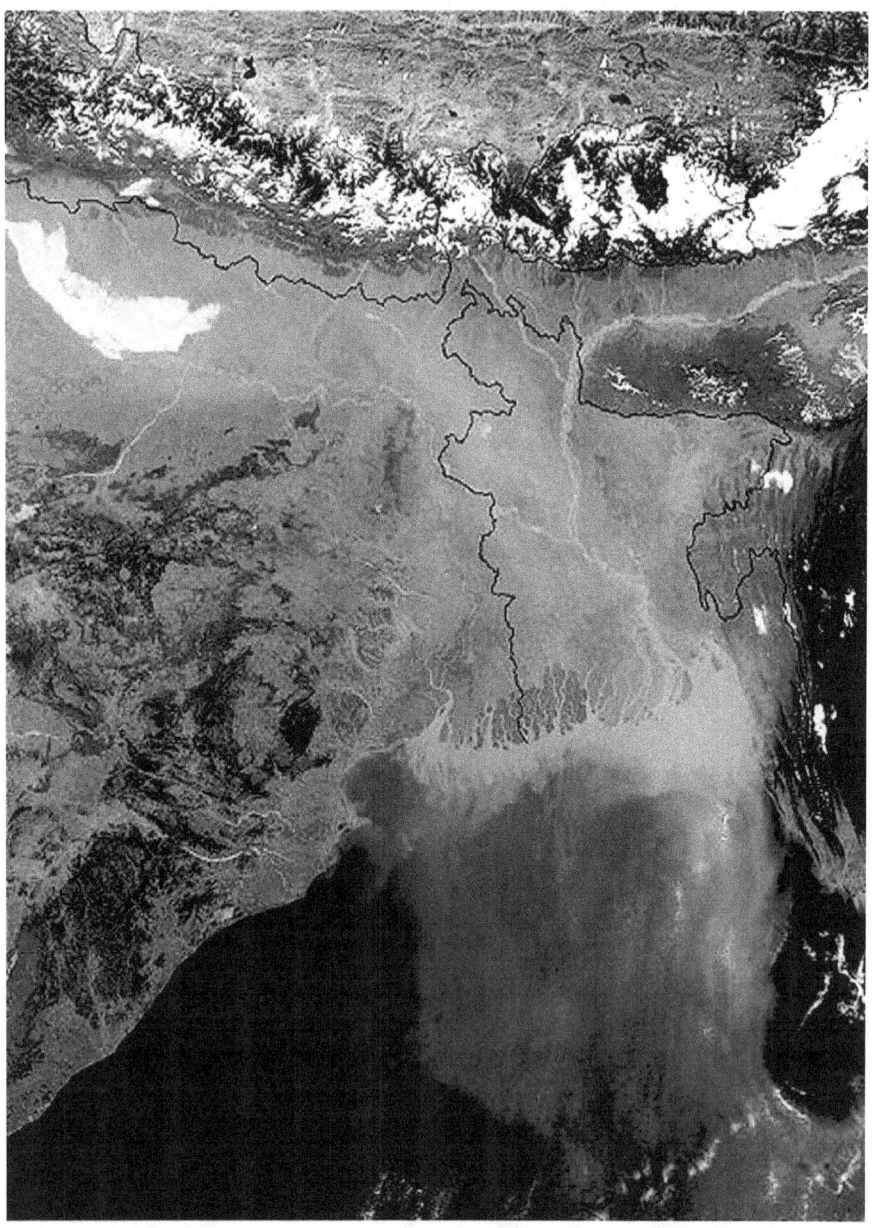

8: Sulfataerosolwolke über Nordindien und Bangladesch.
Quelle: http://visibleearth.nasa.gov/view_rec.php?id=2309

allem Staube, die durch Winderosion ausgeblasen werden. Prädestinierte Gebiete auf der Erdoberfläche sind naturgemäß Wüsten und vegetationsarme Trockengebiete, aber auch so genannte Kultursteppen, d. h. Gebiete, deren Vegetationsbedeckung durch anthropogene Eingriffe geschwächt oder beseitigt wurde. Auch große städtische und industrielle Verdichtungsräume sind wegen ihrer intensiven Nutzung ausgewiesene Staublieferanten.

Das Satellitenfoto *(Abb. 8)* zeigt exemplarisch sehr eindrucksvoll, wie sich durch menschliche Aktivitäten verursachtes Aerosol als gigantischer Smogschleier über ganz Nordindien und Bangladesch ausbreitet. *Abbildung 7* vermittelt dagegen einen einzigartigen Überblick über die globale räumliche Verteilung von Aerosolen und deren quantitative Strukturen. Eine solche Aufnahme ist erst seit wenigen Jahren technisch möglich. Es handelt sich um eine mit dem Spektroradiometer vom Satelliten aus durchgeführte globale Messung der aerosoloptischen Dicke der Atmosphäre.

Das Bild lässt beispielsweise sehr deutlich erkennen, welche Staubmengen der permanent wehende Nordostpassat von der Sahara auf den offenen Atlantischen Ozean transportiert. Eine riesige keilförmige Staubwolke breitet sich quasipermanent als so bezeichnetes „Dunkelmeer" westwärts der Kapverdischen Inseln aus. Nicht minder klar und beängstigend kommt auch das gigantische Ausmaß der anthropogen verursachten Luftverschmutzung über den aufstrebenden Industriezonen von Ostchina und Nordindien zum Ausdruck. Der Eindruck, den *Abbildung 8* vermittelt, wird durch die Messergebnisse bestätigt. Besonders auffallend und geradezu überraschend ist außerdem der vergleichsweise nur sehr geringfügige Aerosolgehalt der Luft in Europa und an der Ostseite Nordamerikas. Es sieht ganz danach aus, dass die in den vergangenen Jahrzehnten durchgeführten umfangreichen Maßnahmen der Industrienationen zur Reinhaltung der Luft bereits spürbar gegriffen haben!

Nicht wirklich zu beurteilen ist mittels des Satellitenbildes jedoch die vermutlich zutreffende Einschätzung von Cubasch und Kasang[46], welche in die Zeiten zurückreicht, als **aerosol-optische Dickemessungen** gerade eben noch nicht existierten: „Während auf der Südhalbkugel die natürlichen Aerosol-Emissionen das Dreifache der anthropogenen betragen, sind umgekehrt auf der Nordhalbkugel, wo ca. 90 % aller durch menschliche Tätigkeiten bedingten Aerosole entstehen, die anthropogenen Emissionen rund fünfmal so hoch wie die natürlichen."

---

[46] Cubasch, Ulrich u. Dieter Kasang: Anthropogener Klimawandel. Gotha (Klett-Perthes) 2002, S. 71.

5.2 Der Bauplan der Atmosphäre

Die *Gas- oder Lufthülle* unserer Erde ist ein äußerst „dünnhäutiges" Gebilde. Ihr klimawirksamer Bereich endet bereits in einer Höhe von nur 50 km. Das ist verschwindend gering, gemessen an der Dimension des Erdradius. Dieser beträgt im Mittel 6.371,0 km. Übertragen auf einen Globus mit einem Durchmesser von 1 m würde die klimawirksame Lufthülle gerade einmal knappen 4 mm entsprechen! Die Erdatmosphäre ist etwa acht Mal so dick wie ihr klimawirksamer Bereich. Aber auch sie erstreckt sich vom Meeresniveau nur gerade einmal etwas mehr als 400 km weit nach oben in den Weltraum hinein. Eine genaue Obergrenze lässt sich nicht definieren, wie der deutsche Geophysiker Julius Bartels (1899-1964) feststellte.[47] Er berechnete, dass von $2,69 \times 10^{19}$ (=2,69 Trilliarden) Molekülen, die in Bodennähe in jedem cm³ Luft enthalten sind, in 250 km Höhe nur noch eine Million übrig sind. In 800 km aber ist es gerade noch ein einziges!

Nach Festlegung der *Internationalen Aeronautischen Vereinigung* (*Fédération Aéronautique Internationale* - FAI) befindet sich die Grenze zum Weltraum in rund 100 km Höhe (Kármán-Linie), während die NASA die *Mesopause* in einer Höhe von 80 km als solche definiert. Noch einmal 30 km tiefer befindet sich die so genannte *Stratopause*. Erst ab hier in Richtung Erdoberfläche beginnt der eigentlich klimawirksame Bereich der Atmosphäre.

Charakteristisch für die Atmosphäre ist (von unten nach oben) ihre Gliederung in fünf Stockwerke: *Troposphäre*, *Stratosphäre*, *Mesosphäre*, *Thermosphäre* und *Exosphäre*. Diese neben möglichen anderen sehr gängige Aufteilung erfolgte aus meteorologischer Sicht unter Berücksichtigung des vertikalen thermischen Bauplans der Atmosphäre, weil genau dieser unsere Wetterphänomene steuert. Allerdings sind hier noch zwei Einschränkungen zu machen:

1. Wetter- und klimawirksam sind allein die beiden untersten Stockwerke, wobei

2. das eigentliche Wettergeschehen mit Luftbewegungen sowie Wolken- und Niederschlagsbildung lediglich auf die Troposphäre beschränkt ist.

Dies ist nicht weiter verwunderlich, denn die Troposphäre alleine beinhaltet schon rund 95 % der globalen atmosphärischen Gesamtmasse. Sie ist durch die *Tropopause* vom zweiten Stockwerk, der Stratosphä-

---

[47] Nach Wolfgang Weischet: Einführung in die Allgemeine Klimatologie. Berlin-Stuttgart (Borntraeger) 2002, S. 43.

re, getrennt. Die Höhenlage der Tropopause schwankt in Abhängigkeit von den unterhalb in der Troposphäre ablaufenden Wettervorgängen. Diese greifen in den Tropen naturgemäß am weitesten nach oben durch, bedingt durch das große zur Verfügung stehende Angebot an Konvektionsenergie. Folglich liegt hier die Tropopause mit etwa 16 – 17 km am höchsten. Zu den Mittelbreiten hin sinkt ihre Höhenlage auf 12 – 13 km ab, und an den Polen verbleiben nur noch 8 – 9 km.

Ein ganz charakteristisches Merkmal der Tropopause ist die Tatsache, dass unter ihr und über ihr gänzlich unterschiedliche vertikale Temperaturverhältnisse herrschen. Unterhalb, also vom Boden bis zur Untergrenze der Tropopause, sinkt die Lufttemperatur bei zunehmender Höhe im statistischen Mittel beständig ab, und zwar um 0,5 – 0,6° C pro 100 Meter. Entsprechend treten über den Tropen mit ±80° C wesentlich niedrigere **Tropopausentemperaturen** auf als über den Mittelbreiten (±55° C) oder gar den Polargebieten (±45° C). Man kann entsprechende Temperaturanzeigen sehr schön auf Interkontinentalflügen beobachten. Oberhalb der Tropopause bleibt die Temperatur dagegen bei zunehmender Höhe (bis 20 km) zunächst gleich *(Isothermie)* und steigt dann bis zur Stratopause (50 km) linear auf etwa 0° C an. Die Tropopause ist damit also eine global permanent vorhandene Temperaturinversion, welche aufgrund dieser Eigenschaft das Wettergeschehen unter sich nach oben hin „plombiert". Folgerichtig befindet sich die Reiseflughöhe von Verkehrsflugzeugen vorzugsweise in dieser absolut wetterberuhigten Zone der Atmosphäre.

Bleibt noch die Frage offen, warum oberhalb der Tropopause, in der Stratosphäre, die Temperatur bei zunehmender Höhe bis zur Stratopause auf rund 0° C ansteigt. Ausschlag gebend ist das hier zwischen 20 und 50 km Höhe in mehreren dünnen Schichten angereicherte **Ozon** (O_3) mit einem Maximum in 30 km Höhe. Dieses äußerst gefährliche Spurengas ist zum Glück weit genug von unseren Lebensräumen entfernt. Trotz seiner chemischen Aggressivität ist es vollkommen unverzichtbar, denn es absorbiert den hochgefährlichen **UV-Anteil** des Sonnenlichts im Spektralbereich zwischen 0,29 und 0,32 μm (UV-B und UV-C), wodurch Leben auf der Erde überhaupt erst möglich wird. Deshalb sind die so genannten Ozonlöcher sehr bedenklich.

Durch die Absorption der äußerst energiereichen UV-Strahlung erwärmt sich das Ozon und sorgt so für die Aufheizung der Stratosphärentemperatur, obwohl unter normalem Luftdruck (760 mm Hg) die Schichtdicke des gesamten stratosphärischen Ozons nur etwa 2 mm betragen würde. Die stratosphärische Ozonschicht hat nichts zu tun mit dem bei Smogwetterlagen in Bodennähe vermehrt auftretenden Ozon. Letzteres entsteht vorwiegend durch die Verbrennungsmotoren von

Kraftfahrzeugen. Stratosphärisches Ozon dagegen entsteht dort oben aus Sauerstoffmolekülen der Luft. O_2-Moleküle werden durch die energiereiche UV-Strahlung (UV-C) in Sauerstoffatome (O_1) gespalten *(Fotodissoziation)*, die sich augenblicklich mit O_2-Molekülen zu Ozon (O_3) verbinden.

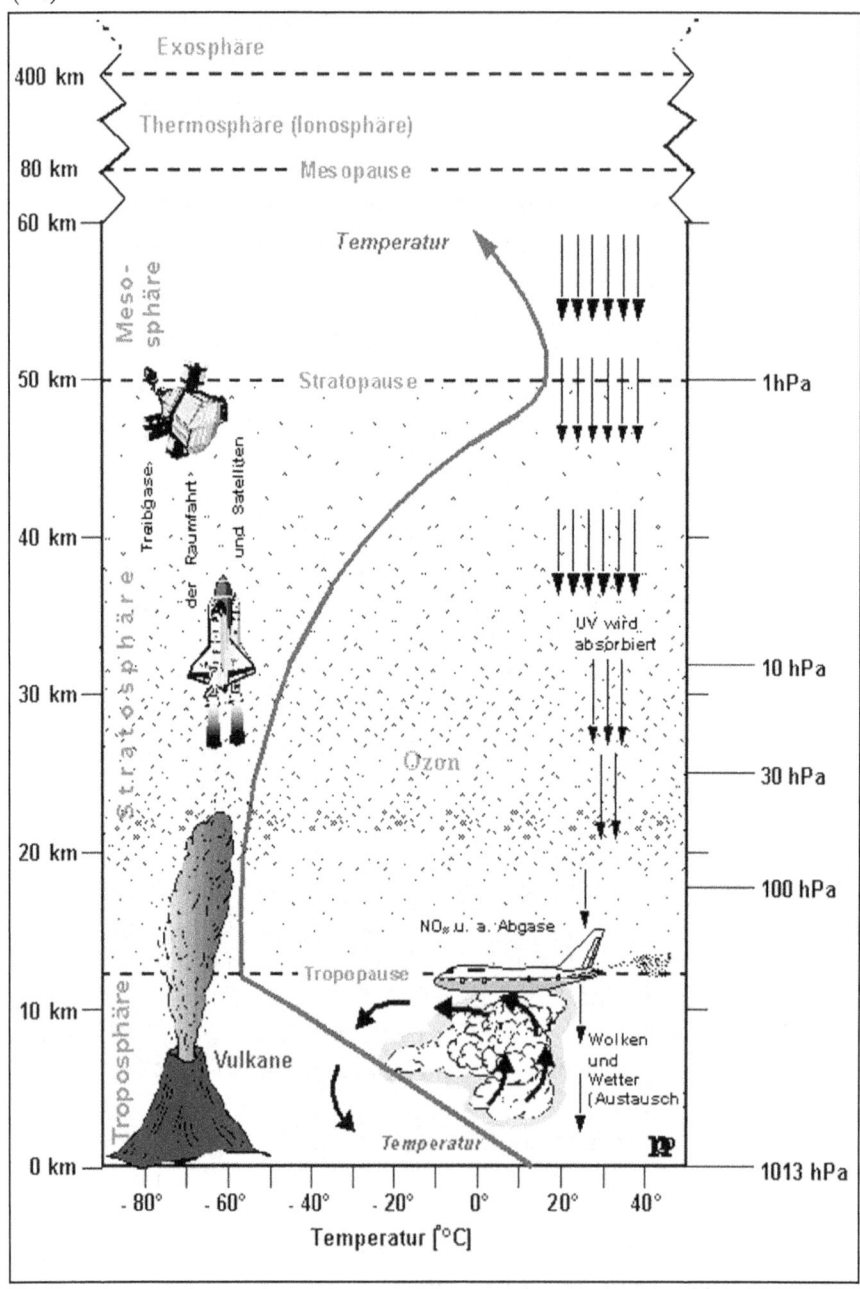

9: Der Stockwerkaufbau der Erdatmosphäre.
Quelle: *Norbert Noreiks, Max-Planck-Insitut für Meteorologie.*

5.3 Wasserdampf – ein Sonderling unter den Gasen

Wie bereits in *Kapitel 5.1* dargelegt, kommt dem **Wasserdampf** in der Atmosphäre eine sehr bedeutsame physikalische Sonderstellung zu. Neben den permanenten Gasen und Spurengasen sowie den verschiedenen suspendierten Aerosolen ist Wasserdampf nämlich das einzige nicht-permanente Gas, welches am Aufbau der Atmosphäre beteiligt ist. Die Bezeichnung *„nicht-permanent"* umschreibt, dass es sich beim Wasserdampf um ein nicht permanent anwesendes Gas handelt. Es ist tatsächlich so, dass Wasserdampf als einziges Gemengeteil der Atmosphäre nicht immer in Luft enthalten sein muss und auch nicht immer in gleich bleibender Menge. Außerdem kann Wasserdampf auch in flüssiger und in fester Phase unter natürlichen Bedingungen vorkommen. Ursache dieses Sachverhaltes sind die besonderen physikalischen Eigenschaften des Wasserdampfs, die außer ihm keines der übrigen Gase aufweist.

Was ist eigentlich Wasserdampf? Wie sieht er aus? Nun, er sieht gar nicht aus, denn er ist ein unsichtbares Gas, welches beispielsweise beim Erhitzen von Wasser entsteht. Das, was wir beim Ausatmen in kalter Luft oder als Emission bei Kühltürmen sehen und was wir umgangssprachlich als Wasserdampf bezeichnen, ist also gar kein Wasserdampf. Es sind lediglich Schwaden, die zwar Wasserdampf enthalten, deren sichtbarer Bestandteil jedoch aus kleinsten Wassertröpfchen besteht, aus Kondensationsprodukten des Wasserdampfs also. Der Wasserdampf als unsichtbares und geruchloses Gas entsteht durch **Verdunstung** aus Wasser. Durch **Kondensation** kann dieser Vorgang wieder rückgängig gemacht werden. Verdunstung aus Wasser bedeutet nicht nur aus flüssigem, sondern auch aus festem H_2O. Bei intensiver Sonneneinstrahlung braucht Eis nämlich keineswegs erst zu schmelzen, um zu Wasserdampf zu verdunsten. Es kann auch unmittelbar in die gasförmige Phase übergehen. Man bezeichnet diesen Vorgang als **Sublimation**.

Anders als alle anderen Gasbestandteile der Luft kann Wasser sämtliche Aggregatzustände von fest über flüssig bis gasförmig unter den äußeren Temperatur- und Druckbedingungen der Erdatmosphäre annehmen. Bei normalem Luftdruck von 760 mm Hg (Millimeter Quecksilbersäule) oder rund 1.013 hPa (Hektopascal) liegt der Schmelzpunkt von Wasser bekanntlich bei 0° C, der Siedepunkt bei 100° C. Zwischen **Schmelzpunkt** und **Siedepunkt** kann Wasser gleichzeitig sowohl im flüssigen als auch im gasförmigen Aggregatzustand vorkommen, bei Temperaturen unter dem Schmelzpunkt in fester und in gasförmiger Phase und ab dem Siedepunkt ausschließlich in gasförmigem Zustand.

Diese einfache Feststellung ist von ganz erheblicher klimatologischer Tragweite. Ohne die Fähigkeit von Wasser, im gesamten natürlich vorkommenden Temperaturintervall der Atmosphäre sowohl in flüssiger oder fester als auch in gasförmiger Phase gleichzeitig aufzutreten, könnte in der Atmosphäre gar kein Wasserdampf existieren. Unser Wetter würde weitgehend ausfallen, denn es gäbe ja keine Verdunstung, keine Kondensation, keine Wolkenbildung, keine Niederschläge. Außerdem wäre es empfindlich kalt auf der Erde, denn bis zu 70 % des natürlichen Treibhauseffektes würden nicht vorhanden sein.

Wasserdampf entsteht, wie schon zuvor erwähnt, durch **Verdunstung** von Wasser. Physikalisch gesehen treten bei diesem Vorgang im Mikrokosmos Wassermoleküle aus der flüssigen Phase in die Gasatmosphäre über. Im umgekehrten Fall, wenn Wassermoleküle aus der **Gasatmosphäre** wieder in die flüssige Phase übertreten, sprechen wir von **Kondensation**. Beim Verdunsten von Wasser entsteht an der Verdunstungsoberfläche ein Verlust von thermischer Energie, die so genannte **Verdunstungswärme** (eigentlich gefühlte Verdunstungskälte!), welche umgekehrt bei der Kondensation von Wasserdampf als latente Wärme wieder freigesetzt und als **Kondensationswärme** an die Umgebung abgeleitet wird.

Ein sehr anschauliches Beispiel für den Wärmeentzug beim Verdunsten ist die **Thermoregulation** unseres Körpers durch Schwitzen, am besten erfahrbar und beobachtbar in der Sauna. Der Haut wird beim Verdunsten von Schweiß Verdunstungswärme entzogen, wodurch auf ihrer Oberfläche eine spürbare Abkühlung erfolgt. Nur so wird es überhaupt möglich, sich in eine auf 90° C oder sogar auf über 100° C erhitzte Sauna zu begeben, ohne dabei auch nur die geringste Verbrennung zu erleiden.

Anders herum wird der Haut beim Saunabesuch die Abkühlungsmöglichkeit durch Verdunstung teilweise entzogen, indem jemand einen Wasseraufguss macht. Der dabei entstehende Wasserdampf kondensiert zum einen sofort auf der gekühlten Haut und führt ihr gleichzeitig die frei werdende latente Kondensationswärme zu. Wir fühlen, dass es merklich heißer geworden ist, obwohl das Thermometer keinen Temperaturanstieg anzeigt. Zum anderen verringert sich die Schweißabsonderung, das Kühlsystem unseres Körpers lässt deutlich nach und reduziert die Möglichkeit des Schwitzens ganz erheblich. Man ist in der Regel schon nach kurzer Zeit gezwungen, den Saunaraum zum Abkühlen zu verlassen.

Obiges Beispiel aus der Sauna bringt uns zu einer weiteren Einsicht. Es zeigt uns, dass ganz offenkundig ein Zusammenhang besteht zwischen Verdunstung und Kondensation auf der einen Seite sowie der Luft-

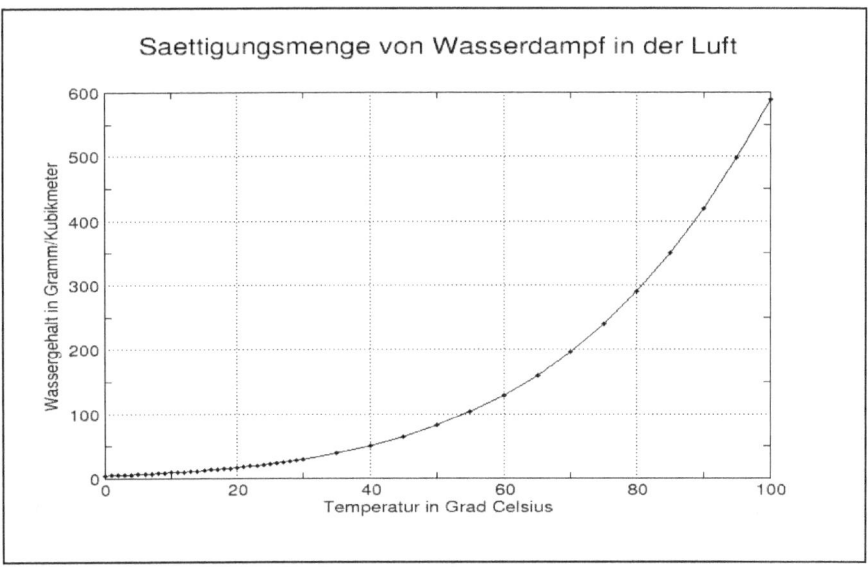

10: Sättigungsmenge von Wasserdampf in der Luft.
Quelle: German Wikipedia, original upload 18. März 2005 by Markus Schweiß.

temperatur und dem zur Verfügung stehenden Wasserangebot auf der anderen Seite. Einfach ausgedrückt: Je wärmer Luft ist, desto mehr Wasserdampf kann sie aufnehmen. Bei Überschreiten des Maximums oder bei Abkühlung kondensiert der überschüssige Wasserdampf. In der Klimatologie spricht man vom ***maximalen*** (maximal möglichen) ***Dampfdruck*** oder auch vom ***Sättigungsdampfdruck***. Er ist eine Funktion der Temperatur, d. h. er fällt bei Temperaturabsenkung und steigt bei Temperaturerhöhung. Der (tatsächlich vorhandene) ***Dampfdruck*** selbst ist dagegen vom Sättigungsdruck verschieden, weil er nicht nur von der gegebenen Temperatur abhängt, sondern auch von der zur Verfügung stehenden verdampfbaren Menge Wasser. *Abbildung 10* zeigt uns, welche Wassermasse aus 1 m³ gesättigter Luft auf ansteigenden Temperaturniveaus frei wird, wenn jeweils ihr gesamter Wasserdampfgehalt kondensieren würde. Bemerkenswert ist die Tatsache, dass der Wassergehalt der Luft (ebenso der Sättigungsdruck) bei zunehmender Temperatur nicht linear, sondern exponential ansteigt.

In der klimatologischen Praxis sind detaillierte Kenntnisse über die mittlere ***vertikale und horizontale Verteilung*** des Wasserdampfs in der Atmosphäre von großer Bedeutung, denn sie steuern ihrerseits die regionale Verteilung der Niederschläge. Die regionale Verteilung des Wasserdampfs bildet somit eine der Grundlagen zum Verständnis des globalen Klimas und seiner regionalen Differenzierungen.

Unmittelbar einleuchtend und plausibel ist es nach dem bisher Gesagten, dass sowohl in der Vertikalen als auch in der Horizontalen primär die mittlere Temperaturverteilung die Verteilung des Wasserdampfgehalts regelt. Zweitrangig, aber doch modifizierend, wirkt außerdem die Menge des für die Verdunstung zur Verfügung stehenden Wassers, die sich aus der unterschiedlichen Verteilung von Ozeanen und Festlandsflächen (z. B. Wüsten, Eiswüsten oder Waldregionen) ergibt.

Zusammen genommen sind es jedenfalls wieder die drei schon bekannten *Lagebedingungen*, die als Wirkungsgefüge die regionale Verteilung des Wasserdampfs steuern:

1. die *solare* im System der Breitenkreise,

2. die *meteorologische* im Kreislauf der Allgemeinen Zirkulation der Atmosphäre und

3. die *geographische* im Verbreitungsgefüge der Land- und Wasserflächen sowie der Reliefgliederung und dem Bedeckungszustand der Erdoberfläche.

Einen ganz ausgezeichneten kartographischen Überblick zur regionalen Verteilung des Wasserdampfs, sowohl horizontal als auch vertikal, liefert *Abbildung 11*. Die Satellitenmessung erfasst das so genannte „*Precipitable Water*" im Januarmittel 2003. Der englische Zungenbrecher meint die Gesamtmenge an Wasserdampf, welche in einer gedachten vertikalen Luftsäule über einem Ausschnitt der Erdoberfläche enthalten ist, und zwar vom Erdboden bis hinauf zur Tropopause, im Mittel wie auch im Einzelfall. Gemessen wird die Menge des gedanklich ausgefäll-

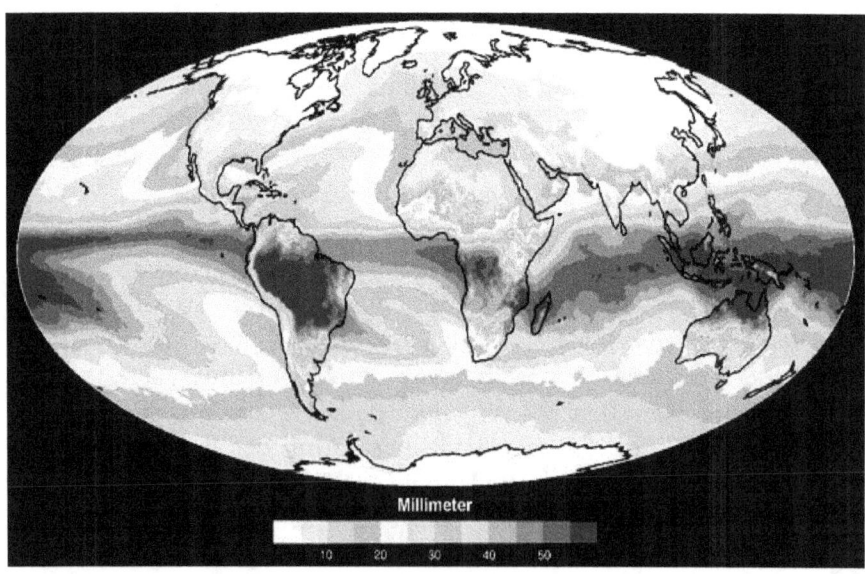

11: Der globale Wasserdampfgehalt (Precipitable Water) der Atmosphäre im Januar 2003 (in mm kondensiertes Wasser oder Liter/m²).
Quelle: NASA Aqua Project Science.

ten Wassers am Boden der Säule, ähnlich wie der Niederschlag, nämlich in mm Wassersäule (=Liter/m² oder kg/m²).

Als erste Erkenntnis vermittelt das winterliche Satellitenbild sehr deutlich, dass die **Wasserdampfmengen** von den Polen in Richtung Äquator kontinuierlich zunehmen, wobei die niedrigsten Werte über den Polargebieten beider Hemisphären erreicht werden. Interessant ist dabei das nicht zu übersehende Ungleichgewicht zwischen der Süd- und der Nordhalbkugel, welches sich ganz offensichtlich aus der unterschiedlichen Verteilung von Wasser- und Festlandsflächen ergibt. Der Land-Wasser-Effekt überlagert hier deutlich sichtbar die Temperaturverteilung als primäre Regulierungsgröße des Wasserdampfgehalts der Atmosphäre.

Auf der Wasserhalbkugel beschränken sich die niedrigsten Werte lediglich auf das antarktische Festland. Ganz anders auf der Nordhalbkugel: Dort nämlich werden sie über das Nordpolargebiet hinaus gerade auch über den angrenzenden winterkalten und niederschlagsarmen Festlandsgebieten Nordamerikas, Nordosteuropas und Sibiriens gemessen. Eine Auswölbung holt sogar von Sibirien südwärts aus über die winterkalten Steppen-, Wüstensteppen- und Wüstengebiete Zentralasiens bis hin zum Nordrand des Hochlands von Tibet, nach Nordostchina und in die Mandschurei.

Die absolut geringsten Dampfdruckwerte (< 0,1 mm Hg oder 0,1333 hPa) und damit auch gleichzeitig die niedrigsten Wasserdampfmengen (< 0,1 g/m³), das sei hier ergänzend erwähnt, treten an den **Kältepolen** der Erde auf. An erster Stelle rangiert die Antarktis. Dort wurden von der Wetterstation Wostok am 21. Juli 1983 sage und schreibe -89,2° C gemessen. Der Kältepol der bewohnten Erde liegt im nordostsibirischen Jakutien. In Werchojansk und auch in Oimjakon sanken die Thermometer immerhin schon auf -67,8° C! Mit durchschnittlichen 7,5 g Wasserdampf pro m³ Luft ist es selbst in den trockensten **Wüsten** der Erde vergleichsweise zu den Polargebieten noch relativ feucht. Spitzenwerte von 20 und mehr g/m³ werden schließlich in der Äquatorialzone sowie in den regenfeuchten Randtropen angetroffen.

Sehr auffallend in der Satellitenkarte sind die keilförmig von den Küsten Nord- und Südamerikas sowie Nord- und Südafrikas in die tropisch-randtropischen Ozeane vorstoßenden, grau und sogar weiß eingefärbten „Trockengebiete". Sie demonstrieren auf ihre Weise sehr schön, dass es primär tatsächlich die Temperaturverhältnisse sind und nicht die für die Verdunstung bereitstehenden Wassermassen der Ozeane, welche für die Verteilung des Wasserdampfs in der Atmosphäre zuständig sind. Die Keile trockener Luft liegen nämlich exakt über markanten Kaltwasserströmen der Ozeane, welche durch die in diesen

Breiten quasipermanent aus nordöstlicher (Nordhalbkugel) bzw. südöstlicher (Südhalbkugel) Richtung wehenden Passatwinde umgelenkt werden. Eine Erklärung dieses Phänomens enthält unser Kapitel über El Niño und La Niña *(Kap. 8.5.1)*.

Und noch eine weitere Beobachtung lässt sich der *Abbildung 11* abschließend entnehmen, und zwar zur vertikalen Verbreitung des Wasserdampfs in den Tropen. Wenn wir beispielsweise das Gebiet von Ostafrika betrachten, so fällt dort eine weiße bis hellgraue Trockeninsel auf, die aus der ansonsten erheblich feuchteren Äquatorialzone herausragt. Das hellere Gebiet repräsentiert die zwischen 1.100 und 1.500 m gelegenen Hochlandgebiete von Kenia und Tansania, der graue Tupfer im Zentrum dieser Gebiete sind die 4.000 – 6.000 m hohen Gipfelfluren von Mount Kenya (5.194 m) und Kilimandscharo (5.963 m).

Wenn man weiß, dass die Niederschläge der Tropen rein konvektiver, d. h. vorwiegend vertikal strukturierter Natur sind, kann man die Begründung für das Vorhandensein unserer Trockeninsel leicht ableiten: Der Wasserdampfgehalt der Atmosphäre sinkt bei abnehmender Temperatur exponential ab. Die Abkühlung der Luft mit zunehmender Höhe führt deshalb dazu, dass der Luftsäule oberhalb von 1.500 m Höhe nur noch die Hälfte, ab 3.000 m sogar bloß noch ein Viertel des ursprünglich im Tiefland vorhandenen „Precipitable Waters" für die Kondensation und die Bildung von Niederschlag zur Verfügung stehen. Noch weiter oben nimmt der Wasserdampfgehalt noch weiter ab. Hochgebirge der Tropen müssen aus diesem Grund zwangsläufig relative Trockeninseln inmitten feuchterer Umgebung sein.[48] Auch der tropische Teil der südamerikanischen Anden hebt sich in unserer *Abbildung 11* als deutliches Beispiel ab.

5.4 Luft hat Gewicht: Druck und Statik der Atmosphäre

Luft ist, wie wir wissen, ein Gemisch aus diversen permanenten Gasen. Und Gase, auch wenn sie unsichtbar sind, haben ein Gewicht. Sehr deutlich spüren können wir diese Tatsache z. B. beim Kauf einer Gasflasche. Die beim Händler zurückgegebene leere Flasche ist deutlich leichter als das neu gekaufte volle Behältnis. Seine Propangasfüllung wiegt nämlich immerhin 11 kg. Nicht anders verhält es sich natürlich mit unserer Luft. Allerdings mit dem kleinen Unterschied, dass wir sie nicht ganz so einfach wiegen können wie Propangas in der Flasche.

---

[48] Vgl. J. Blüthgen u. W. Weischet: Allgemeine Klimageographie. Berlin, New York (de Gruyter) 1980, S. 193.

Die Frage, ob Luft ein Gewicht besitzt, beschäftigte um das Jahr 1640 die gesamte Wissenschaft der damaligen Zeit. Was Galileo Galilei noch nicht gelang, das glückte nach dessen Tod seinem Nachfolger als Mathematiker am Hof des Großherzogs der Toskana, **Evangelista Torricelli**. Er löste das viel diskutierte Rätsel mit Hilfe seines berühmten Experiments. Den Denkanstoß lieferten bereits zu Zeiten Galileis die Ingenieure von Florenz. Sie waren damit beauftragt, umfangreiche Bewässerungsanlagen für die Hofgärten des Palastes zu bauen. Um Wasser aus einem Tiefbrunnen an die Oberfläche zu fördern, tauchten sie ein deutlich mehr als 10 m langes Rohr in den Brunnen ein. Anschließend verschlossen sie das obere Rohrende und begannen, von hier aus die Luft aus dem Rohr mit Hilfe von Saugpumpen zu evakuieren. Man glaubte damals noch, das Wasser müsse in dem Rohr aufsteigen, da die Natur Abscheu vor der Leere habe (horror vacui). Umso überraschter und ratloser war man jedoch, nachdem man feststellte, dass sich das Wasser nicht weiter als nur ungefähr 10 m nach oben bewegte.

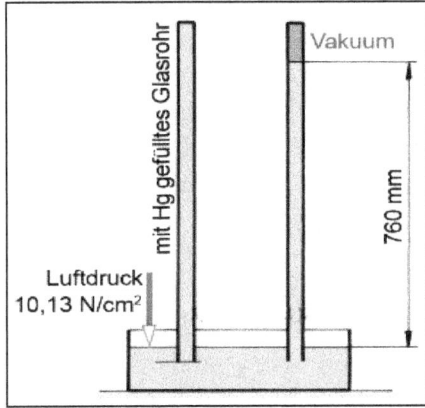

12: Der Torricelli-Versuch.
Verändert nach: http://tec.lehrerfreund.de

Genau an dieser Stelle setzte Torricelli mit seinen Überlegungen an. Er behauptete, es sei das Gewicht der Luft, welches das Wasser 10 m hoch in das Rohr drücken würde, und nicht die Saugleistung der Pumpen. Eine 10 m hohe Wassersäule würde demnach gleich viel wiegen wie eine Luftsäule gleichen Querschnitts. Um dieses mit einem einfachen Experiment beweisen zu können, bediente sich Torricelli eines „Gegengewichts", welches sehr viel schwerer ist als Wasser: Quecksilber (Hg). So konnte er sein Experiment bequem im Labor durchführen. Er füllte ein Glasrohr mit Quecksilber und tauchte es mit der Öffnung nach unten in eine ebenfalls mit Quecksilber gefüllte Wanne. Sofort sank die Hg-Säule in dem Glasrohr ab und pendelte sich bei einer Höhe von ungefähr 760 mm ein. Oberhalb des Quecksilbers bildete sich ein Vakuum, welches man als torricellische Leere bezeichnete. Kein Geringerer als René Descartes, Anhänger der einstigen **Horror-Vacui-Lehre**, ließ sich durch das Experiment Torricellis überzeugen. Noch kurz zuvor hatte er geschrieben, dass wohl in Torricellis Kopf ein Vakuum anzutreffen sei. Das Gewicht der Luft, der **Luftdruck** also, hielt sich mit dem Gewicht der 760 mm hohen Quecksilbersäule im Glasrohr exakt die Waage, ebenso wie mit der eingangs erwähnten Wassersäule von etwa 10 m Höhe. Der Unterschied zwischen Wasser- und Quecksilbersäule resultiert aus der 13,5 Mal höheren Dichte von Quecksilber. Außerdem stellte Torricelli fest, dass sich die Höhe seiner Quecksilbersäule von Zeit zu Zeit änderte. Sie nahm ab, wenn schlechtes Wetter im Anzug war. Damit hatte Torricelli das **Quecksilberbarometer** erfunden. Nach ihm wurde deshalb eine zwischenzeitlich veraltete Maßeinheit für den Luftdruck benannt: das Torr (= die Millimeter-Quecksilbersäule). 1 Torr ist demnach der statische Druck,[49] der von einer Quecksilbersäule von 1 mm Höhe erzeugt wird. 760 Torr entsprechen somit 1 atm = 1,013 bar = 1.013 hPa = 10,13 N(Newton)/cm².

Zu Ende gedacht hat das Ganze abschließend der französische Wissenschaftler *Blaise Pascal*. Wenn Luft tatsächlich ein Gewicht besitzt, dann müsste dieses mit zunehmender Höhe logischerweise abnehmen, d. h. die Quecksilbersäule müsste dort weniger stark ansteigen. Schließlich ist die Luftsäule über dem Quecksilbergefäß weniger hoch. Er wiederholte deshalb das Experiment Torricellis auf dem 52 m hohen Turm von Saint-Jacques in Paris. Tatsächlich war dort die Hg-Säule niedriger, wenn auch angesichts der geringen Höhendifferenz nur sehr geringfügig. Also besuchte er seinen Schwager, der am Fuß des 1464 m hohen Puy de Dôme lebte. Sie bestiegen den erloschenen Vulkankegel am 19. September 1648, und Pascal wiederholte den torricellischen Versuch in verschiedenen Höhenlagen. Und tatsächlich stellte er fest, dass die Quecksilbersäule und damit der Luftdruck bei zunehmender Höhe stetig abnimmt.

13: Otto von Guerickes Wasserbarometer in Magdeburg (um 1654).
Quelle: http://www.bertbolle.com

Diese Erkenntnis machte den Namen Pascals später unsterblich, denn das weltweit verbreitete und gültige *Internationale Einheitensystem*

---

[49] Der Begriff „Statik der Atmosphäre" umfasst alle physikalischen und meteorologischen Regeln und Gesetze, welche die Gewichtsauswirkungen der Atmosphäre auf ihre Unterlage oder auf tiefer liegende Luftschichten ausüben.

oder **SI** (frz. Système International d'Unités) benannte die SI-Einheit für den Druck nach ihm als Pascal. Ein **Pascal (Pa)** ist definiert als der Druck, den eine Kraft von einem Newton (N) auf eine Fläche von einem Quadratmeter ausübt. In der Meteorologie wird der Luftdruck der Atmosphäre in **Hektopascal** (1 hPa = 100 Pa) angegeben. Auf diese Weise kann man die SI-konforme Einheit Pascal verwenden und gleichzeitig zahlenmäßig in den früher üblichen Millibar (mbar) gewohnheitsmäßig weiterdenken. Ein Hektopascal entspricht nämlich exakt einem Millibar.

Es dauerte bis zur Mitte des 19. Jahrhunderts, bis **Barometer** von Instrumentenherstellern, Optikern und Uhrmachern fabriziert wurden. Die Nachfrage beschränkte sich zunächst auf Wetterstationen und wissenschaftliche Einrichtungen. Später gesellte sich aber auch der Hausgebrauch hinzu. Seit 2009 sind die Herstellung und der Verkauf von Quecksilberbarometern in Deutschland und der EU wegen des hohen Unfallrisikos verboten. Natürlich gibt es heute jede Menge anderer technischer Lösungen, angefangen beim Flüssigkeitsbarometer über das dekorative Goethebarometer bis zum Röhren- und Dosenbarometer. Letzteres findet häufig als Höhenmesser Verwendung, wenngleich immer häufiger elektronische GPS-Geräte auftauchen, weil ihr Einsatz unabhängig von aktuellen Wetterbedingungen (Temperatur- und Luftdruckverhältnisse) erfolgen kann.

Als Ergebnis dieses Abschnitts lässt sich bisher Folgendes ableiten:

Die Schwerkraft der Erde bewirkt, dass die Masse der Erdatmosphäre mit ihrem Gewicht auf der Erdoberfläche lastet. Sie übt damit einen bestimmten (Luft-)**Druck** auf ihre Unterlage aus, der im Meeresniveau im Mittel 1.013,25 Hektopascal (hPa) beträgt. Entsprechend geringer ist der Luftdruck in beliebigen Höhen oberhalb des Meeresniveaus.

Abschließend müssen wir uns noch mit einer klimatologisch sehr bedeutsamen Besonderheit des Luftdrucks beschäftigen, die den meisten unter uns vermutlich noch aus dem Physikunterricht bekannt ist: Druck ist laut physikalischer Definition gleich Kraft pro Flächeneinheit. Druck in Flüssigkeiten und Gasen wirkt allseitig gleich nach allen Richtungen. Bei Festkörpern dagegen wird Druck nur gerichtet weitergegeben.

Wir können diesbezügliche Beobachtungen tagtäglich anstellen. Als Beispiel für den gerichteten Druck eines Festkörpers wird immer wieder gerne der Stilettabsatz eines Damenschuhs herangezogen. Man stelle sich einen ruckartig anfahrenden städtischen Bus vor, in welchem eine stehende Dame, die sich nicht gut festgehalten hat, plötzlich einen unkontrollierten Schritt nach hinten machen muss, um das Gleichgewicht halten zu können. Ihr Pfennigabsatz kommt dabei auf dem Fuß eines Sandalen tragenden Herrn zum Stillstand. Eine wahrlich schmerzhafte Erfahrung, die mir so tatsächlich schon widerfahren ist. Wie groß ein solch einseitiger Druck sein kann, lässt sich leicht berechnen. Angenommen, die Trägerin eines Pfennigabsatzes wiegt 60 kg und die Fläche des Absatzes beträgt 1 cm². Dann beträgt die Druckbelastung auf dem Fuß des Herrn in unserem Beispiel 60/1 = 60 kg/cm². Hätte die Dame mit einem flachen Schuh und einem Absatz von 6 x 7 cm = 42 cm² zugetreten, dann wäre der Männerfuß im anfahrenden Bus nur mit 1,4 kg/cm² belastet worden. Die Fahrt wäre also für den Besitzer des Herrenfußes auf keinen Fall so schmerzhaft verlaufen.

14: Gerichteter Druck auf fremden Fuß.

Vollkommen anders sehen die Verhältnisse aus, wenn statt eines gerichteten Druckes ein gleichförmig nach allen Seiten wirkender Druck ausgeübt wird, wie es in Flüssigkeiten und Gasen der Fall ist. Wer hat nicht schon einmal auf einer Luftmatratze gelegen und ist von ihrer Luftfüllung angehoben worden, weil an einer anderen Stelle jemand auf die Matratze getreten hat? Gleiches passiert, wenn man auf dem Rand eines Schlauchbootes sitzt und sich eine zweite Person schwungvoll hinzugesellt. In beiden Fällen bewegt sich die liegende oder sitzende Person in die Höhe, obwohl der ausgeübte Druck ursprünglich nach unten gerichtet war!

Dieser allseitig gleichförmig wirkende Druck führt in Flüssigkeiten und ebenso in Gasen (also auch in der Atmosphäre) dazu, dass „eingetauchte" Körper unter bestimmten Voraussetzungen **Auftrieb** erhalten. Ob es sich im Wasser um ein Stück Holz oder um einen stählernen Ozeanriesen handelt: In beiden Fällen taucht der Festkörper so tief ein, bis sich sein Eigengewicht und das Gewicht des verdrängten Wassers genau die Waage halten. Der über das Gewicht des verdrängten Wassers hinausgehende Teil des schwimmenden Körpers ragt über die Wasseroberfläche empor.

Ganz ähnlich wie Wasser verhält sich auch Luft. Auch hier erhält jeder Körper Auftrieb, vorausgesetzt, er ist leichter als die verdrängte Luft. Beispielsweise beginnt ein mit leichtem Gas gefüllter Luftballon sofort aufzusteigen, und sogar ein riesiger Zeppelin ist flugfähig, weil sein riesiger gasgefüllter „Bauch" viel leichter ist als die umgebende Luft. Der Druck des Flugkörpergewichts ist zwar nach unten gerichtet, aber der allseits wirkende Luftdruck arbeitet genau dagegen und sorgt für den Auftrieb.

Dieses physikalische Gesetz des Auftriebs ist klimatologisch von erheblicher Bedeutung, wenn unterschiedlich temperierte Luftmassen aufeinander treffen, denn es erzwingt das Aufsteigen der jeweils wärmeren, sprich leichteren Luft. Es entstehen vertikale Luftbewegungen, deren klimatologische Konsequenzen wir weiter unten kennen lernen werden (*Kap. 7.1.3 u. 7.2*).

5.5 Wie die Atmosphäre erwärmt wird

Wenn heutzutage in den Medien oder ganz allgemein in der Öffentlichkeit die Rede von der „Erwärmung der Atmosphäre" ist, dann geht es so gut wie immer um den so genannten *Treibhauseffekt*. Darunter versteht man meistens den vom Menschen verursachten oder *anthropogenen Treibhauseffekt*. Dieser ist jedoch aus klimatologischer Sicht lediglich von sekundärer Bedeutung, denn er stellt nur eine Verstärkung des *natürlichen Treibhauseffektes* dar, welcher sich aus ganz natürlichen Strahlungsvorgängen in der Atmosphäre ergibt. Ohne ihn wäre, wie schon an anderer Stelle erwähnt, kein Leben auf der Erde möglich. Anstelle von „kuscheligen" +15° C im globalen Mittel hätten wir es bei nicht vorhandenen Treibhausgasen mit unwirtlichen -18° C zu tun!

Um diese nicht ganz unkomplizierten Zusammenhänge begreifen zu können, müssen wir uns zunächst näher mit dem natürlichen *Strahlungshaushalt* der Atmosphäre und mit ihrer *Strahlungsbilanz* beschäftigen. Die quantitativ entscheidende Energiequelle ist dabei ausschließlich die Sonne mit ihrer kurzwelligen Strahlung. Alle übrigen potentiellen Wärmelieferanten wie beispielsweise Erdwärme, Reibungswärme von Wind, Wellen oder Gezeiten oder gar anthropogene Verbrennungsprozesse durch Industrie, Kraftfahrzeuge oder auch Brandrodungen spielen keine oder fast keine Rolle als Energiequelle des Klimasystems und können deshalb bei unseren Betrachtungen vollkommen außer Acht gelassen werden.

5.5.1 Sonnenstrahlung auf dem Weg zur Erdoberfläche

Die Energie der überwiegend kurzwelligen Sonneneinstrahlung besitzt im erdnahen Weltraum, d. h. oberhalb der Erdatmosphäre, einen mittleren Wert von etwa 1.367 W/m² (Watt pro Quadratmeter). Dies ist die bereits besprochene **Solarkonstante** *(Kap. 4.1)*. Zur Erinnerung: „Es ist diejenige Strahlungsenergie, welche oberhalb des Atmosphäreneinflusses bei mittlerem Sonnenabstand und senkrechtem Strahleneinfall in einer Minute durch die Flächeneinheit fließt."[50] Als Konsequenz der **Exzentrizität der Erdbahn** *(Kap. 8.2)* schwankt der Abstand Erde – Sonne jahresperiodisch und mit ihm natürlich auch die Solarkonstante zwischen 1.325 W/m² und 1.420 W/m². Im Perihel liegt der Wert somit ca. 3,9 % oberhalb und im Aphel ca. 3,1 % unterhalb des Jahresmittels. Der Mittelwert für die Solarkonstante wurde 1982 von der Weltorganisation für Meteorologie in Genf festgelegt.

Die gesamte der Erde zugeführte **Strahlungsleistung** der Sonne pro Stunde berechnet sich demnach auf rund 174 Petawatt (PWh). Zum Vergleich: Der gesamte jährliche Weltenergiebedarf für 2010 betrug rund 140 PWh. Die Sonne gibt also in einer Stunde mehr Energie an die Erde aus als der derzeitige jährliche Weltenergiebedarf beträgt.[51] Und noch eine weitere „Lachnummer": Der Golfstrom transportiert rund 1,5 Petawatt an Wärmeleistung, was der Nutzleistung von 2 Millionen modernen Kernkraftwerken entspricht. Absolute Peanuts im Vergleich zur Solarkonstanten! Angesichts derartiger Größenordnungen drängt sich die Frage auf, ob der Mensch mit seinen bescheidenen Möglichkeiten denn überhaupt nennenswert in globale Klimaprozesse eingreifen kann.

Nun gilt es zu ergründen, was mit dieser geballten Strahlungsenergie auf dem Weg durch die Atmosphäre bis zur Erdoberfläche geschieht, ob und wie sie sich verändert. Vorher ist außerdem zu klären, wieviel der als Solarkonstante berechneten Sonnenenergie überhaupt einen wirksamen Weg durch die Atmosphäre antreten kann. Zum einen wird die Erde nur zur Hälfte im 24-Stunden-Rhythmus von der Sonne beschienen, denn eine Hälfte befindet sich permanent im Nachtmodus. Außerdem besitzt die Erde eine kugelförmige Gestalt, und Erdoberfläche kann deshalb keine ebene, sondern nur eine gewölbte Fläche bedeuten. Somit ergeben sich erhebliche Konsequenzen für einfallende Sonnenstrahlen. Nicht nur, dass die halbe Fläche durch den Tag-Nacht-Rhythmus komplett ausfällt. Von der verbleibenden Restfläche sind noch einmal weitere 50 % strahlungstechnisch unwirksam, denn die Halbkugel-Oberfläche beträgt zwar $2\pi r^2$, aber die Sonneneinstrahlung ist nur in Bezug auf die Querschnittsfläche πr^2 wirksam. Nur ein

---

[50] Wolfgang Weischet: Einführung in die Allgemeine Klimatologie. Berlin-Stuttgart (Borntraeger) 2002, S. 34.
[51] https://de.wikipedia.org/wiki/Solarkonstante und https://de.wikipedia.org/wiki/Weltenergiebedarf

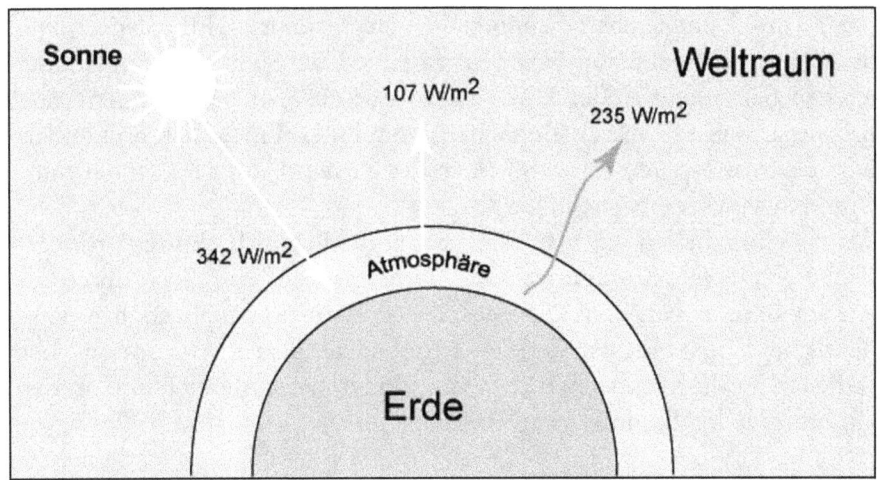

15: Die Strahlungsbilanz der Atmosphäre (in W/m2).
Quelle: http://hamburger-bildungsserver.de/welcome.phtml?unten=/klima/klimawandel/atmosphaere/strahlungshaushalt.html

Viertel der gesamten Erdoberfläche in Form der gedachten Querschnittsfläche am Äquator steht also definitiv für die Sonnenbestrahlung zur Verfügung.

Nach allem, was wir bisher bereits wissen, ist davon auszugehen, dass die Sonnenstrahlung unter dem Einfluss der Erdatmosphäre in ihrer räumlichen und zeitlichen Verteilung quantitativen Abwandlungen unterliegt. Daneben ist sicherlich auch mit qualitativen Abweichungen zu rechnen. *Abbildung 15* gibt die Situation am weltraumseitigen (oberen) Ende der Atmosphäre wieder. Es ist bereits berücksichtigt, dass nur ein Viertel der Strahlungsenergie der Solarkonstanten, nämlich 342 W/m², theoretisch in die Erdatmosphäre eindringen können. Von dieser Strahlung stehen aber letztendlich nur 235 W/m² für die Erwärmung der Atmosphäre und der Erdoberfläche tatsächlich zur Verfügung, denn durch Reflexion an der Erdoberfläche und in der Atmosphäre werden bereits 107 W/m² unmittelbar und wirkungslos in den Weltraum zurückgestrahlt.

Abbildung 16 belegt dagegen in aller Deutlichkeit, dass am Grund der Atmosphäre (untere der drei Kurven) tatsächlich sichtbar weniger Sonnenenergie ankommt, als oberhalb der Atmosphäre auf der Habenseite zur Verfügung steht. Nicht zu übersehen ist die Abhängigkeit der Energieverteilung von der **Wellenlänge**, die in drei Spektralbereiche unterteilt ist: in den **ultravioletten** Bereich (<360 nm[52]), in den **sichtbaren** Bereich (≥360 nm – 760 nm) und in den **infraroten** Bereich

---

[52] nm = Nanometer; 1000 nm = 1 μm (Mikrometer); 1 μm = 1/1000 mm

(>800 nm). Vergleichsmessungen in verschiedenen Höhenlagen über dem Meeresspiegel haben ergeben, dass die Energie in allen Spektralbereichen bei zunehmender Höhe sukzessive ansteigt. Die (grauen) Einbrüche in den schwarzen Bereichen nehmen kontinuierlich ab. Außerhalb der Atmosphäre tritt schließlich der Zustand ein, der von der mittleren Kurve wiedergegeben wird.

Als Ergebnis halten wir fest, dass die tatsächlich in Richtung Erdoberfläche einfallende Sonnenstrahlung unterwegs, auf dem Weg durch die Atmosphäre, neben den Verlusten durch Reflexion auch noch weitere deutliche Energieverluste erleidet, und zwar durch Absorption. Die stärksten Verluste entstehen dabei im ultravioletten Bereich und an den Einbruchstellen des infraroten Bereichs.

5.5.2 Reflexion und Absorption mindern die Strahlungskraft

Von den ursprünglich berechneten 342 W/m² werden auf dem Weg zur Erdoberfläche nicht nur 107 W/m² durch Reflexion in den Weltraum zurückgestrahlt. Selbst die danach verbleibende Restenergie von 235 W/m² kommt nicht vollständig „ungeschoren" am Boden an. Es werden noch einmal 67 W/m² in der Atmosphäre absorbiert, so dass nur bescheidene 168 W/m² den Grund der Atmosphäre erreichen. Der Gesamtenergieverlust, den die Sonnenstrahlung beim Durchgang durch die Atmosphäre erleidet, wird als *Extinktion* bezeichnet. Sie beträgt stolze 49 % der eingehenden Gesamtstrahlung!

Die in der Atmosphäre und an der Erdoberfläche erfolgende Reflexion ist diffus. **Diffuse Reflexion** bedeutet so viel wie unregelmäßige Zerstreuung, Zerstreuung ohne einheitliche Richtung. Die Strahlung als solche bleibt demnach also vollkommen erhalten, wird aber in sämtliche Richtungen abgelenkt, so dass nur ein geringer Anteil sein ursprünglich "angepeiltes" Ziel erreichen kann. Der in den oberen Teil der bestrahlten Erdhalbkugel abgelenkte Anteil der Sonnenenergie beträgt rund 30 % und repräsentiert somit exakt das Globalmittel der ***Erdalbedo*** (planetarische Albedo). Er entweicht vollkommen wirkungslos in den Weltraum, während der nach unten abgelenkte Anteil die Erdoberfläche als *diffuses Himmelslicht* oder als *diffuse Himmelsstrahlung* erreicht.

Hervorgerufen wird die diffuse Reflexion oder *Streuung* einerseits an Luftmolekülen, andererseits an größeren Zentren wie Wassertröpfchen (Wolken, Nebel, Dunst), Eiskristallen (in hohen Wolken) und Aerosolen in der Atmosphäre. Da die Luftmoleküle etwa 100 Mal kleiner sind als die Wellenlänge des Sonnenlichts, ergeben sich bei der diffusen Reflexion an diesen sehr interessante Lichteffekte (**Rayleighstreuung**), die eigentlich jeder kennt, ohne sie jedoch genauer erklären zu können. Beispielsweise werden die kurzwelligen **Blauanteile** des Sonnenlichtbündels von den Luftmolekülen rund 16 Mal stärker reflektiert als die langwelligeren **Rotanteile**. Deswegen nehmen wir die wolkenlose Atmosphäre mit unseren Augen als blauen Himmel wahr. Eine Rotfärbung des Himmels und der Sonne ergibt sich dagegen erst dann, wenn die Sonne morgens oder abends in Horizontnähe steht und der kurzwellige blaue Strahlungsanteil aufgrund des bedeutend längeren Strahlungsweges durch die Atmosphäre „aufgezehrt" ist. Der langwellige Rotanteil wird nun deutlich dominant und für das menschliche Auge sichtbar. Im Übrigen verdanken wir es der Rayleigh-Streuung auch, dass wir sogar im Schatten braun werden können. Bei der Reflexion von Sonnenlicht an Wassertröpfchen, Eiskristallen und Aerosolen kommt das Gesetz von Rayleigh dagegen nicht zum Tragen, denn aufgrund der Größe der einzelnen Partikel wird das gesamte Strahlenbündel gleichmäßig stark reflektiert.

Das zweite „Standbein" der Extinktion ist die **selektive Absorption**. Sie wird, wie im vorhergehenden Abschnitt festgestellt, verursacht durch die atmosphärischen Gase Ozon (O_3), Sauerstoff (O_2), Wasserdampf (H_2O) und Kohlendioxid (CO_2). Beim Passieren der Erdatmosphäre verändert sich die spektrale Verteilung der Sonnenstrahlen durch Absorption ganz beträchtlich. Die spektrale Verteilung gibt an, welchen Energieanteil die jeweiligen Wellenlängenbereiche besitzen.

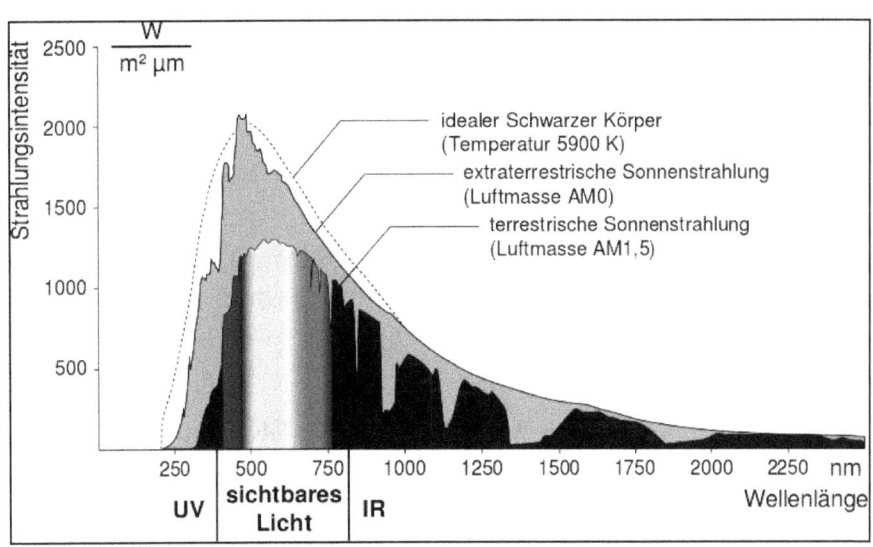

16: Energieverteilungsspektrum der Sonnenstrahlung vor und nach dem Durchgang durch die Erdatmosphäre.
Quelle: https://de.wikipedia.org/wiki/Sonnenstrahlung

Einzelne Spektralbereiche fehlen nach dem Atmosphärendurchgang gänzlich oder sind zumindest stark dezimiert. Diese Absorptionsvorgänge vollziehen sich entlang der bereits erwähnten grauen Einbrüche oder Bandlücken, wie sie *Abbildung 16* wiedergibt. Man bezeichnet diese Zonen als **Absorptionsbanden, Absorptionslinien** oder **Fraunhoferlinien**. Sie beschränken sich lediglich auf ganz bestimmte Spektralbereiche, vorwiegend der ultravioletten und infraroten Strahlung. Die Absorption wirkt also selektiv, denn außerhalb der Absorptionslinien werden andere Wellenlängen ungehindert durchgelassen. Als Ergebnisse von diffuser Reflexion und selektiver Absorption können wir folgendes festhalten:

- Die Intensität der Sonnenstrahlung ist an der Erdoberfläche geringer als außerhalb der Atmosphäre.

- Im sichtbaren, d. h. vom menschlichen Auge wahrnehmbaren Anteil (360 – 760 nm[53]), welcher knapp die Hälfte der solaren Strahlung ausmacht, liegt das Energiemaximum. Das sichtbare Licht erreicht nur bei klarem Wetter und hohem Sonnenstand zum größten Teil die Erdoberfläche. Im globalen Mittel wird es jedoch stark reflektiert (globale Albedo = 30 %), aber nicht absorbiert.

- Von der UV-Strahlung (< 360 nm) über das nahe Infrarot (> 760 – 2.000 nm) bis ins ferne Infrarot (> 2000 nm) hinein enthält das Spektrum dagegen eine Vielzahl von Absorptionslinien, die sogenannten Fraunhoferlinien oder Absorptionsbanden.

- Das in der Stratosphäre zwischen 20 und 50 km Höhe angereicherte Ozon (O_3) absorbiert fast den gesamten hochgefährlichen UV-Anteil des Sonnenlichts im Spektralbereich zwischen 290 und 360 nm (UV-B und UV-C), wodurch Leben auf der Erde überhaupt erst möglich wird. UV-C wird darüber hinaus auch durch Sauerstoff absorbiert. UV-A dagegen dringt fast ungehindert durch.

- Im nahen Infrarotbereich bilden Wasserdampf (H_2O) und Kohlendioxid (CO_2) sehr wirkungsvolle Absorptionslinien, welche sich im fernen IR sogar zu völliger Undurchlässigkeit erweitern.

5.5.3 Am Grund der Atmosphäre – die Globalstrahlung

Bei unseren Betrachtungen zur Extinktion (diffuse Reflexion + selektive Absorption) der Sonnenstrahlung auf ihrem Weg durch die Atmosphäre zur Erdoberfläche sind wir bisher aus Vereinfachungsgründen

---

[53] nm = Nanometer; 1000 nm = 1 μm (Mikrometer); 1 μm = 1/1000 mm

von einer homogenen Atmosphäre ausgegangen. Wir haben als Randbedingung angenommen, die sechs atmosphärischen Einflussfaktoren Wasserdampf, Wolken, Aerosole, Kohlendioxid, Sauerstoff und Ozon seien überall auf der Erde gleich verteilt. Unter dieser Annahme kann sich eine räumliche Differenzierung der Extinktion einzig und allein dadurch ergeben, dass die Sonnenstrahlung beim Durchdringen der Atmosphäre je nach Sonnenstand unterschiedlich lange Wege zurücklegen muss: je länger der Weg, desto größer die Masse der durchstrahlten Atmosphäre, desto größer der Energieverlust durch Extinktion. *Abbildung 17* mag diesen Zusammenhang veranschaulichen.

Als Konsequenz ergibt sich für dieses als **Solarklima** bezeichnete Konstrukt zwangsläufig eine zonale, d. h. allein an den Breitenkreisen (Sonnenstand) orientierte räumliche Differenzierung, wobei sich beiderseits des Äquators je vier klimatische Strahlungszonen deutlich unterscheiden lassen:

- die *solaren Tropen* (bis 23,5°),
- die *solaren Subtropen* (bis 45°),
- die *solaren Mittelbreiten* (bis 66,5°) und
- die *solaren Polarregionen* (bis 90°).

Über das ganze Jahr betrachtet sind die hohen Mittelbreiten und die Polarzone am stärksten durch die strahlungsmindernden Auswirkungen der Extinktion betroffen, weil bei abnehmendem Einstrahlungswinkel die Weglänge der Sonnenstrahlung durch die Atmosphäre progressiv zunimmt *(Abb. 17)*. Sie sind deshalb sommers wie winters benachteiligte Klimazonen. Die Subtropen verzeichnen dagegen lediglich im Winterhalbjahr relativ geringfügige, aber dennoch deutlich spürbare Strahlungseinbußen. In den Tropen macht sich die Extinktion so gut wie gar nicht bemerkbar.

Das Solarklima ist jedoch eine weitgehend theoretische Größe und hat als solche natürlich nur einen sehr eng begrenzten Bezug zur klimatischen Wirklichkeit. Es fehlt ja die Einbeziehung der sechs atmosphärischen Einflussfaktoren Wasserdampf, Wolken, Aerosole, Kohlendioxid, Sauerstoff und Ozon. Diese sind nun einmal nicht, wie als Randbedingung zur Vereinfachung angenommen, überall auf der Erde gleich verteilt, weshalb sie als Steuerelemente von Reflexion und Absorption das Solarklima am Grund der Atmosphäre regional ganz erheblich abwandeln. Besonders große Bedeutung kommt dabei dem Wasserdampf- und Aerosolgehalt der Atmosphäre sowie dem regional sehr unterschiedlichen Bewölkungsgrad zu. Das energetische Endresultat bezeichnet man als **Globalstrahlung**, definiert als „die einer horizonta-

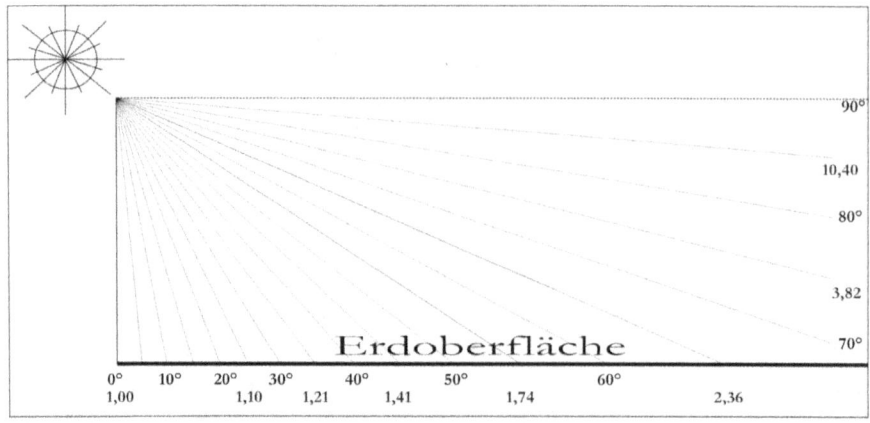

17: Sonnenstand und Vergrößerungsfaktoren für die Weglänge der Sonnenstrahlung durch die Atmosphäre.

len Fläche pro Zeiteinheit zugestrahlte Summe aus direkter Sonnenstrahlung und diffusem Himmelslicht. Sie macht die der Fläche zur Verfügung stehende Gesamtenergie an kurzwelliger Strahlung aus."[54] Klimatologisch von besonderem Interesse ist nun die Frage, wie sich das strikt nach den Breitenkreisen ausgerichtete räumliche Verteilungsmuster der theoretischen Solarstrahlungszonen unter den realen Bedingungen der Globalstrahlung verändert. Diese Kenntnisse werden wir später bei der Ableitung der planetarischen Zirkulation der Atmosphäre benötigen *(Kap. 7.2)*. Einen brauchbaren Überblick verschafft uns *Abbildung 18*. Sie lässt folgende Schlüsse zu:

1. Die **Äquatorialzone** ist, gemessen an der hier herrschenden maximal möglichen Strahlungsintensität, trotzdem strahlungsmäßig benachteiligt. Ursache ist der extrem hohe Bewölkungsgrad über dem Äquator. Die niedrigsten Werte (1700 kWh/m²) finden wir bezeichnenderweise über Land (Kongo- und Amazonasbecken, indonesische Inselwelt), weil dort die Wolkenbildung am intensivsten ist.

2. Die Zonen mit den höchsten Strahlungsintensitäten (>2.200 kWh/m²) befinden sich entgegen aller Erwartungen nicht in den äquatorialen Breiten, sondern an deren Rändern nahe den **Wendekreisen** (23,5°). Sie liegen ausschließlich über Land und sind auf der Nordhalbkugel deutlich größer als auf der Südhemisphäre. Ursache dieses Verteilungsmusters sind der höhere Wasserdampfgehalt und Bewölkungsgrad über den Ozeanen im Allgemeinen und über der Wasserhalbkugel (Südhalbkugel) im Besonderen.

---

[54] Nach Wolfgang Weischet: Einführung in die Allgemeine Klimatologie. Berlin-Stuttgart (Borntraeger) 2002, S. 73.

3. Die stärkste Abnahme der Strahlungsintensität vollzieht sich auf den *Westseiten der Kontinente* von den **winterfeuchten Subtropen** zu den **immerfeuchten niederen Mittelbreiten** (35° – 50°). Die Zone der größten Strahlungsdifferenzen ist viel zusammengedrängter, viel kompakter, als dies von den Bedingungen des solaren Klimas her zu erwarten wäre (40° – 60°), weil der hohe Bewölkungsgrad in diesem Gebiet seine Wirkung nicht verfehlt. Auf den *Ostseiten der Kontinente*, insbesondere in Südostasien, greift dagegen die 1700-kWh/m²-Linie weit äquatorwärts aus. In diesen Bereichen sind die **Mittelbreiten trocken**, d. h. relativ wolkenarm, während für die hier **feuchten Subtropen** ganzjährige Bewölkung mit Maximum im Sommer charakteristisch ist.

4. Von den **hohen Mittelbreiten** (ab 50°) zu den **Subpolargebieten** verläuft der Rückgang der Strahlungsintensität wieder deutlich langsamer. Die eingestrahlten Energiemengen betragen hier nur noch zwischen 50 % und 33 % der an den Wendekreisen gemessenen Werte.

5.5.4 Ein- und Ausstrahlung halten sich genau die Waage

Auf welch unterschiedliche Weise die von der Erdoberfläche eingenommene globale Strahlungsenergie umgesetzt, d. h. aufgenommen, weitergegeben oder vorübergehend gespeichert wird, hängt von Art und Beschaffenheit der bestrahlten Unterlage ab. *Kapitel 4.2 – 4.4* beschäftigte sich ausführlich mit diesem klimatologisch sehr bedeutsamen

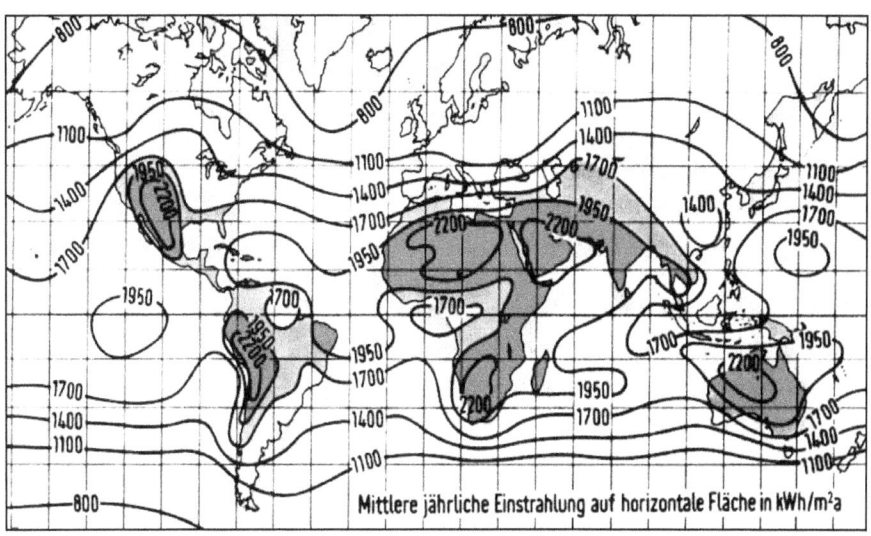

18: Die regionale Differenzierung der mittleren Jahressumme der Globalstrahlung für den Referenzzeitraum 1961 – 1990.
Quelle: Adelmar Stork, http://slideplayer.org/user/672607/

Thema. Trotz der dort aufgezeigten Vielfalt von Unterschieden besitzt die **Erdoberfläche** dennoch eine auf sämtliche Unterlagen anwendbare Eigenschaft: Sie absorbiert global den bei weitem größten Anteil der eingehenden kurzwelligen Sonnenstrahlung, nämlich 51 % von 70 %, wandelt diese Energie in Wärme um und fungiert so als **Heizfläche der Atmosphäre** (*Abb. 19 links*). Nur 19 % der einkommenden Strahlung werden direkt von Wolken und Atmosphäre absorbiert.

Das auf diese Weise erwärmte System Erde-Atmosphäre gibt die gesamte aufgenommene Energie im langwelligen Infrarotbereich als Wärmestrahlung wieder an den Weltraum ab. Als **Ausgabestelle** fungiert dabei die **Oberseite der Atmosphäre**. Die Menge der gesamten an den Weltraum zurückgestrahlten Energie an der Obergrenze der Atmosphäre entspricht logischerweise genau der aufgenommenen Solarenergie, denn ohne dieses **Strahlungsgleichgewicht** würde sich die Erde permanent aufheizen bzw. abkühlen.

Betrachten wir den Vorgang der Wärmerückgabe genauer (*Abb. 19 Mitte*), so fällt auf, dass der allergrößte Teil der von der Erdoberfläche ausgegebenen Wärme keineswegs auf direktem Wege in den Weltraum entweicht. Dies trifft lediglich für 6 % der Strahlung zu, denn sie kann die gesamte Atmosphäre in den so genannten Fensterbereichen, ganz besonders im **großen Infrarotfenster** (Wellenlängenbereich von 8 bis 13 µm), „ungeschoren" passieren. Die restliche Strahlung wird dagegen von Wolken und Atmosphäre zunächst einmal zurückgehalten, d. h. absorbiert. Da hier aber wegen des Strahlungsgleichgewichts keine Energie auf Dauer gespeichert werden kann, muss die aufgenommene Wärme anschließend als Infrarotstrahlung wieder abgegeben werden. Die Strahlung in den oberen Halbraum, d.h. genau die Hälfte der absorbierten Energie, entweicht zusammen mit dem an den Fenstern durchgelassenen Anteil der **Erdstrahlung** in den Weltraum. Die nach unten gerichtete zweite Hälfte der Strahlung kommt jedoch als **Gegenstrahlung der Atmosphäre** zur Erdoberfläche zurück und sorgt hier zusätzlich zur **Solarstrahlung** für weitere Erwärmung. Ein Gleichgewichtszustand kann sich nur einstellen, wenn die Bodentemperatur sich erhöht und damit nach dem **planckschen Gesetz** eine erhöhte Abstrahlung möglich wird. Dieser natürliche Treibhauseffekt führt zu einer mittleren Erdoberflächentemperatur von +15° C.

Sehr häufig begegnen wir in der klimaskeptischen Literatur einer laienhaften Fehleinschätzung, wenn es um die Beurteilung obiger Zusammenhänge geht. Viele Autoren glauben nämlich, an dieser Stelle einen Beweis dafür entdeckt zu haben, dass sich unser Klima durch zusätzlichen Treibhauseffekt gar nicht aufheizen kann. Stein des Anstoßes ist der **Zweite Hauptsatz der Thermodynamik**, welcher besagt, dass ein

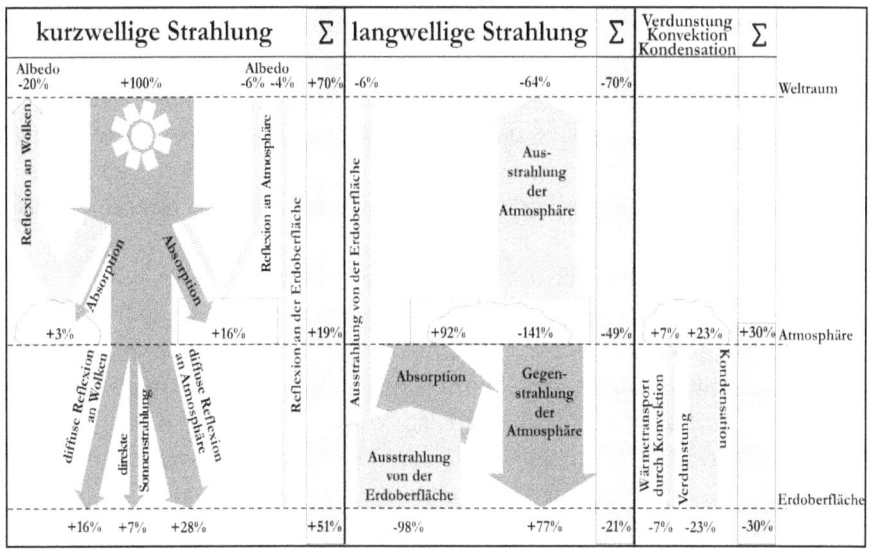

19: Die Strahlungsbilanz des Systems Erde – Atmosphäre.
Verändert nach Spektrum Akademischer Verlag, Heidelberg 2001.
http://www.spektrum.de/lexikon/geographie/strahlungsbilanz/7694

Wärmefluss von einem kälteren zu einem wärmeren Körper physikalisch nicht möglich ist. Danach könnte also keine Wärmeabgabe von der kälteren Atmosphäre zur wärmeren Erdoberfläche erfolgen. Dieser Rückschluss geht leider ins Leere. Ein zusätzlicher Treibhauseffekt hat nämlich zur Folge, dass die Ausstrahlung vom Boden durch eine wärmer gewordene Atmosphäre verlangsamt wird. Es besteht also gar keine Kollision mit dem Zweiten Hauptsatz der Thermodynamik!

Die Erdoberfläche absorbiert im globalen Mittel etwa 175 W/m² an Sonnenstrahlung.[55] Aufgrund des bestehenden Strahlungsgleichgewichts mit der Sonne müsste die Erde genau diesen Energiebetrag an der Oberseite der Atmosphäre an den Weltraum zurückgeben. Betrachtet man jedoch die realen Verhältnisse, so strahlt die Erdoberfläche nach dem **Stefan-Boltzmann-Gesetz** bei einer Temperatur von 288 K (+15° C) und einem angenommenen Emissionskoeffizienten von 0,95 eine tatsächliche Wärmeleistung von 373 W/m² ab. Dieser Wert liegt also deutlich über der empfangenen Sonneneinstrahlung und scheint das Strahlungsgleichgewicht empfindlich zu stören.

Dieses vermeintliche Ungleichgewicht löst sich jedoch in Wohlgefallen auf, wenn wir den Strahlungsbeitrag der Atmosphäre mit berücksichtigen. Die Erdoberfläche empfängt im Mittel eben nicht nur 175 W/m²

---

[55] Z. B. nach W. Roedel: Physik unserer Umwelt: Die Atmosphäre. 2. Auflage, Berlin (Springer) 2000, S. 37 f. Nach anderen Berechnungen ergibt sich je nach Einschätzung der Erdalbedo ein Wert von nur 168 W/m²; vgl. hierzu S. 70).

(168 W/m²) an Sonnenstrahlung, sondern zusätzlich 300 W/m² an Gegenstrahlung der Atmosphäre. Bei einem Strahlungsgewinn von insgesamt 475 W/m² und einem Strahlungsverlust von 373 W/m² verbleibt der Erdoberfläche sogar noch ein Wärmeüberschuss von rund 100 W/m². Über Verdunstung, Konvektion und Kondensation *(Abb. 19 rechts)* gibt sie diesen jedoch als Ausgleich an die defizitäre Atmosphäre ab.

Genauer ausgedrückt: Bei der Verdunstung von Wasser wird der umgebenden Luft Energie (Verdunstungswärme) entzogen. Der bei diesem Vorgang entstehende (unsichtbare) Wasserdampf führt diese Energie in Form von latenter Wärme mit sich. Steigt der Wasserdampf durch einsetzende Konvektion auf, so kühlt er sich mit zunehmender Höhe um rund 0,7° C pro 100 Höhenmeter ab, so dass er schließlich wieder zu flüssigem Wasser kondensiert (Wolkenbildung). Dabei wird die mitgeführte latente Energie freigesetzt und an die umgebende Luft weitergegeben. Die ausgeglichene Energiebilanz des Systems Erdoberfläche – Atmosphäre bleibt auf diese Weise gewahrt.

5.5.5 Natürlicher Treibhauseffekt – eine Glashausanalogie

Die physikalischen Hintergründe der oben beschriebenen klimatischen Strahlungseffekte werden durch die Analogie zwischen **Glashaus** (Treibhaus) und **Erdatmosphäre** sehr gut wiedergegeben:[56] „Kurzwellige Solarstrahlung tritt nahezu ungehindert durch das Glasdach, wird im Innern des Hauses je nach Oberfläche zu unterschiedlichen Teilen absorbiert beziehungsweise reflektiert und als langwellige Wärmestrahlung wieder abgestrahlt. Diese entweicht nun jedoch nicht zurück ins Freie, sondern wird fast vollständig durch das Glas absorbiert und nach außen und auch zurück ins Innere des Glashauses reemittiert. Somit bleibt ein Teil der Wärmeenergie im Glashaus gewissermaßen eingeschlossen, was zu einer Erhöhung der Temperatur im Innern führt. Dies geschieht so lange, bis die Wärmestrahlung im Innern des Treibhauses die Strahlungsleistung der einfallenden Strahlung von außen erreicht und sich ein Strahlungsgleichgewicht eingestellt hat.

Im Treibhaus Erde nimmt die Atmosphäre die Rolle des Glases ein. Auch hier trifft die kurzwellige Solarstrahlung nur wenig gehindert (-19 % Absorptionsverlust beim Durchgang durch die Atmosphäre) auf die

---

[56] Nach Stefan Sirtl: Absorption thermischer Strahlung durch atmosphärische Gase. Experimente für den Physikunterricht. Wissenschaftliche Arbeit für das Staatsexamen im Fach Physik an der Albert-Ludwigs-Universität, Freiburg i. Br. 2010. S. 15 f.

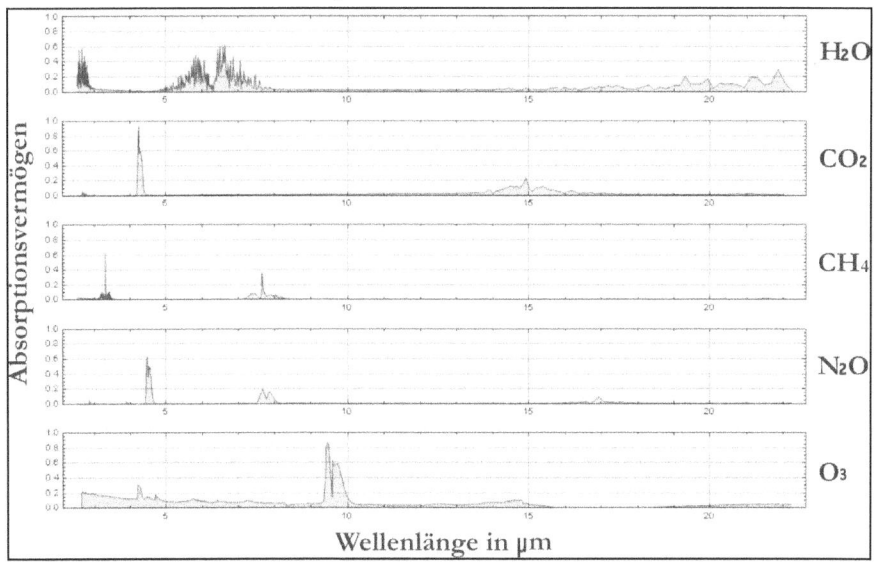

20: IR-Absorptionsspektren der wichtigsten atmosphärischen Treibhausgase (in %).
Nach NIST Standard Reference Database 69: NIST Chemistry WebBook, 2008. http://webbook.nist.gov/chemistry/ Aus S. Sirtl: Absorption thermischer Strahlung durch atmosphärische Gase. Experimente für den Physikunterricht. Wissenschaftliche Arbeit für das Staatsexamen im Fach Physik an der Albert-Ludwigs-Universität, Freiburg i. Br. 2010, S. 13.

Erdoberfläche und erwärmt diese. Je nach Temperatur der Oberfläche strahlt diese nun aber langwellige Wärmestrahlung ab, welche von der Atmosphäre (zu einem großen Teil) absorbiert wird…Durch die Erwärmung der Atmosphäre strahlt diese nun ihrerseits wieder Wärme… ab, welche zum Teil in den Weltraum entweicht, zum anderen als atmosphärische Gegenstrahlung auf die Erdoberfläche trifft und diese zusätzlich zur Solarstrahlung erwärmt."

Der thermische Effekt der **Glashauswirkung der Atmosphäre**, das sei zur Verdeutlichung angemerkt, beruht einzig und allein auf der Anwesenheit natürlicher **Treibhausgase**, allen voran Wasserdampf (H_2O), Kohlendioxid (CO_2) und Ozon (O_3), aber auch Methan (CH_4) und Distickstoffoxid oder Lachgas (N_2O). Sie treten an die Stelle der Glasscheibe beim Treibhaus. Es handelt sich bei den Bauplänen dieser Gase ausnahmslos um mehratomige Moleküle, denn nur derartig strukturierte Gase besitzen die quantenmechanische Fähigkeit, Infrarotstrahlung zu absorbieren.

Im Gegensatz hierzu können zweiatomige homonukleare (aus zwei gleichartigen Atomen bestehende) Moleküle keinerlei Infrarotstrahlung absorbieren. Deshalb spielen die Hauptbestandteile von Luft, nämlich Stickstoff (N_2/78,084 Vol.%), Sauerstoff (O_2/20,942 Vol.%) und Argon (Ar/0,934 Vol.%), bei der Glashauswirkung der Atmosphäre überhaupt keine Rolle, obwohl ihr Volumenanteil an der Atmosphäre mit sage und schreibe beinahe 100 % zu Buche schlägt.

Abbildung 20 zeigt uns detailliert die Absorptionsbanden wichtiger Treibhausgase im Infrarotintervall zwischen 2 und 22 µm. Nach dem planckschen Gesetz strahlt die Erdoberfläche bei einer globalen Mitteltemperatur von 288 K (15° C) ihr Energiemaximum etwa in diesem Intervall ab. Unschwer lässt sich die überragende Bedeutung des Wasserdampfs dank seiner enorm breiten Absorptionsbanden erkennen. Nicht minder deutlich ist zu sehen, dass Kohlendioxid das zweitwichtigste Treibhausgas ist, gefolgt vom troposphärischen Ozon mit seiner Absorptionsbande zwischen 9 und 10 µm. Diese liegt inmitten des großen IR-Fensters, welches von der Erdstrahlung im Bereich zwischen 8 und 13 µm ansonsten ungehindert passiert werden kann.

Deutlich bescheidener nehmen sich dagegen die Banden von Methan (CH_4) und Lachgas (N_2O) aus. Dennoch ist deren Absorptionspotential nicht zu unterschätzen, denn beide Gase sind 25 bzw. sogar 298 Mal effektivere Absorber als CO_2! Allerdings ist deren Wirkungsgrad stark eingeschränkt wegen ihres äußerst geringen Anteils am Gesamtvolumen der Atmosphäre. Außerdem bestehen Überlappungen mit den allgegenwärtigen Absorptionsbanden des Wasserdampfs, die an den Absorptionsmöglichkeiten von Methan und Lachgas „nagen".

Der Anteil von Wasserdampf (in Vol. %) in der Atmosphäre kann bis zu 11.364 Mal größer sein als derjenige von Methan. Selbst Kohlendioxid kommt 227 Mal häufiger vor. Bei dieser erdrückenden „Übermacht" ist es für Methan- oder auch Lachgasmoleküle äußerst schwierig, bei Absorptionsvorgängen zum Zuge zu kommen. Man stelle sich zur Veranschaulichung eine vieltausendköpfige Menschenmenge vor, in welche Bonbons geworfen werden. Eine ganz bestimmte Einzelperson hat da kaum eine Chance auf Beute.

Wie groß der Einfluss der Treibhausgase auf die Wärmestrahlung des Gesamtsystems Erdoberfläche – Atmosphäre tatsächlich ist, zeigt *Abbildung 21*. Die erforderlichen spektrographischen Daten hat Stefan Sirtl mit Hilfe des von den US-Militärbehörden bereits 1987 für die öffentliche Nutzung freigegebenen und durch die Universität Chicago für den „Hausgebrauch" aufbereiteten Rechenprogramms MODTRAN[57] generiert und graphisch umgesetzt. Die glatte (obere) Kurve zeigt das theoretische Emissionsspektrum eines planckschen Strahlers bei einer angenommenen Temperatur von 288,2 K (≈15° C). Sie entspricht damit näherungsweise dem IR-Spektrum der mittleren globalen Erdstrahlung an der Erdoberfläche. Die gezackte Kurve zeigt dagegen das simulierte

---

[57] http://climatemodels.uchicago.edu/modtran/

Spektrum der Erdstrahlung oberhalb einer absorbierenden 1976er US-Standardatmosphäre bei wolkenlosem Himmel und durchschnittlicher Durchmischung mit den Treibhausgasen Wasserdampf (H_2O), Kohlendioxid (CO_2), Methan (CH_4) und Ozon (O_3) in einer Höhe von 70 km. Die Fläche zwischen den beiden Kurven steht für die quantifizierbare Menge der beim Durchdringen der Atmosphäre absorbierten Erdstrahlung.

Deutlich sichtbar und gestrichelt eingetragen ist das *Große IR-Fenster* wischen 8 und 13 µm. Im linken Fensterbereich zwischen 9 und 10 µm befindet sich die Absorptionsbande des Ozons. Die breite Bande zwischen 13 und 17 µm gehört zum Kohlendioxid. Für eine durchgehende Absorption im fernen IR (ab 17 µm aufwärts) ist der Wasserdampf zuständig. Dasselbe gilt für kleine Wellenlängen bis 4 µm. Hier absorbieren auch Methan und Lachgas, jedoch nur in sehr stark untergeordneter Rolle (s.o.).

Bis hierher stimmen Wissenschaftler, die sich mit dem Klima beschäftigen, weitestgehend überein, denn noch sind wir nicht beim so genannten anthropogenen (durch den Menschen verursachten) Klimawandel angelangt. Aber wir befinden uns jetzt in großer Nähe jener Nahtstelle, an der sich die Geister zu scheiden beginnen, und zwar umso vehementer, hitziger, rücksichtsloser und respektloser, je stärker der Partialdruck

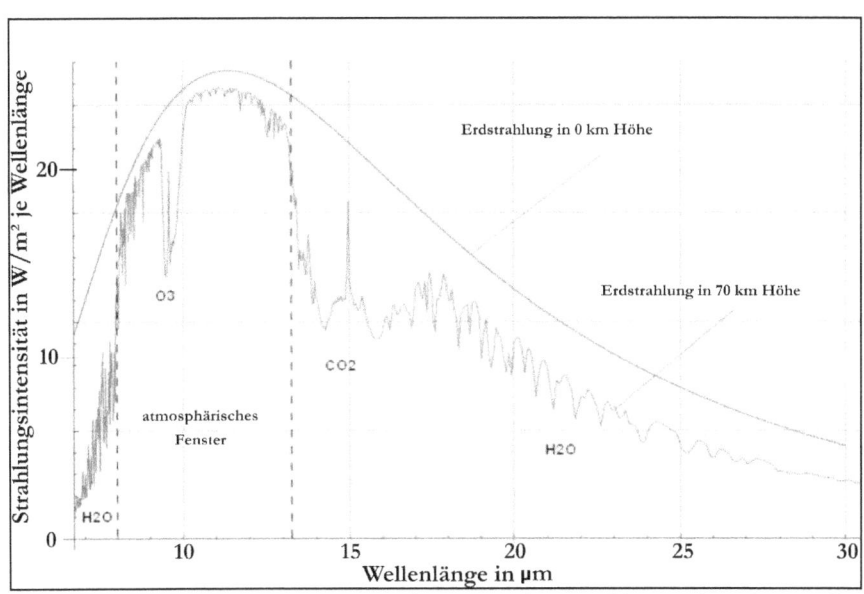

21: Erdstrahlung an der Erdoberfläche und nach Absorption durch die Atmosphäre in 70 km Höhe. Simuliert mit MODTRAN.
Verändert aus S. Sirtl: Absorption thermischer Strahlung durch atmosphärische Gase. Experimente für den Physikunterricht. Wissenschaftliche Arbeit für das Staatsexamen im Fach Physik an der Albert-Ludwigs-Universität, Freiburg i. Br. 2010. S. 14.

der Treibhausgase zunimmt. Besonders überreizt scheinen manchmal die Reaktionen etablierter Klimaforscher zu sein. Wäre nämlich deren mühsam erarbeitetes theoretisches Konstrukt vom anthropogenen Klimawandel durch Argumente der Klimaskeptiker erst einmal wirklich angezählt, so geriete möglicherweise die Daseinsberechtigung ernsthaft in Gefahr.

6 WAS ZUSÄTZLICHES CO$_2$ BEWIRKT UND WAS NICHT

Ob es sich beim Klimawandel nun um einen vorrangig durch den Menschen verursachten Prozess handelt oder um einen clever eingefädelten Schwindel von Wirtschafts- und Politmanagern in Tateinheit mit „gekidnappten" Klimaforschern, um einen weitestgehend natürlichen Vorgang oder aber nur um ein gigantisch übertriebenes Hirngespinst, beschäftigt bis heute im Wesentlichen bloß die viel geschmähten Klimaskeptiker. Gestandene Wissenschaftler vom Stamm der Neoklimatologen kümmert derartiges Gedankengut aus unqualifizierten, unwissenschaftlich denkenden Rentnerhirnen herzlich wenig. Für sie steht zweifellos fest, dass natürliche Ursachen für einen Wandel unseres Klimas zwar ganz am Rande, in weiter Ferne, in Frage kommen, aber weit im Vordergrund steht der Mensch mit seinem ach so zügellosen Ausstoß von CO$_2$ und allerlei anderen Treibhausgasen.

Allerdings werden die Spielräume langsam aber sicher unbequemer, denn einige konkrete Hinweise, wenn nicht sogar zwar noch unbeachtete, aber dennoch Beweise gegen eine wirklich nennenswerte Klimaerwärmung durch menschengemachte Treibhausgase häufen sich von Jahr zu Jahr mehr. Selbst manche Textpassagen der einschlägigen Literatur lassen sich vor diesem Hintergrund sogar als Andeutungen hinter vorgehaltener Hand interpretieren, wie folgende Beispiele verdeutlichen mögen:

„Der große Einfluss des Absorptionsverhaltens von Treibhausgasen auf das Erdklima macht …. die Gefahr deutlich, die der anthropogene Treibhauseffekt durch Erhöhungen der Konzentrationen von beispielsweise Kohlendioxid bedeutet. Würde auch nur **1 % der Erdstrahlung** (2,4 W/m^2) mehr absorbiert, so stiege die Erdtemperatur bereits um mehr als **ein halbes Grad** an."[58] Lässt man eine derartig weittragende Aussage unkommentiert stehen, so wird einem himmelangst um unser Klima. Folgt man indessen dem Ratschlag des hinlänglich be-

---

[58] Stefan Sirtl: Absorption thermischer Strahlung durch atmosphärische Gase. Experimente für den Physikunterricht. Wissenschaftliche Arbeit für das Staatsexamen im Fach Physik an der Albert-Ludwigs-Universität, Freiburg i. Br. 2010. S. 20.

kannten PIK-Abteilungsleiters Rahmstorf [59], nimmt Zettel und Bleistift zur Hand und darüber hinaus auch noch das Stefan-Boltzmann-Gesetz, so werden einem schon sehr bald erhebliche Zweifel kommen, und beim nächsten Zitat beginnt es schon so richtig zu dämmern:
„Die Änderung des infraroten Strahlungsflusses ist durch die Konzentrationsänderungen der klimarelevanten Spurengase bei einer äquivalenten *CO_2-Verdopplung ca. 4 W/m²*. ‚Äquivalente CO_2-Verdopplung' bedeutet, dass der Effekt auf den Strahlungsfluss bei Zunahme verschiedener Spurengase einer Verdopplung der CO_2-Konzentration entspricht. Die 4 W/m² sind im Vergleich zum gesamten infraroten Strahlungsfluss in den Weltraum von ca. 240 W/m² relativ wenig, jedoch reichen sie in einer Atmosphäre ohne Berücksichtigung der Rückkopplungseffekte im Klimasystem für eine Temperaturerhöhung von deutlich *mehr als einem Grad* aus."[60] Und das Fazit aus diesen Überlegungen: „Es ist wissenschaftlich eindeutig nachgewiesen, dass sich die Strahlungsflüsse im System Erde/Atmosphäre durch die Zunahme der klimarelevanten Spurengase verändern. Ohne Berücksichtigung der Rückkopplung mit dem komplexen Klimasystem würde dies mit Sicherheit zu einer Erwärmung der Erdoberfläche und der Troposphäre führen. Die eigentliche, wissenschaftlich herausfordernde Debatte beschäftigt sich mit der Frage, inwieweit die verschiedenen Rückkopplungsprozesse die strahlungsbedingte Erwärmung verstärken oder dämpfen."
Eigentlich hätten die Autoren hier auch noch ein ganz anderes zweites Fazit ziehen können. Warum wird nicht offen gesagt, dass CO_2 beim Klimawandel möglicherweise eine absolut überschätzte Rolle spielt? Bei einer Verdopplung der gegenwärtig vorhandenen 400 ppm auf 800 ppm CO_2 würde der resultierende Temperaturanstieg *ohne* Einbeziehung von eventuellen *Rückkopplungen* nur ein einziges lächerliches Grad Celsius und eine kleine Eins hinter dem Komma (1,1° C) betragen. Und bei Einbeziehung von Rückkopplungen? Könnte da die Erwärmung etwa geringer ausfallen? So jedenfalls hört sich diese Äußerung nicht nur für den Laien, sondern auch für den staunenden Fachmann an! Das wäre doch eine Feststellung aus berufenem Munde, wel-

---

[59] Stefan Rahmstorf: Die Thesen der „Klimaskeptiker" – was ist dran? Eine Antwort auf Alvo von Alvensleben, Potsdam 2004.
http://www.pik-potsdam.de/~stefan/alvensleben_kommentar.html
[60] Fischer, H. et al.: Die Basis des anthropogenen Treibhauseffektes: Veränderte Strahlungsflüsse in der Atmosphäre. Stellungnahme der Deutschen Meteorologischen Gesellschaft zu den Grundlagen des Treibhauseffektes, Berlin (Institut für Meteorologie der Freien Universität) 1999.
http://www.dmg-ev.de/wp-content/uploads/2015/12/treibhauseffekt.pdf

che die ganze Welt nachhaltig beruhigen könnte! Dabei wird uns eine Verdoppelung der heute vorhandenen globalen CO_2-Menge (400 ppm) kaum mehr möglich sein, da die bequemen Erdöl- und Erdgasreserven unserer Erde bis dahin langsam aber sicher zu Ende gehen werden!

Immerhin lassen die zitierten Autoren hier für den mündigen Leser etwas anklingen, was man heutzutage als engagierter Klimaforscher, der auf seinen guten Ruf bedacht ist, gar nicht mehr auszusprechen wagt. Zu übermächtig ist die Selbstverständlichkeit, mit der angenommen, ja sogar blind vorausgesetzt wird, CO_2 als wichtigste Pflanzennahrung und damit auch als unsere Lebensgrundlage sei ein gefährliches Klimagift, und schon seine relativ geringfügige Anreicherung in der Atmosphäre würde eine katastrophale Klimaerwärmung auslösen.

Erfrischend offen kommen da der eigentlich sehr angesehene, aber ob seiner wissenschaftlichen Position als Ketzer und besonders subtiler Klimaskeptiker abgetane Geochemiker Ulrich Berner und sein Mitherausgeber Hansjörg Streif daher.[61] Mit ihrem Buch „Klimafakten" sorgten sie zu Beginn des neuen Jahrtausends für einen Paukenschlag unter den Klimaforschern. Nicht das CO_2, sondern die Sonnenstrahlung ist danach Ursache zunehmender Erderwärmung. „Treibhausgase – und da vor allem Wasserdampf – sind entscheidend für die Energiebilanz der Atmosphäre. Ohne die schützende Wirkung der Atmosphäre würde die Temperatur an der Erdoberfläche -18° C betragen. Wir denken aber in der Tat, dass der Treibhauseffekt durch das vom Menschen ausgestoßene CO_2 im Vergleich zum Einfluss der Sonnenstrahlung sehr gering ist. Nach Erkenntnissen der Klimatologen macht der menschengemachte CO_2-Treibhauseffekt (nur) 1,2 % des gesamten Treibhauseffekts aus, den wir auf der Erde haben. Zusammen mit den übrigen anthropogenen Treibhausgasen kommt man auf 2 %."[62]

Die annähernd gesättigten Absorptionsbanden von CO_2 sind seit gut 30 Jahren im Detail untersucht worden. Ihre spektroskopischen Daten sind uns durch Labormessungen sehr gut bekannt. Änderungen der Strahlungsflüsse bei einer Änderung des CO_2-Gehalts der Atmosphäre können deshalb mit sehr hoher Genauigkeit berechnet werden. Für die anderen klimarelevanten Spurengase ist die Unsicherheit bei den spektroskopischen Daten zwar größer, aber trotzdem ist die Ungenauigkeit

---

[61] Berner, Ulrich u. Hansjörg Streif (Hrsg.): Klimafakten: Der Rückblick - Ein Schlüssel für die Zukunft, Stuttgart (Schweizerbart) 2004.

[62] Aus einem Interview mit Ulrich Berner: CO_2 macht 1,2 Prozent aus. In: Bild der Wissenschaft online, 11/2001, S. 62.
http://www.bild-der-wissenschaft.de/bdw/bdwlive/heftarchiv/index2.php?object_id=10095289

durchweg kleiner als 10%.[63] Und weil das ganz offensichtlich so ist, hat die Universität von Chicago denn auch das bereits erwähnte Modell namens MODTRAN[64] ins Netz gestellt, um entsprechende Rechenaufgaben der oben erwähnten Art für Jedermann etwas einfacher lösbar zu machen. Man muss offenbar nicht mehr selber ein „Modellathlet" sein, um ungefilterte Einblicke in die tiefsten Geheimnisse des ach so komplexen Klimasystems zu erhalten. Dies ist äußerst begrüßenswert, denn die Abhängigkeit von den Verkündigungen der allgewaltigen Klimaforscher, deren Erkenntnissen man bislang auf Treu und Glauben ausgeliefert war, fällt auf einen Schlag ins Wasser.

Ich habe deshalb mit großem Vergnügen eine Runde MODTRAN gespielt, wohl wissend, dass ich damit dem ein oder anderen neoklimatologischen Kollegen weiteren Zündstoff zu vehementer Kritik liefern werde. Es geht mir aber ganz einfach nur darum, an dieser Stelle eine klare und unvoreingenommene Information darüber zu bekommen, welche Rolle CO_2 denn nun tatsächlich beim allgemein angenommenen Klimawandel durch den Menschen spielt. Dieser Frage muss schließlich allen Ernstes nachgegangen werden, weil einen permanent das Gefühl beschleicht, dass in dieser Branche nicht unbedingt alles koscher ist.

Besonderen Anreiz zu derartigem Tun bieten ganz am Rande die Frontalangriffe des offensichtlich übereifrigen und jeglichen Respekt vermissen lassenden PIK-Sprachrohrs und Alleswissers Rahmstorf. Er agitiert rüde, polemisch und unverhohlen gegen den zwar klimakritischen, aber dennoch höchst wissenschaftlich argumentierenden Hobbykollegen Dr. Siegfried Dittrich, indem er versucht, den erfahrenen Techniker aus der physikalischen Chemie mathematisch vorzuführen. Sich selbst präsentiert er dabei als elementaren Klimatologen, obwohl er hier von seiner akademischen Ausbildung her eher weniger, um nicht zu sagen nichts zu suchen hat. Eine Kostprobe des professoralen Imponiergehabes findet sich im Internet.[65]

Es gilt also an dieser Stelle, vier elementaren Fragen möglichst weit auf den Grund zu gehen, um der Klimawahrheit näher zu kommen.

6.1 Wie groß ist der Strahlungsantrieb von CO_2 wirklich?

Anders ausgedrückt: Zu allererst ist es sehr wichtig zu wissen, wie groß die zusätzliche ***Strahlungsabsorption*** oder ***Wärmegegenstrahlung***

---

[63] Nach H. Fischer et al., siehe Fußnote 59.
[64] http://climatemodels.uchicago.edu/modtran/
[65] http://www.scilogs.de/klimalounge/treibhauseffekt-widerlegt/

wirklich ist, die dieses Treibhausgas ganz alleine, ohne Beteiligung anderer Treibhausgase, bei seiner Verdopplung tatsächlich leistet.

Diese erste Frage wird durch *Abbildung 22* beantwortet. Rechts sehen wir die Berechnung der Erdstrahlung in einer Höhe von 70 km bei einem CO_2-Input von 400 ppm, wie er heute real gegeben ist. Alle anderen Treibhausgase sind in der Rechnung nicht enthalten. Links daneben ist die gleiche Berechnung für den doppelten CO_2-Input von 800 ppm abgebildet, wie er irgendwann nach dem Jahr 2100 zu erwarten ist. Als Erdoberflächentemperatur sind jeweils 288.2 K ($\approx$ +15° C) eingesetzt, was der mittleren Temperatur der Erdoberfläche entspricht. Beide Berechnungen beziehen sich auf eine 1976 definierte US-Standardatmosphäre ohne Wolken/Regen.

Die Differenz aus den Strahlungsflüssen 323.734 W/m² - 319.966 W/m² = 3,77 W/m² ergibt den gesuchten ***Strahlungs- oder Klimaan-***

Model Input		Model Input	
CO_2 (ppm)	800	CO_2 (ppm)	400
CH_4 (ppm)	0	CH_4 (ppm)	0
Trop. Ozone (ppb)	0	Trop. Ozone (ppb)	0
Strat. Ozone scale	0	Strat. Ozone scale	0
Water Vapor Scale	0	Water Vapor Scale	0
Ground T offset, C	0	Ground T offset, C	0
Locality	1976 U.S. Standard Atmosphere ▼	Locality	1976 U.S. Standard Atmosphere ▼
No Clouds or Rain	▼	No Clouds or Rain	▼
Altitude (km)	70	Altitude (km)	70
Looking down ▼		Looking down ▼	
Delete Background Model Run		Delete Background Model Run	
Show Raw Model Output		Show Raw Model Output	
Model Output		**Model Output**	
Upward IR Heat Flux	**319.966** W/m²	Upward IR Heat Flux	**323.734** W/m²
Ground Temperature	**288.2** K	IR Heat Loss (Background)	**319.97** W/m²
		... Difference, New - BG	**3.77** W/m²
		Ground Temperature	**288.2** K

22: Berechnung des Strahlungsantriebs von Kohlendioxid mit Hilfe des Klimamodels MODTRAN bei einer Verdopplung der Konzentration von 400 ppm auf 800 ppm.

trieb von CO₂ (engl. *Radiative Forcing* oder auch *Climate Forcing* oder einfach nur F*orcing*). Dieser ist jedoch für den idealen schwarzen Körper (planckscher Strahler) berechnet, so dass für die nicht ganz so ideal strahlende Erde noch ein geringer Abzug (5 %) in Form des **Emissionskoeffizienten** vorgenommen werden muss.[66] Der gefundene Wert entspricht danach mit 3,58 W/m² ziemlich genau dem heutzutage von der Fachwelt allgemein als unstrittig anerkannten Wert von *3,7 W/m²*. MODTRAN scheint also tatsächlich zu funktionieren.

6.2 Wie groß ist die Klimasensitivität von CO₂ wirklich?

Anders ausgedrückt: Um wieviel Grad Celsius kann sich unsere Erde durch weiteren CO₂-Anstieg tatsächlich erwärmen? Kann es wirklich zur Klimakatastrophe kommen, wie es uns die Mehrheit der **Neoklimatologen** und vor allem die Medien tagtäglich gebetsmühlenartig predigen und geradezu wie Sauerbier anbieten? Diese Frage zielt auf den tatsächlichen Temperatureinfluss der oben abgeleiteten Störung (Forcing) auf das Klima, wobei natürlich auch andere Parameter des Klimasystems, wie z. B. die Höhe über dem Meeresspiegel oder die mittlere Niederschlagsmenge, in Frage kommen können. „Speziell zur Beschreibung der Änderung der globalen mittleren bodennahen Temperatur (als wichtigster Kenngröße für das Klima) hat sich hierfür der Begriff der **Klimasensitivität** (engl. *Climate Sensitivity*) eingebürgert. Sie ist üblicherweise definiert als die zu erwartende global gemittelte Temperaturzunahme für eine angenommene Störung, z.B. bezüglich einer Verdopplung des atmosphärischen CO₂-Gehalts."[67]

Sämtliche möglichen Rückkopplungen mit dem Klimasystem sind dabei ganz ausdrücklich ausgeschlossen. Der Temperaturwert für die Klimasensitivität von CO₂ wird unter diesen Randbedingungen üblicherweise bei 0,4° - 1,1° C mit Trend zu 0,6° C veranschlagt, wenn wir den Ausführungen von U. Berger folgen. Viel höhere Werte erhält man nur dann, wenn man zusätzlich eine starke Wasserdampf-Rückkopplung annimmt.[68] Diese Unsicherheiten sind aber so nicht hinnehmbar, denn der Temperaturwert für die Klimasensitivität lässt

---

[66] Nach Wolfgang Weischet: Einführung in die Allgemeine Klimatologie. Berlin-Stuttgart (Borntraeger) 2002, S. 91.
[67] Nach Walter Roedel u. Thomas Wagner: Physik unserer Umwelt: Die Atmosphäre. Heidelberg, Dordrecht, London, New York (Springer) 2011, S. 538.
[68] Nach Klimablog von U. Berger, 19. April 2013. http://www.kaltesonne.de/eine-analyse-der-globaltemperaturen-seit-1880-mit-dem-versuch-einer-prognose-bis-2100/

sich strahlungsphysikalisch sehr genau ermitteln. Den exakten und total korrekten Rechenweg auf der Grundlage des Stefan-Boltzmann-Gesetzes kann man bei S. Dittrich im Internet nachvollziehen, obzwar dieser Ziel der weiter oben erwähnten rahmstorfschen Kritikattacken ist. Was Dittrich allerdings außer Acht gelassen hat, ist die Modifizierung der Stefan-Boltzmann-Gleichung durch den Emissionskoeffizienten.[69] Die Korrektur gegenüber der idealen Schwarzstrahlung ist jedoch nur sehr gering und bewegt sich nach Weischet um die 5 %. Der von Dittrich ermittelte Temperaturwert für die Klimasensitivität beträgt 1,1° C. Er deckt sich exakt mit dem von Klimaforschern anerkannten Wert. Bringen wir noch die dem Emissionskoeffizienten geschuldeten 5 % in Abzug, landen wir bei 1,045° C. Damit sind wir deckungsgleich mit W. Roedel u.a., die den Temperaturwert der **Klimasensitivität ≈ 1 K ≙ 1° C** strahlungsphysikalisch und fachlich absolut kompetent herleiten.[70] Es sei an dieser Stelle noch einmal ausdrücklich darauf hingewiesen, dass sich dieser Wert unter Ausschluss jeglicher Rückkopplung versteht!

6.3 Und wie wirken sich Rückkopplungen aus?

Es sind so genannte *interne Rückkopplungsmechanismen* des Klimasystems, welche dafür verantwortlich sind, ob die direkte Wirkung eines Klimaantriebs, verursacht etwa durch eine Veränderung der CO_2-Konzentration, weiter verstärkt oder aber abgeschwächt wird. Die Einflüsse derartiger Rückkopplungen werden von der Klimaforschung als sehr hoch eingeschätzt. Ihre Auswirkungen auf Strahlungsantrieb und Klimasensitivität erreichen oder übertreffen angeblich sogar das ursprüngliche Niveau einer Klimaerwärmung, d. h. sie bestimmen deren Ausmaß ganz entscheidend mit. Dadurch werden exakte Klimaprognosen sehr schwierig, wenn nicht sogar teilweise unmöglich gemacht, denn es gibt neben kurzfristig wirkenden (spontanen) auch noch mittel- bis langfristig wirksame Rückkopplungen. Zur letzten Gruppe zählt beispielsweise die Erwärmung der Ozeane, welche sich über ein komplettes Jahrtausend hinziehen wird. So lange dauert es nämlich, bis der gesamte Wasservorrat der Weltmeere vollständig aufgemischt sein wird. Weitaus berechenbarer und damit prognostizierbarer sind dagegen die

---

[69] http://www.eike-klima-energie.eu/climategate-anzeige/zur-klimasensitivitaet-des-treibhausgases-co2/
[70] Nach Walter Roedel u. Thomas Wagner: Physik unserer Umwelt: Die Atmosphäre. Heidelberg, Dordrecht, London, New York (Springer) 2011, S. 541.

spontanen oder *atmosphärischen **Rückkopplungen***, welche bei Störungen des Strahlungsgleichgewichts auf den Plan treten. Wasserdampf, Wolken, Temperaturgradient und Eis-Albedo reagieren direkt, ohne zeitliche Verzögerung auf einen Anstieg der CO_2-Konzentration. Die beiden zuerst genannten können wir problemlos mit MODTRAN berechnen bzw. größenordnungsmäßig abschätzen. Wir hatten uns bis hierher definitionsgemäß mit einer real nicht existierenden theoretischen Atmosphäre beschäftigt, in welcher außer CO_2 keine weiteren Treibhausgase und somit auch keine Wolken (als Kondensate von Wasserdampf) vorhanden sind. Nur so können bei der Berechnung der Klimasensitivität einer CO_2-Verdopplung tatsächlich definitionsgemäß sämtliche Rückkopplungen komplett ausgeschlossen werden. Nun aber ergänzen wir in einem ersten Schritt die US-Standardatmosphäre in unserem Modell um die zuvor *(Abb. 22)* herausgenommenen Treibhausgase in typischer Konzentration und beobachten ganz einfach, wie sich der zuvor ermittelte Strahlungsantrieb bei CO_2-Verdopplung durch das Hinzukommen weiterer Treibhausgase verändert.

Das Ergebnis in *Abbildung 23* ist nach allem, was wir bisher von den neoklimatologischen Forschern wissen, eine faustdicke Überraschung, denn der rückkopplungsfreie ***Strahlungsantrieb*** bei CO_2-Verdopplung hat sich durch das Hinzukommen von Wasserdampf und anderen Treibhausgasen deutlich auf ***2,92 W/m²*** verringert, so dass sich für die ***Klimasensitivität*** ein Rückgang um 0,2° auf ***0,83° C*** ergibt. Eine plausible Erklärung liegt bei näherem Hinsehen auf der Hand, wenn wir einmal unsere *Abbildung 20* betrachten. Sie weist nämlich eine klare Überlappung der Absorptionsbanden von CO_2 und H_2O im Bereich von 15 μm aus! Ein Teil des Absorptionsvermögens von CO_2 wird durch die übermächtige Wasserdampfabsorption sozusagen „verschluckt".

Noch günstiger sieht es aus, wenn wir in die Modellrechnung ausgerechnet auch noch Wolken mit ihrer enorm hohen Absorptionswirkung einbeziehen, die in den meisten Klimazonen der Erde ja alles andere als etwas Ungewöhnliches am Himmel sind. Die geringstmögliche Entlastung des Wärmehaushalts ergibt sich bei standardmäßiger Cirrusbewölkung, die nur in großen Höhen über 10.000 m vorkommt. Aber selbst sie lässt den Strahlungsantrieb von verdoppeltem CO_2 um weitere 16 % auf ***2,45 W/m²*** absinken. Die Klimasensitivität von CO_2 fällt folglich auf ***0,7° C***. Bei nicht gerade selten auftretender Altostratusbewölkung zwischen 2.400 m und 3.000 m Höhe sind sogar 38 % des Strahlungsantriebs in Abzug zu bringen. Es verbleiben dann lediglich 1,82 W/m² anstelle von 3,7 W/m². Die Klimasensitivität einer CO_2-Verdopplung wird dann gar auf einen Wert von nur noch 0,5° C absinken!

6 Was zusätzliches CO₂ bewirkt und was nicht

Wir liegen also bis hierher mit unserer Rechnung sehr gut im Rennen, denn es deutet sich schon jetzt an, dass wir vermutlich, ohne etwas zu tun, meilenweit unter den magischen 2° C bleiben werden, die 2015 in Paris als zu unterbietendes maximales Erwärmungsszenario für das laufende Jahrhundert ausgehandelt wurden. Die Auswirkungen von vermehrtem CO_2 auf unser Klima werden offensichtlich ganz erheblich überschätzt.

Allerdings sind wir noch nicht ganz fertig. Es müssen hier noch einige weitergehende und alles andere als unwesentliche Aspekte der Rückkopplungen beleuchtet werden. Was geschieht z. B. mit dem Strahlungsantrieb und der Klimasensitivität, falls sich der durchschnittliche globale Wasserdampfgehalt der Atmosphäre erhöht, wie es als Folge fortschreitender Erwärmung von den Klimaforschern befürchtet wird

Model Input		Model Input	
CO₂ (ppm)	800	CO₂ (ppm)	400
CH₄ (ppm)	1.7	CH₄ (ppm)	1.7
Trop. Ozone (ppb)	28	Trop. Ozone (ppb)	28
Strat. Ozone scale	1	Strat. Ozone scale	1
Water Vapor Scale	1	Water Vapor Scale	1
Ground T offset, C	0	Ground T offset, C	0
Locality	1976 U.S. Standard Atmosphere ▼	Locality	1976 U.S. Standard Atmosphere ▼
No Clouds or Rain	▼	No Clouds or Rain	▼
Altitude (km)	70	Altitude (km)	70
Looking down	▼	Looking down	▼
Delete Background Model Run		Delete Background Model Run	
Show Raw Model Output		Show Raw Model Output	
Model Output		**Model Output**	
		Upward IR Heat Flux	260.18 W/m²
		IR Heat Loss (Background)	257.26 W/m²
Upward IR Heat Flux	257.26 W/m²	... Difference, New - BG	2.92 W/m²
Ground Temperature	288.2 K	Ground Temperature	288.2 K

23: Berechnung des Strahlungsantriebs von Kohlendioxid mit Hilfe des Klimamodels MODTRAN bei einer Verdopplung der Konzentration von 400 ppm auf 800 ppm unter Hinzufügung von Wasserdampf.

und möglich ist? Wasserdampf ist, wie schon mehrfach erwähnt, das bei weitem wirksamste Treibhausgas überhaupt, und deshalb geht man hier von einem gigantischen Rückkopplungsmechanismus aus. Nach Roedel liegen die „offiziellen" Quantifizierungen des zusätzlichen Strahlungsantriebs in der Größenordnung von +1,9 W/m².[71] Andere Autoren sprechen gar von einer zusätzlichen Temperaturerhöhung, die derjenigen entspricht, die sich aus einer Verdopplung der CO_2-Konzentration ergibt!

Bei allem was Recht ist: Diese Werte klingen wieder einmal stark übertrieben und bedürfen deshalb dringend einer Überprüfung. Glückli-

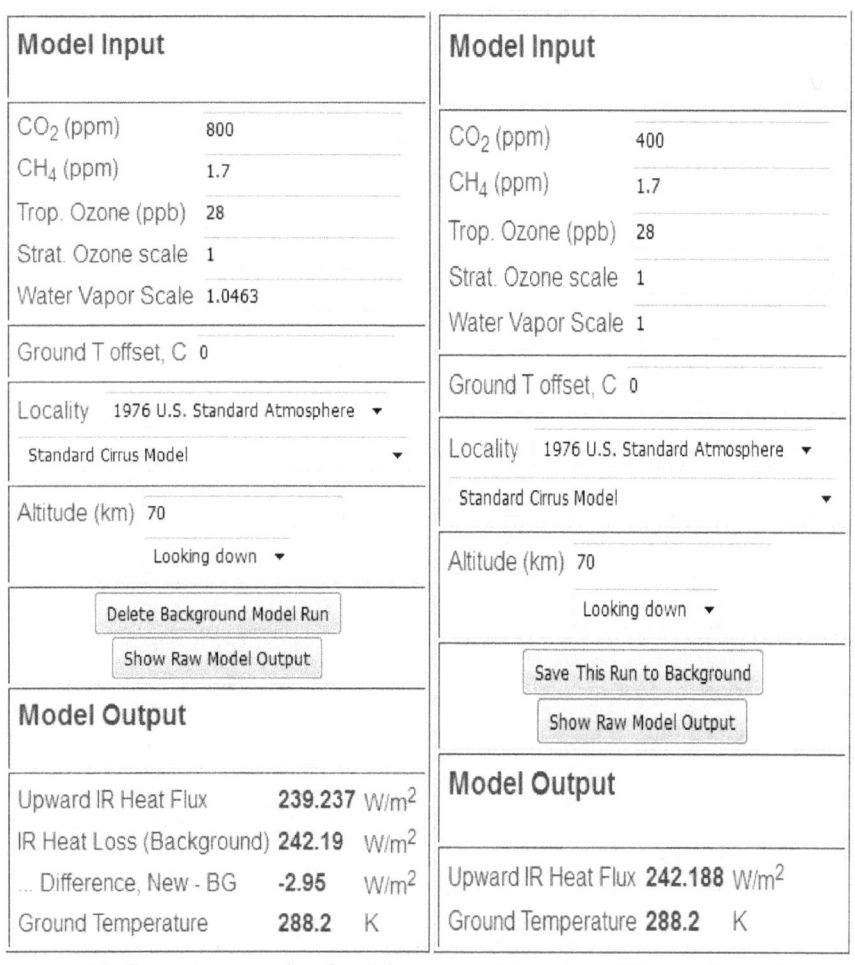

24: Berechnung des Strahlungsantriebs einer Wasserdampf-Rückkopplung mit Hilfe des Klimamodels MODTRAN für eine Dampfdruckzunahme von 4,63 % und $\Delta\ CO_2 = +400$ ppm.

---

[71] Walter Roedel u. Thomas Wagner: Physik unserer Umwelt: Die Atmosphäre. Heidelberg, Dordrecht, London, New York (Springer) 2011, S. 553.

cherweise bietet MODTRAN eine solche Option an. Schwierigkeiten ergeben sich zwar zunächst aus der regional äußerst ungleichen und stark schwankenden Verteilung des Wasserdampfs in der Atmosphäre. In Abhängigkeit von Temperatur und Dargebot an verdampfbarem Wasser bewegt sich nämlich der Wasserdampfanteil der Atmosphäre regional und vertikal stark schwankend zwischen Werten > 0 % und < 4 %. Dennoch lässt sich die durchschnittliche Zunahme des Wasserdampfs in der Atmosphäre bei einem bekannten Anstieg der mittleren globalen atmosphärischen Temperatur ohne größeren Aufwand ermitteln. Steigt nämlich die Temperatur, dann bleibt die **relative Luftfeuchte** trotzdem konstant. Das Verhältnis der tatsächlich vorhandenen Menge an Wasserdampf in der Luft zur theoretisch möglichen Maximalmenge, dem **Sättigungsdruck**, bleibt also gleich. Da aber wärmere Luft mehr Wasserdampf aufnehmen kann, wächst bei steigender Temperatur die **absolute Feuchte**. Die Wasserdampfzunahme ergibt sich folglich entsprechend der Zunahme des Sättigungsdampfdrucks der Luft.[72] Und dieser kann am einfachsten näherungsweise mit Hilfe der so genannten **Magnusformel** berechnet werden.[73]

Wenn wir als Temperaturwerte 15° C für die aktuelle mittlere globale Temperatur der Erdoberfläche einsetzen und 15,7° C bei einer angenommenen CO_2-Verdopplung, so erhalten wir einen **Dampfdruck** von 17,07 hPa bzw. von 17,86 hPa. Die Dampfdruckzunahme beträgt also 0,79 hPa ≙ 4,63 %. *Abbildung 24* zeigt links, dass wir den Wert von 4,63 % in der Zeile für Water Vapor Scale hinzugefügt haben. Das resultierende Forcing von 2,95 W/m² teilt sich auf in die weiter oben bereits ermittelten 2,45 W/m² für die CO_2-Verdopplung (bei standardmäßiger Cirrusbewölkung) sowie *0,5 W/m²* für die **Wasserdampf-Rückkopplung**. Die **Klimasensitivität** der Rückkopplung beträgt folglich rund *0,15° C*. Das allerdings ist nur ein Viertel oder sogar noch weniger dessen, was man uns von Seiten der Klimaforschung verkaufen will!

Aber damit nicht genug, denn es gibt schließlich außer der Wasserdampf-Rückkopplung noch drei weitere wichtige atmosphärische Rückkopplungen. Um es kurz zu machen: *Abbildung 25* gibt die Forcing-Werte der **atmosphärischen Rückkopplungen** wieder, und zwar links (grau unterlegt) eine Aufstellung, wie sie Roedel vorgenommen hat,[74] sowie rechts daneben eine Aufstellung, die sich aus unseren eige-

---

[72] Ebda., S. 552.

[73] Nach Wolfgang Weischet: Einführung in die Allgemeine Klimatologie. Berlin-Stuttgart (Borntraeger) 2002, S. 152.

[74] Walter Roedel u. Thomas Wagner: Physik unserer Umwelt: Die Atmosphäre. Heidelberg, Dordrecht, London, New York (Springer) 2011, S. 553.

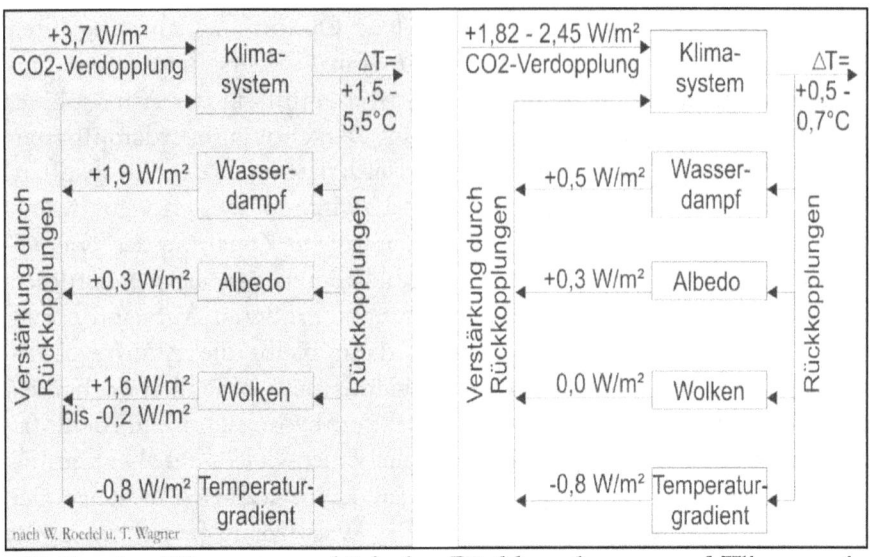

25: Forcing-Werte atmosphärischer Rückkopplungen und Klimasensitivität bei CO_2-Verdopplung nach W. Roedel u. T. Wagner (links) sowie nach eigenen Berechnungen mit MODTRAN (rechts).

nen Berechnungen ergibt. Die Angaben zu Albedo und Temperaturgradient wurden unverändert übernommen, da sie im Rahmen dieses Buches nicht nachprüfbar sind. Aber bezüglich Wasserdampf und Wolken mussten wir doch ganz beträchtliche Unterschiede feststellen. Der Wasserdampf hatte sich schon bei Verdopplung der CO_2-Konzentration aufgrund des Überlappungseffekts als insgesamt dämpfendes Treibhausgas herausgestellt. Bei den **Wolken** wurde dank ihrer hohen Albedo und Absorptionsleistung ebenfalls eine deutlich dämpfende Komponente von mindestens -0,5 W/m^2 festgestellt. Bezüglich einer Bewölkungszunahme durch Temperaturzunahme bei steigender CO_2-Konzentration bestehen jedoch erhebliche Unsicherheiten, und über deren Rückkopplungen weiß man noch herzlich wenig. Befindet sich mehr Wasserdampf in der Luft, dann bedeutet dies auf gar keinen Fall zwangsläufig, dass sich durch Kondensationsprozesse mehr Wolken bilden. Außerdem ist es völlig unklar, welche Art von Wolken gegebenenfalls zukünftig in welcher Erdregion dominieren werden. Folglich ist man auch uneins darüber, wie sich Wolkenveränderungen klimatisch auswirken.

Insofern haben wir das Forcing der Wolken vorsichtshalber nur mit 0,0 angenommen, sehr wohl wissend, dass die Wolkenalbedo ungefähr -0,7 W/m^2 beträgt. Sollte sich hier im Laufe zukünftiger Forschungen eine hohe positive Rückkopplung ergeben, so stehen ihr insgesamt -1,2 W/m^2 sozusagen als „Guthaben" gegenüber. Unser ΔT-Wert in *Abbildung 25* ist also sehr großzügig bemessen und besitzt noch erheblichen

Spielraum nach unten. Es geht an dieser Stelle ohnehin nur darum, Größenordnungen zu überprüfen. Haarspaltereien um das eine oder andere Zehntel eines Watts bleiben den großen neoklimatologischen Spezialisten vorbehalten.

6.4 Die anthropogene Klimakatastrophe fällt aus!

Als vorläufiges Fazit müssen wir an dieser Stelle ganz klar und nüchtern festhalten, dass der anthropogene Klimawandel in Form einer Klimakatastrophe, ausgelöst durch ungezügelte Emissionen von Kohlendioxid, mit an Sicherheit grenzender Wahrscheinlichkeit nicht stattfinden wird. Er gehört in die wundersame Welt der Dichtung, weil er nach gründlicher Prüfung der Sachlage mit der Wahrheit ganz einfach nichts zu tun hat. Richtig ist, dass sich ein globaler Klimawandel einstellen wird, dessen Auswirkungen ein allseits tolerables Maß auf keinen Fall überschreiten wird. Die hier ermittelten Größenordnungen von zu erwartenden Temperaturänderungen lassen keine anderen Rückschlüsse zu.

Der Vergleich unserer bis hierher ermittelten Daten mit den Angaben vieler Neoklimatologen ergibt, wie wir gesehen haben, ganz beträchtliche Abweichungen, die an dieser Stelle noch einmal deutlich hervorgehoben werden sollen:

- Der Strahlungsantrieb von CO_2 bei einer Verdopplung der CO_2-Konzentration in der Atmosphäre beträgt zwar anerkanntermaßen 3,7 W/m^2. Auch ist man sich allseits einig, dass bei der Ermittlung des CO_2-Forcings keine Rückkopplung beteiligt sein darf. So weit, so gut. Aber es findet sich fast kein einziger Hinweis darauf, dass die Atmosphäre <u>keine</u> Treibhausgase enthalten darf, deren Absorptionsbanden sich mit denen von CO_2 überlappen. Es heißt lediglich, dass der Anteil anderer Treibhausgase konstant bleiben muss, während sich CO_2 verdoppelt. MODTRAN liefert den Gegenbeweis. Der Wert von ≈ 3,7 W/m^2 ergibt sich nur dann, wenn keine überlappenden Treibhausgase anwesend sind. Bereits hier hat sich ein fataler Irrtum breit gemacht.[75]

- Obige Fehleinschätzung zeitigt weitreichende Folgen für die Berechnung des Strahlungsantriebs von verdoppeltem CO_2, denn man

---

[75] Eine der wenigen Ausnahmen bildet die technische Zusammenfassung für „Policymakers" des Vierten IPCC-Sachstandsberichts der Arbeitsgruppe I vom 14. März 2007 bezüglich des Strahlungsantriebs der einzelnen Faktoren.
https://commons.wikimedia.org/wiki/File:Komponenten_des_Strahlungsantriebs.svg#file

übersieht jetzt ohne Problem, dass allein die bloße Anwesenheit von Wasserdampf und Wolken ganz erhebliche negative, d. h. dämpfende Rückwirkungen auf den Strahlungsantrieb von erhöhtem CO_2 ausübt. Durch Absorptionsbanden-Überlappung wird das CO_2-Forcing beträchtlich reduziert, und zwar um runde 1,25 – 1,88 W/m² (34 bzw. 51 %), je nachdem, welcher Art von Bewölkung man den Vorzug gibt. Die Klimasensitivität einer CO_2-Verdopplung, d. h. also der mittlere Temperaturanstieg an der Erdoberfläche, bewegt sich nach dieser Feststellung lediglich zwischen 0,5° C und 0,7° C und nicht etwa bei 1,1° C.

- Abschließend ergibt sich eine weitere Unstimmigkeit, und zwar hinsichtlich der Wasserdampf-Rückkopplung. Diese wird angesichts der enormen Absorptionskapazität des Wasserdampfs ehrfurchtsvoll überschätzt. Ihr Verstärkungseffekt soll sich angeblich bei 1,9 W/m² bewegen. Dabei lässt sich mit bescheidensten Mitteln herausfinden,

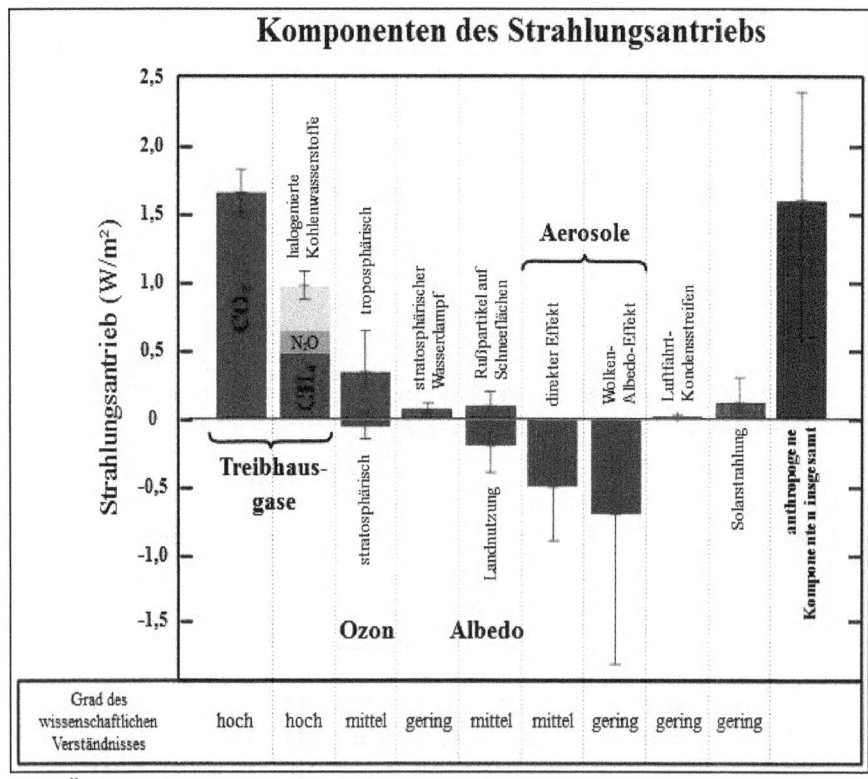

26: Überblick über die Stärke verschiedener Strahlungsantriebe (Radiative Forcing) bei Differenz zwischen 2007 und der Zeit vor der Industrialisierung.
Quelle: Aus der technischen Zusammenfassung für Politikmacher des Vierten IPCC-Sachstandsberichts der Arbeitsgruppe I vom 14. März 2007.
https://commons.wikimedia.org/wiki/File:Komponenten_des_Strahlungsantriebs.svg#file

dass wir mit 0,5 W/m² recht gut bedient sind. So nimmt es nicht Wunder, dass man uns unter Einbeziehung der spontanen Rückkopplungen eine Klimasensitivität von +1,5° – +5,5° C unterjubelt, obwohl sich ein realistischer Wert zwischen lediglich 0,5° und 0,7° C bewegt.

Bleibt noch die mit einem schlechten Beigeschmack verbundene Frage nach dem Warum. Die vermutlich plausibelste Antwort liefert wieder einmal Der Spiegel: [76] „Eisen im Spinat ist das Paradebeispiel für einen Irrtum, der durch stete Wiederholung zur vermeintlichen Wahrheit wurde. Die Legende vom außergewöhnlich eisenhaltigen Spinat kam bereits 1890 in die Welt: Der Physiologe Gustav von Bunge hatte korrekt den Eisengehalt von 100 Gramm Spinat mit 35 Milligramm bestimmt. Allerdings hatte er getrockneten Spinat untersucht, der zehnmal so viel Eisen enthält wie die gleiche Menge frischen Krautes. Das hier aber Konzentrat mit Frischware verglichen wurde, geriet bald schon in Vergessenheit: Die Mär vom Gemüse, mit dem sich Mangelerscheinungen kurieren lassen, ging um den Globus - und lebt fort."
So oder ähnlich könnte es auch dem Strahlungsantrieb und der Wasserdampf-Rückkopplung im Lauf der Zeiten ergangen sein. Irgendeiner schrieb falsch ab, setzte damit eine Mär in die Klimawelt, und fast alle weiteren Forscher übernehmen „festgeschriebene Fakten" ohne weitere Prüfung. Und die ganze Welt glaubt an diesen Fetisch.

6.5 Abschließende Hochrechnung: Wo stehen wir heute?

Zum Schluss unserer Betrachtungen stellt sich natürlich noch die spannende Frage, ob sich denn unsere Recherchen als belastbar erweisen, wenn wir sie an der heute gegebenen Klimasituation ausprobieren. Ein solcher Test ist sozusagen die Probe auf das Exempel. Wird sie mit der Klimarealität übereinstimmen oder nicht? Zur Beantwortung unserer spannenden Kernfrage müssen wir noch ein letztes Mal MODTRAN ausprobieren. Packen wir es an!
Abbildung 26 listet die Stärken der wichtigsten Komponenten des Strahlungsantriebs auf, so wie sie das IPCC beurteilt. MODTRAN *(z. B. Abb. 27)* berechnet dagegen nur Strahlungsantriebe für CO_2, CH_4, O_3 sowie H_2O und Wolken. Beim Vergleich beider Abbildungen lässt sich allerdings überschlagshalber leicht erkennen, dass die in unserem Model

---

[76] Frank Patalong in Der Spiegel ONLINE v. 22.12.2007.
http://www.spiegel.de/wissenschaft/mensch/hartnaeckige-irrtuemer-mythen-an-die-selbst-mediziner-glauben-a-525056.html

berücksichtigten Faktoren die eigentlich maßgeblichen, tatsächlich ins Gewicht fallenden Größen sind. Alle weiteren Strahlungsantriebe heben sich dagegen mehr oder weniger gegenseitig auf und erlangen deshalb insgesamt wohl kaum eine nennenswerte klimawirksame Bedeutung.

Links im Model haben wir Werte eingegeben, wie sie vor dem Beginn des Industriezeitalters charakteristisch waren. Rechts sehen wir den heutigen Ist-Zustand. Als Strahlungsantrieb erscheint ein Wert von 2,76 W/m². Setzen wir diesen nach Dittrich in die Stefan-Boltzmann-Gleichung ein und ziehen den Emissionskoeffizienten nach Weischet ab, so erhalten wir 0,79° C als Klimasensitivität. Und siehe da, dies ist genau der Wert, welcher von der Klimaforschung als globale mittlere Temperaturzunahme im Zeitalter des Klimawandels angegeben wird. Also offensichtlich ist an der Spinatstory wirklich etwas dran! Allerdings ist zu bedenken, dass auch ein natürlicher Klimawandel stattgefunden hat. Soll heißen, dass unsere Rechnung eigentlich viel zu hoch ausgefallen ist!

6.6 Das letzte Wort haben die Ozeane – aber erst ab 3016

Wir haben bis hierher ganz bewusst nur die klimatischen Wirkungen von atmosphärischen Rückkopplungen betrachtet. Diese reagieren spontan auf Störungen des Strahlungsgleichgewichts und sind damit vergleichsweise einfach zu berechnen. Ganz anders verhält es sich dagegen mit langfristig wirksamen Rückkopplungen. „Langfristig" meint in den Geowissenschaften stets geologische Zeiträume, und diese sind in menschlichen Maßstäben unvorstellbar lang. In diesem Zusammenhang stellt vor allem die äußerst träge ablaufende Wärmeaufnahme der Ozeane *(Kap. 4.2)* die entscheidende Zeitkonstante für Klimaveränderungen dar. Die Zeit, bis eine Temperaturänderung an der Meeresoberfläche über die gesamte Ozeantiefe weitergegeben wird, liegt in der Größenordnung von etwa einem Jahrtausend! Als letzte Konsequenz kann die Temperatur an der Erdoberfläche bei einer Störung des Strahlungsgleichgewichts somit erst unter erheblicher zeitlicher Verzögerung einem neuen Gleichgewichtszustand zustreben.

Aber das ist nur ein Teil der Wahrheit, denn die oberflächennahen Bereiche der Ozeane erwärmen sich zwar auch nur sehr langsam, aber dennoch sehr viel schneller, weil hier der Wärmetransfer durch atmosphärische Strahlung direkt und unmittelbar stattfinden kann. Schließ-

Model Input	
CO₂ (ppm)	280
CH₄ (ppm)	0.8
Trop. Ozone (ppb)	25
Strat. Ozone scale	1
Water Vapor Scale	1
Ground T offset, C	0
Locality	1976 U.S. Standard Atmosphere ▼
	Standard Cirrus Model ▼
Altitude (km)	70
	Looking down ▼
	Delete Background Model Run
	Show Raw Model Output

Model Output		
Upward IR Heat Flux	244.104	W/m²
Ground Temperature	288.2	K

Model Input	
CO₂ (ppm)	400
CH₄ (ppm)	1.75
Trop. Ozone (ppb)	50
Strat. Ozone scale	1
Water Vapor Scale	1.0463
Ground T offset, C	0
Locality	1976 U.S. Standard Atmosphere ▼
	Standard Cirrus Model ▼
Altitude (km)	70
	Looking down ▼
	Delete Background Model Run
	Show Raw Model Output

Model Output		
Upward IR Heat Flux	241.34	W/m²
IR Heat Loss (Background)	244.1	W/m²
... Difference, New - BG	-2.76	W/m²
Ground Temperature	288.2	K

27: Berechnung des Strahlungsantriebs der wichtigsten Treibhausgase mit Hilfe des Klimamodels MODTRAN bei Differenz zwischen 2016 und der Zeit vor der Industrialisierung.

lich steht die Ozeanoberfläche als Unterlage mit der Atmosphäre in unmittelbarem Kontakt. Die Zeitspanne für das Einstellen einer Temperaturänderung des Klimasystems fällt somit sehr viel kürzer aus. Klimaforscher rechnen mit einem Zeitraum von nur 25 bis 50 Jahren. Dieser Einschätzung liegt die Annahme eines Ungleichgewichts der terrestrischen Strahlungsbilanz an der Obergrenze der Atmosphäre von 0,8 W/m² zugrunde.[77]

Das bedeutet also im Klartext, dass die Erde um diesen Betrag weniger Wärmeenergie in den Weltraum zurückstrahlt, als sie tatsächlich von der Sonne empfängt. Messungen und Modellrechnungen bestätigen eine solche Annahme. Und diese überschüssige Wärme wird unter großer zeitlicher Verzögerung von den Weltmeeren aufgenommen und gespei-

---

[77] Nach Walter Roedel u. Thomas Wagner: Physik unserer Umwelt: Die Atmosphäre. Heidelberg, Dordrecht, London, New York (Springer) 2011, S. 550 f.

chert, bis sich eine Temperaturänderung des Klimasystems und letztendlich wieder ein klimatischer Gleichgewichtszustand einstellt.

Ozeane fungieren also gewissermaßen als natürliche Puffer gegen Klimawandel und sind in dieser Eigenschaft in der Lage, das Weltklima temporär, aber eben über längere Zeiträume, zu stabilisieren. Folgende imponierenden Zahlen aus dem Fünften Sachstandsbericht des IPCC veranschaulichen diese Situation sehr eindrucksvoll:[78]

Im Zeitraum von 1971 bis 2010 hat das Erdsystem einen Energieüberschuss von 274 ZJ (1 Zettajoule= 10^{21} Joule) eingenommen. 93 % dieser Energiemenge sind im Mittel in die Ozeane gegangen. Der obere Ozean (0-700 m) hat 64 %, der tiefere (700-2000) 29 % aufgenommen. Weitere 3 % entfallen auf das Schmelzen von Eis, ebenfalls 3 % wurden durch die Erwärmung der Landoberfläche der Kontinente absorbiert, und nur 1 % genügte für die Erwärmung der Atmosphäre. Trotz des gigantischen Energieinputs hat die Erwärmung der Weltmeere bis in 2000 m Tiefe von 1955 bis 2010 nur winzige 0,09° C betragen. Würde man die Energiemenge, die diese Erwärmung bewirkt hat, auf den troposphärischen Anteil der Atmosphäre übertragen, so würde sich diese im Mittel etwa 12 km mächtige Luftschicht um sage und schreibe 36° C erwärmen.

Ursache dieser gewaltigen Disparität ist der im wahrsten Sinn des Wortes weltbewegende Unterschied der spezifischen Wärme von Wasser und Luft *(Kap. 4.2)*. Um nämlich 1 cm^3 Wasser zu erwärmen, benötigt man 3.333 Mal mehr Energie als für die Erwärmung der gleichen Menge Luft! So funktioniert das wohl wichtigste natürliche Sicherungssystem unserer Erde.

---

[78] Die Angaben wurden entnommen aus Bildungsserver Wiki, Stichwort „Erwärmung des Ozeans".
http://wiki.bildungsserver.de/klimawandel/index.php/Erwärmung_des_Ozeans

7 THERMISCHE UNGLEICHGEWICHTE GESTALTEN UNSER KLIMA

Wir haben bis hierher schon eine Menge grundlegender Dinge über unser Klima erfahren. Jetzt wissen wir, dass das Klimasystem ein äußerst komplexes Gebilde ist, welches sich aus sechs Sphären (Atmosphäre, Hydrosphäre, Lithosphäre, Pedosphäre, Kryosphäre und Biosphäre), den internen Klimafaktoren, zusammensetzt. Zwischen diesen laufen Prozesse auf verschiedenen Zeitskalen ab, und es entstehen bei eintretenden Veränderungen Rückkopplungen, denn die internen Klimafaktoren stehen in Wechselwirkungen miteinander. Insbesondere diese Rückkopplungen machen es ausgesprochen schwierig, Vorhersagen darüber zu machen, wie das Klimasystem bei Veränderungen der Randbedingungen, beispielsweise einer Störung des Strahlungsgleichgewichts, reagieren wird. Komplizierte Computer-Simulationsmodelle sollen hier für Abhilfe sorgen, was aber noch längst nicht wirklich gelungen ist. Unsere Kenntnisse der Dynamik von Atmosphäre und Ozeanen reichen einfach nicht aus.

Zur Vereinfachung der Beschreibung von Klimaveränderungen trennt man, wie wir im vorangehenden Kapitel gesehen haben, die Klimaantriebe von den internen Rückkopplungsreaktionen des Klimasystems, wobei unter **Klimaantrieb** eine zeitlich und global gemittelte Störung des Strahlungsgleichgewichts *(Radiative Forcing)* verstanden wird. Quantifizierbar ist ein Klimaantrieb in W/m^2. Zusätzlich von Interesse sind natürlich die Auswirkungen von diversen Klimaantrieben auf das Klima bzw. auf dessen wichtigsten Parameter, die globale mittlere bodennahe Lufttemperatur. Ihre Veränderung wird als **Klimasensitivität** *(Climate Sensitivity)* bezeichnet.

Bei beiden Kenngrößen handelt es sich jedoch lediglich um globale Mittelwerte. Und als solchen mangelt es ihnen an räumlicher, an geographischer Dimension. Aber gerade die Kenntnis der geographischen Ausprägungen des Weltklimas, die Kenntnis der saisonalen räumlichen Verteilung unterschiedlichster Klimagürtel und Klimazonen über den gesamten Globus sowie ihrer Auswirkungen auf die Lebensräume des Menschen sind unerlässliche Kriterien, wenn genaue und gültige Aussagen in Sachen Klima getroffen werden sollen. Nur auf diesem Weg lassen sich globaler Klimawandel und das räumliche Strukturmuster seiner Folgen überhaupt erfassen.

7.1 Die Verteilung der Lufttemperatur als Maß allen Klimas

Der Zugang zum Verständnis regionaler Klimaunterschiede auf unserem Globus führt zunächst über die räumlich und zeitlich differenzierte globale Verteilung der Lufttemperatur und ihrer Ursachen. „Die Lufttemperatur als Maß für den Wärmezustand der Luft an einem bestimmten Ort in der Atmosphäre ist wohl die wichtigste unter allen klimatologischen Beobachtungsgrößen."[79] Nicht weniger bedeutsam sind Entstehung und Konsequenzen von Luftbewegungen sowie einige Grundkenntnisse über die Entstehung von Niederschlägen. Danach erst kann das komplizierte Schema der Allgemeinen Zirkulation der Atmosphäre abgeleitet werden. Dieses bildet den Schlüssel zum räumlichen Verständnis unseres Weltklimas.

7.1.1 Die Lufttemperatur ist eine schwankende Größe

Wir hatten weiter oben *(Kap. 5.5.3)* bereits festgestellt, dass die jährliche Gesamtstrahlungsbilanz auf der Erde gemäß der Kugelgestalt des Globus nach einem mehr oder weniger zonal ausgerichteten geographischen Muster verteilt ist, wie es in *Abbildung 18* dargestellt ist. Damit unmittelbar einher geht als Konsequenz zonal ungleicher Verteilung der Strahlungseinnahme ein gravierendes thermisches Ungleichgewicht zwischen äquatorialen und polaren Breiten beider Hemisphären, wie wir alle erfahrungsgemäß wissen.
Konsequenterweise ist die globale Verteilung der Lufttemperatur somit eine Funktion der geographischen Breite *(Abb. 28)*. Als Folge ihrer primären Abhängigkeit von den Strahlungseinflüssen ist die Lufttemperatur an allen Orten der Atmosphäre permanenten Veränderungen in Form von tages- und jahreszeitlichen sowie räumlichen Schwankungen unterworfen. Klimatologisch von besonderem Interesse sind in diesem Zusammenhang zum einen die Extremwerte und die Schwankungsbeträge zwischen diesen, d. h. die so genannte tageszeitliche und saisonale *Temperaturamplitude*, sowie deren Eintrittszeiten. Andere Einfluss-

---

[79] Nach Wolfgang Weischet: Einführung in die Allgemeine Klimatologie. Berlin-Stuttgart (Borntraeger) 2002, S. 109.

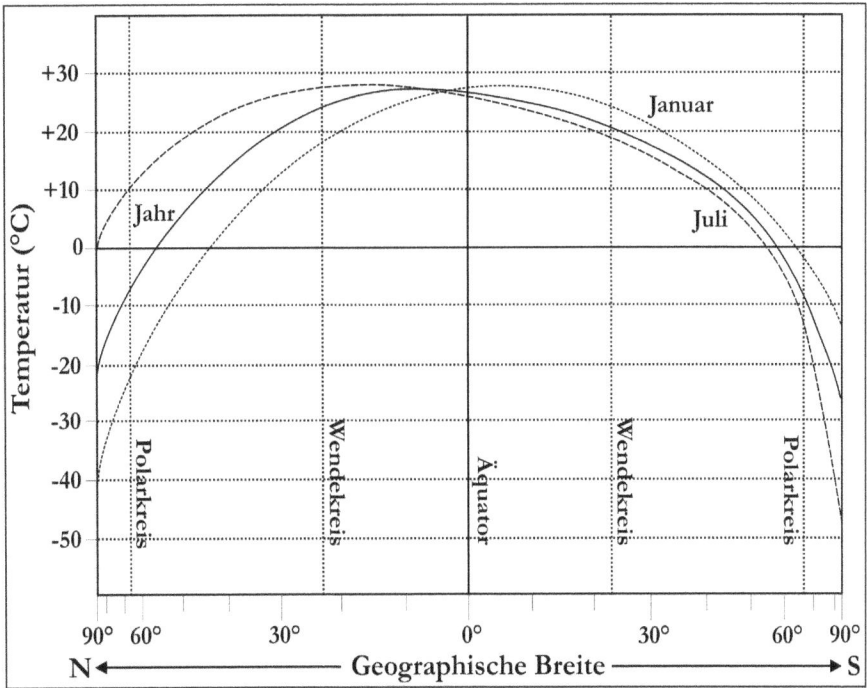

28: *Auf den Meeresspiegel reduzierte globale Temperaturverteilung (Januar/Juli/Jahr) als Funktion der geographischen Breite.*
Verändert nach W. Roedel u. T. Wagner (2011), S. 61.

faktoren neben dem tages- und jahreszeitlichen Strahlungsgang, beispielsweise Luftmasseneinflüsse, wie wir sie vornehmlich in den Mittelbreiten gewohnt sind, können auf die Temperatur nur modifizierend einwirken. Grundlegendes ändern sie jedoch nicht. Ähnliches gilt beispielsweise auch für die tropischen Regenzeiten oder für den indischen Monsun.

Regionale Klimaunterschiede manifestieren sich besonders deutlich in der *tageszeitlichen Temperaturamplitude*, denn ihre Größe wächst mit zunehmender Höhe des Sonnenstandes, d. h. räumlich von polaren Breiten in Richtung Äquator, zeitlich vom Winter zum Sommer. Von erheblicher modifizierender Bedeutung ist jedoch zusätzlich die Entfernung von einer ausgleichend wirkenden Wasserfläche. Mit wachsender Meeresferne steigt die Temperaturamplitude deutlich an, die *Maritimität* des Klimas geht allmählich zunehmend in *Kontinentalität* über. Auch mit *zunehmender Höhe* wächst die Temperaturamplitude kontinuierlich an, weil die dämpfende Wirkung des Glashauseffekts nach oben hin abnimmt. Ausnahmen bilden höhere Berge. Über ihnen nimmt die Temperaturamplitude deutlich ab, weil diese einerseits Erhöhungen der Heizfläche der Atmosphäre darstellen und andererseits schwere Kaltluft nach unten abfließen kann.

Für die *jahreszeitliche Temperaturamplitude* lassen sich nunmehr aus der Kenntnis der Strahlungsbilanz und der Verteilung von Ozeanen und Kontinenten sowie deren Relief schon einige sehr klare Regeln erkennen:

- Die inneren Tropen besitzen aufgrund des jährlich zweimaligen Sonnenhöchst- und -tiefststandes ein doppeltes Maximum und Minimum der jahreszeitlichen Temperaturamplitude.
- Der Jahresgang der Temperatur nimmt vom Äquator zu den subpolaren Breiten hin kontinuierlich zu. In den Polargebieten bleibt er dagegen gleich.
- In kontinentalen (meerfernen) Gebieten ist die Jahresamplitude deutlich größer als auf vergleichbarer Breitenlage in Meeresnähe.
- Hohe Gebirge weisen geringere Jahresschwankungen der Temperatur auf als Tiefländer in ähnlicher Breitenlage.

7.1.2 Nach oben wird es im Normalfall kälter

Jeder von uns weiß aus eigener Anschauung, dass die Lufttemperatur mit zunehmender Höhe abnimmt. Beispielsweise kehrt der Winter immer zuerst in den Gebirgen ein, während sich der Frühling umgekehrt zuerst in den Tiefländern ausbreitet. Schnee oder blühende Bäume sind die deutlichsten Indikatoren dieser unumstößlichen Regel. Aber die Wenigsten haben sich jemals Gedanken darüber gemacht.
Gehen wir gedanklich noch einmal zurück zu *Kapitel 5.5.4*. Dort haben wir festgestellt, dass die *Erdoberfläche* global den bei weitem größten Anteil der eingehenden kurzwelligen Sonnenstrahlung absorbiert, nämlich 51 % von 70 %, und dass sie diese Energie in Wärme umwandelt und so als *Heizfläche der Atmosphäre* fungiert. Das auf diese Weise erwärmte System Erde-Atmosphäre gibt die gesamte aufgenommene Energie im langwelligen Infrarotbereich als Wärmestrahlung wieder an den Weltraum ab. Als *Ausgabestelle* fungiert dabei die *Oberseite der Atmosphäre*. An der Erdoberfläche herrscht folglich eine positive, innerhalb der Atmosphäre eine negative Strahlungsbilanz. In der Atmosphäre besteht also im Normalfall ein hypsometrisches Wärmegefälle von der bodennahen Luftschicht zur Tropopause, d. h. die Lufttemperatur nimmt mit der Höhe kontinuierlich ab.
Als Maß für die Temperaturabnahme mit der Höhe, die so genannte hypsometrische Temperaturabnahme, dient der *Umgebungsgradient*, häufig auch als *geometrischer Temperaturgradient* (in °C/100 m) bezeichnet. Anders als die *adiabatischen Temperaturgradienten* gibt er die

Temperaturdifferenz zwischen vertikal unbewegten, statischen Luftmassen verschiedener Höhenniveaus an. Seine Größe ist räumlich und zeitlich sehr variabel und kann alle Werte ≤ 1° C/100 m annehmen. Am häufigsten liegt sie jedoch zwischen 0,8 und 0,5° C, ihr Mittelwert liegt bei 6,5° C. Ein Wert ≥ 1° C ist thermodynamisch nicht möglich, denn dann wäre die Luftschichtung instabil und es würde sich automatisch ein Wert unter 1° C einstellen.

Aus dem räumlichen und zeitlichen Schwankungen unterliegenden Strahlungsbilanzgefälle von der Erdoberfläche zur Atmosphäre ergeben sich einige klimageographisch relevante Zusammenhänge, die sich beobachten oder messen lassen. Wieviel Wärme vom Erdboden in die Troposphäre übertragen wird, hängt hauptsächlich davon ab, wie stark die Erdoberfläche von der Sonne erwärmt wird:

- Daraus ergibt sich zuerst einmal, dass mittags und im Sommer sowie in den Tropen der *geometrische Temperaturgradient* am größten ist.

- Die *Temperaturabnahme mit der Höhe* erfolgt somit am Äquator schneller als in polnäheren Gebieten. An den Polarkappen selbst ist die Erwärmung an der Erdoberfläche so gering, dass die Temperatur im Sommer auf den ersten 1.000 Höhenmetern gleich bleibt (Isothermie) und erst danach absinkt. Im Winter kühlt die Luft in Bodennähe sogar so stark ab, dass die Temperatur auf den ersten 1.000 m mit zunehmender Höhe ansteigt, bevor sie beginnt abzusinken. Man spricht von einer *Temperaturumkehr* oder *Temperaturinversion*. Die Schicht, in der die Temperaturzunahme einsetzt, ist die *Inversionsschicht*.

- Als Konsequenz ergeben sich die schon weiter oben angesprochenen *Höhenunterschiede der Troposphäre*, in welcher sich unser Wettergeschehen abspielt. Je stärker die Aufheizung an der Erdoberfläche ist, desto höher reicht die Troposphäre. Sie besitzt am Äquator eine Mächtigkeit von 16 bis 17 km, in den Mittelbreiten nur noch von 12 km. An den Polen reicht sie dagegen nur etwa 7,5 bis 9,5 km hoch. Allgemein liegt sie auf der jeweiligen Winterhalbkugel etwa 2 km niedriger als im Sommer. Auch schwankt sie kurzfristig bei wetterbedingten Temperaturänderungen.

- Die *Tropopause* trennt die Troposphäre von der Stratosphäre und ist die wichtigste Grenzschicht in der Atmosphäre. Sie ist nach offizieller Definition der WMO (World Meteorological Organization) durch einen geometrischen Temperaturgradienten ≤ 0,2° C/100 m über 2 km Höhendifferenz gekennzeichnet. Weiter oberhalb, in der Stratosphäre, steigt die Temperatur wieder stark an (Inversion). In der

Tropopause enden deshalb alle konvektiven Vorgänge des Wetters. Da Wasser fast ausschließlich konvektiv transportiert wird, bleibt es in der Troposphäre gefangen. Somit ist die Atmosphäre oberhalb der Tropopause quasi wolken- und wetterlos, weshalb die bevorzugte Reiseflughöhe von Passagierflugzeugen im Bereich der obersten Tropopause angesiedelt ist.

• Weiterhin lässt sich folgern, dass über Gebirgen stets höhere Temperaturen herrschen als in gleicher Höhe der benachbarten freien Atmosphäre. Über den Zentralalpen beispielsweise beträgt diese Temperaturdifferenz zur freien Atmosphäre um die 5° C. Sie steigt vom Gebirgsrand her allmählich bis zu diesem Wert an. Dieses *Gesetz der großen Massenerhebungen* hat zur Folge, dass sich die Wald- und Schneegrenze vom Gebirgsrand zum Gebirgszentrum nach oben verschieben.

• Die Troposphäre ist über der südhemisphärischen Polarregion nach Weischet[80] im Winter um 3 – 5° C, im Sommer sogar um 7 – 12° C kälter als die über der Arktis. Aus diesem unterschiedlichen Temperaturgefälle zwischen Polargebieten und Tropen resultieren allgemein *höhere Windgeschwindigkeiten auf der Südhalbkugel.*

7.1.3 Wenn Luft in die Luft geht

Ganz andere Temperaturbedingungen bei zunehmender oder abnehmender Höhe treten auf, wenn wir es mit aufwärts oder abwärts bewegter Luft anstelle von statischer Luft zu tun haben. Um eine Vorstellung von den Vorgängen zu vermitteln, die beim *freien Auftrieb* eines Luftvolumens in Gang gesetzt werden, stellen wir uns 1 m³ trockene, d. h. absolut wasserdampffreie Luft im Meeresniveau vor, die sich in einem hauchdünnen, elastischen Ballon befindet. Die umgebende Luft sei etwas kälter als die Luft im Ballon. Als Konsequenz dieser Situation bekommt unser Ballon mit seiner Luftfüllung freien Auftrieb und beginnt aufzusteigen, weil ja die warme Luftfüllung leichter als die umgebende kühlere Luft ist *(S. 66).*

Was aber passiert dabei mit dem eingefangenen trockenen Luftvolumen von 1 m³? Dieses besteht aus sage und schreibe $2{,}69 \times 10^{25}$ Molekülen, welche sich in permanenter ungeregelter Bewegung befinden. Man spricht von der so genannten *brownschen Molekularbewegung*. Kein Wunder also, dass es dabei ständig zu Molekülzusammen-

---

[80] Nach Wolfgang Weischet: Einführung in die Allgemeine Klimatologie. Berlin-Stuttgart (Borntraeger) 2002, S. 117 f.

stößen kommt, und zwar sowohl untereinander als auch mit der Ballonhaut. Die kollidierenden Moleküle ändern auf diese Weise zwar andauernd ihre Richtung und Geschwindigkeit, aber nach dem *Gesetz des elastischen Stoßes* bleibt dennoch die Gesamtsumme aller Bewegungsgrößen konstant. Wird unser Luftquantum nun durch den freien Auftrieb emporgetragen, so beginnt im selben Augenblick der Außendruck auf die Ballonwandung langsam aber stetig zu fallen. Das Volumen des Ballons nebst Inhalt vergrößert sich. Dadurch werden die Stöße der Luftmoleküle im Inneren des Ballons permanent geringer und die innere Energie des Luftquantums nimmt kontinuierlich ab. Die Temperatur im Innern des Ballons beginnt ebenso kontinuierlich zu fallen. Sinkt unser Ballon später wieder ab, so kehrt sich der gesamte Vorgang um. Die Innentemperatur nimmt im genau gleichen Maß wieder zu.

Wenn die Randbedingung erfüllt ist, dass dem vertikal bewegten Luftvolumen keinerlei Energie von außen zugeführt oder von ihm nach außen abgegeben wird – und Luft erfüllt diese Bedingung aufgrund ihrer äußerst geringen Wärmeleitfähigkeit –, so spricht man von einer *adiabatischen Zustandsänderung*. Bei adiabatischer Ausdehnung unseres Luftquantums sinkt seine Temperatur, bei adiabatischer Kompression nimmt sie dagegen zu. Da in unserem Luftvolumen kein Wasserdampf enthalten ist, handelt es sich hier um eine *trockenadiabatische Zustandsänderung*. Um welchen Betrag sich dabei die Lufttemperatur verändert, lässt sich sowohl berechnen als auch experimentell feststellen. Das Ergebnis: In trockenadiabatisch ab- bzw. aufsteigender Luft verändert sich deren Temperatur um ± 0,98° C pro 100 m, d. h. der *trockenadiabatische Temperaturgradient* beträgt ziemlich genau 1° C pro 100 m.

In der Natur kommt jedoch absolut trockene Luft so gut wie gar nicht vor. Deshalb haben wir bei unserem gedanklichen Experiment zunächst den Ballon zur Abschirmung benutzt. Wenn wir nun ein Wasserdampf enthaltendes Luftvolumen in der Natur beim Aufsteigen beobachten, so werden wir feststellen, dass zunächst auch eine trockenadiabatische Temperaturabnahme von 1° C pro 100 m stattfindet. Eine Änderung wird sich erst dann ergeben, wenn der in der Luft enthaltene Wasserdampf kondensiert. Das jedoch passiert erst, wenn die tatsächlich in der Luft vorhandene Wasserdampfmenge der maximal möglichen Wasserdampfmenge entspricht. Letztere verringert sich bei abnehmender Temperatur, während erstere mehr oder weniger konstant bleibt. Mit zunehmendem Aufstieg und der damit verbundenen trockenadiabatischen Abkühlung nähert sich also der maximal mögliche Wasserdampfgehalt immer mehr dem tatsächlich vorhandenen Wasserdampfgehalt. Anders ausgedrückt: Die relative Feuchte wächst beim Aufstieg immer weiter an und erreicht schließlich 100 %. Jede weitere Aufwärtsbewegung führt nun unweigerlich zur Wasserdampfübersättigung und damit zur Kondensation. Die Temperatur, bei der dieser Zustand eintritt, nennt man **Taupunkt** oder **Kondensationspunkt**. Die Höhe, in welcher die Kondensation eintritt, ist das **Kondensationsniveau**.

Bei der Kondensation wird so genannte **Kondensationswärme** freigesetzt, die als latente Wärme in Wasserdampf enthalten ist. Es handelt sich genau um diejenige Energiemenge, die zuvor an anderer Stelle zum Verdunsten von flüssigem Wasser aufgewendet worden ist. Diese frei werdende Kondensationswärme sorgt nun bei weiterem Luftanstieg dafür, dass der trockenadiabatische Temperaturgradient in einen **feuchtadiabatischen Temperaturgradienten** übergeht, welcher deutlich geringer ausfällt. Die Luft kühlt sich also bei weiterer Aufwärtsbewegung deutlich langsamer ab als vor Erreichen des Taupunkts.

Die Größenordnung des feuchtadiabatischen Temperaturgradienten ist, anders als der trockenadiabatische Temperaturgradient, keineswegs konstant, weil sie temperaturabhängig ist. Je höher die Lufttemperatur, desto mehr latente Wärme wird bei der Kondensation frei und desto kleiner wird der Gradient. Als Faustregel kann man festhalten, dass er zwischen 1.000 und 5.000 m Höhe bei etwa 0,5 – 0,7° C liegt. Bei niedrigen Temperaturen (größeren Höhen) gilt jeweils der kleinere Wert.

7.1.4 Die Frontalzonen: Folgen des globalen Energiegefälles

Die Temperaturverteilung in der Atmosphäre variiert nicht nur in der Vertikalen, sondern selbstverständlich auch in der Horizontalen, und zwar primär als Konsequenz der regionalen Differenzierung der Globalstrahlung *(Kap. 5.5.3 u. Abb. 18)*. Daneben aber spielt die großräumige Verteilung von Land- und Wasserflächen eine stark modifizierende Rolle. Ausschlaggebend sind hier die gravierenden Unterschiede des Energieumsatzes auf Land-, Wasser- und Schneeoberflächen *(Kap. 4.2 – 4.4)* sowie über kontinentweit wirksamen Kalt- und Warmwasserströmen der Ozeane. Einen umfassenden und sehr anschaulichen Überblick der globalen horizontalen Temperaturverteilung hat schon vor über 50 Jahren Joachim Blüthgen zusammengestellt *(Abb. 29/30)*.

Dazu ist folgendes zu bemerken:

- Tropen und Subtropen weisen rund um das Jahr großflächig die geringsten horizontalen Temperaturschwankungen auf. Auffallend ist der so genannte *thermische Äquator*, welcher im Sommer beider Hemisphären über den wärmeren Kontinenten weit polwärts ausholt. Im Nordsommer liegt er infolge der stärkeren Erwärmung der Landhalbkugel zur Gänze nördlich des *mathematischen Äquators*.

- Auf der Südhalbkugel verlaufen die *Isothermen* (Linien gleicher Temperatur) der gemäßigten Breiten weitestgehend Breitenkreisparallel,

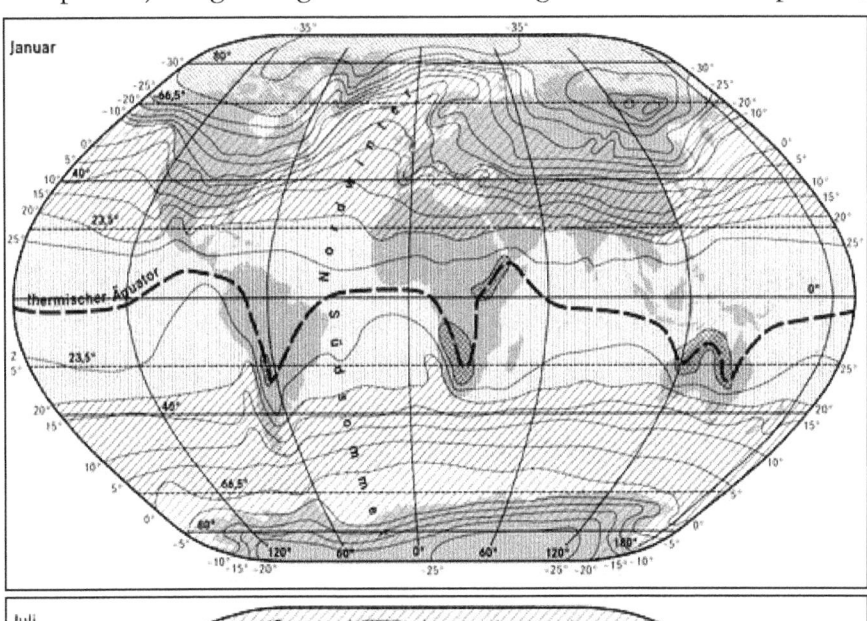

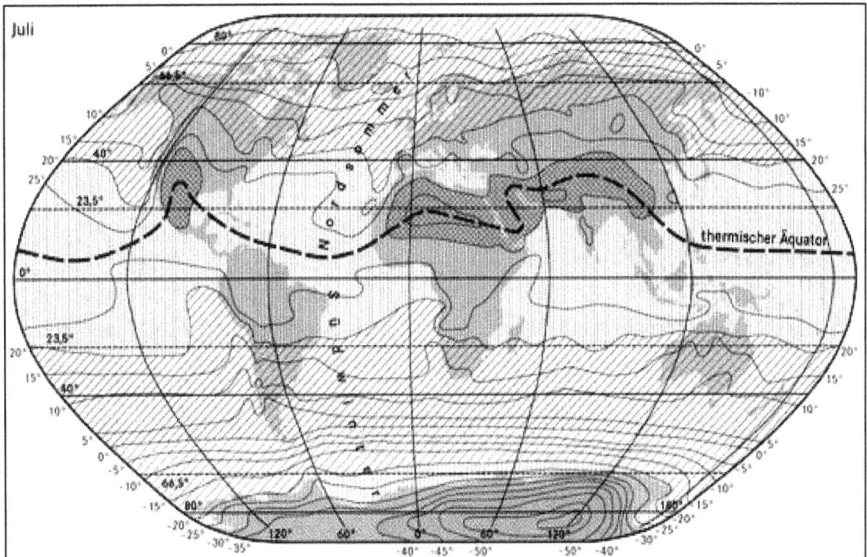

29/30: Die Breitenkreismittel der Temperatur, reduziert auf das Meeresniveau.
Verändert nach J. Blüthgen aus M. Kappas: Klimatologie – Klimaforschung im 21. Jahrhundert. Heidelberg (Springer) 2009.

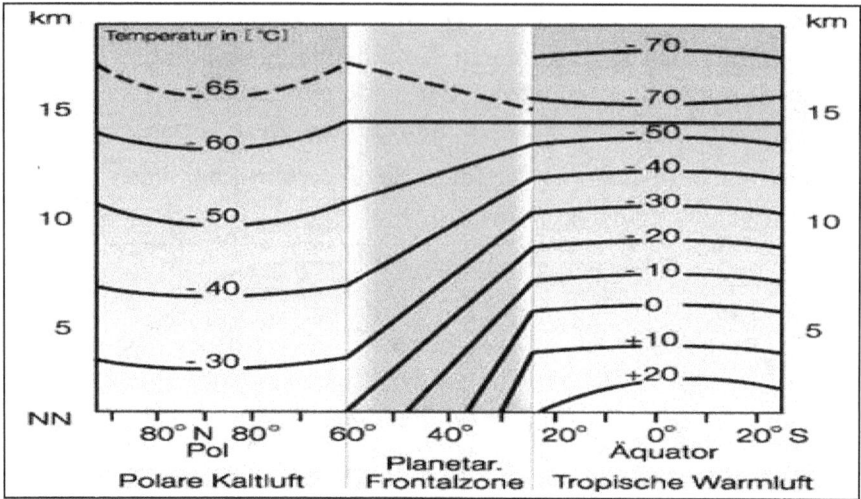

31: Die Planetarische Frontalzone im schematischen Meridionalschnitt der nordhemisphärischen Temperaturverteilung.
Nach W. Weischet, verändert unter http://www.blue-eagles.ch/ch/w_lex/a.php

während sie auf der Nordhalbkugel im Sommer über den Kontinenten geringfügig, im Winter über den Ozeanen sehr deutlich polwärts ausholen. Hier wirkt sich wiederum der Wärmeunterschied zwischen der **Wasserhalbkugel** und der **Landhalbkugel** aus.

• Auf der Südhalbkugel ganzjährig, auf der Nordhalbkugel vor allem im Sommer, sind die Isothermen an den Westseiten der Kontinente deutlich äquatorwärts ausgestülpt. Dies ist eine Folge der **kalten Meeresströme**, die in diesen Gebieten ganzjährig vorhanden sind. Auf der Südhalbkugel sorgt die Kältesenke der Antarktis für die besonders starke Ausprägung dieses Phänomens. Als Paradebeispiel sei hier der Humboldtstrom genannt.

• In beiden Polarzonen zeichnet sich der jeweilige **Kältepol** sehr deutlich ab. Auf der Nordhalbkugel liegt er nicht in unmittelbarer Polnähe (-35° C), sondern auf dem sibirischen Kontinent bei Oimjakon (-50° C). Bezeichnenderweise befindet sich der südhemisphärische Kältepol auf dem antarktischen Kontinent (-60° C). Während aber im Sommer die Mitteltemperatur in der Antarktis immer noch bei -28° C liegt, steigt sie am Nordpol kurzfristig auf +0,2° C an.

• Noch ein letztes und für die Ableitung der Allgemeinen Zirkulation der Atmosphäre entscheidendes Detail lässt sich aus den beiden Karten *(Abb. 29/30)* entnehmen: Die Isothermen beider Halbjahre sind in den Mittleren Breiten beider Halbkugeln besonders dicht geschart, wobei dieses Phänomen besonders deutlich im jeweiligen Winterhalbjahr beider Hemisphären und auf der Südhalbkugel im allgemeinen zu beobachten ist. Anders ausgedrückt: Die Mittleren Breiten beider Halbkugeln sind die Gebiete mit dem größten meridionalen Temperaturgefälle zwischen Tropen und Polarregionen (*Abb. 31*). Im Winter und auf der Südhalbkugel (Kältesenke der Antarktis) sowie in den unteren Bereichen der Troposphäre ist das Energiegefälle besonders groß. Außerdem rücken die Gebiete mit den größten Temperaturgegensätzen im jeweiligen Sommerhalbjahr weiter polwärts vor, während sie sich umgekehrt im Winterhalbjahr um 5–10° äquatorwärts verlagern. Man bezeichnet diese beiden zwischen 30° und 60° gelegenen Gebiete größter Temperaturgradienten als *planetarische Frontalzonen*.

7.2 Die Allgemeine Zirkulation der Atmosphäre

Großräumige meridionale Temperaturgradienten, wie sie in der Erdatmosphäre durch die zonal sehr unterschiedlich zugeführte Solarenergie zustande kommen, lösen naturgemäß einen Prozess des direkten Wärmeausgleichs aus. Das einfachste Prinzip eines solchen Wärmeausgleichs hat praktisch jeder schon beobachtet, der im Winter seine Wohnung beheizt. Über dem Heizkörper steigt die erwärmte (leichtere) Luft zur Zimmerdecke auf, während am Boden kalte (schwerere) Luft zum Ausgleich des Energiegefälles in Richtung Heizkörper strömt. Es kommt zur Ausbildung eines Zirkulationsrades, welches dafür sorgt, dass sich die Warmluft über den beheizten Raum gleichmäßig verteilt.
Was bei unserem Beispiel im Kleinen abläuft, spielt sich großräumig im Prinzip auch in globalen Dimensionen ab. Allerdings verlaufen dabei die in Gang gesetzten Ausgleichsbewegungen der Atmosphäre weitaus komplizierter. Das liegt zum einen an den gewaltigen Dimensionen der Erde und auch daran, dass sich die Erde rasant schnell dreht. Zum anderen gesellen sich zu den thermischen Antriebselementen zusätzlich dominante dynamisch bedingte Antriebselemente hinzu. Außerdem spielen die geographisch-räumlichen Lage- und Randbedingungen der Erdoberfläche in Form von räumlich unregelmäßig verteilten Kontinenten, Meeren und Hochgebirgen eine wesentliche Rolle. Das aus diesem „Kräftecocktail" hervorgehende, äußerst komplexe *System der Allgemeinen Zirkulation der Atmosphäre (AZA)* bestimmt die regionale Differenzierung des Klimas auf der Erde und damit auch die regionale Differenzierung eines möglichen Klimawandels und seiner Auswirkungen.

7.2.1 Passate, ITC und Monsune – die Hadleyzirkulation

Um die AZA soweit wie im Rahmen unseres Themas notwendig zu verstehen, beginnen wir mit einem Gedankenexperiment. Wir stellen uns vor, die Erde würde nicht rotieren und ihre Oberfläche sei von homogener und ebener Beschaffenheit. Dann ergeben sich als Konsequenz der regionalen Differenzierung der Globalstrahlung *(Kap. 5.5.3 u. Abb. 18)* folgende Luftbewegungen zum Ausgleich des thermischen Ungleichgewichts zwischen Tropen und Polargebieten: In den inneren Tropen, dem Gebiet stärkster Erwärmung also, steigen die am Boden aufgeheizten Luftmassen bis zur Obergrenze der Troposphäre auf. Als Folge entsteht unmittelbar über der Heizfläche, in Bodennähe, ein ausgedehntes thermisches Hitzetief. In der Höhe darüber bildet sich aufgrund des Zustroms aufsteigender Luftmassen ein Höhenhoch.

An den Polen passiert das genaue Gegenteil. Dort kühlen sich die Luftmassen wegen der nur sehr geringen Strahlungseinnahme stark ab. Die schwere Kaltluft sinkt in sich zusammen, so dass sich an der Erdoberfläche ein Kältehoch bildet. In der Höhe herrscht dagegen niedriger Luftdruck. Da sich Ausgleichsbewegungen vom hohen zum tiefen Druck einstellen, strömt in der Höhe Warmluft aus äquatorialen Breiten auf kürzestem Weg (parallel zu den Meridianen) in Richtung der beiden Polargebiete, wobei die zonal verlaufenden Isobaren (Linien gleichen Druckes) im rechten Winkel gequert werden. Am Boden fließt dagegen kalte Polarluft zum Ausgleich ebenso direkt in Richtung Äquator. Das Endprodukt wären zwei die jeweilige Hemisphäre umspannende Zirkulationsräder.

Aber die Realität sieht indes völlig anders aus, weil sich zum einen die Erde dreht, und zwar sehr schnell, und zum anderen die Meridiane polwärts konvergieren, d. h. immer enger zusammenrücken. Die ***Mitführungsgeschwindigkeit*** eines sich meridional bewegenden Objektes auf der Erde variiert deshalb je nach geographischer Breite sehr stark *(Abb. 32)*. Das gilt natürlich auch für die tropischen Luftmassen, die sich in der Höhe über dem Äquator aufgrund des abnehmenden Temperaturgradienten polwärts bewegen. Wirkten bei ruhender Erde

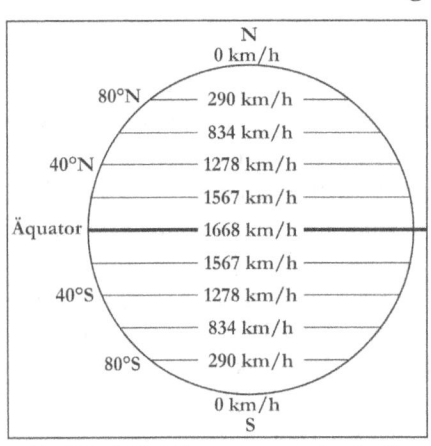

32: Die Mitführungsgeschwindigkeiten der Erdumdrehung in unterschiedlichen Breiten.

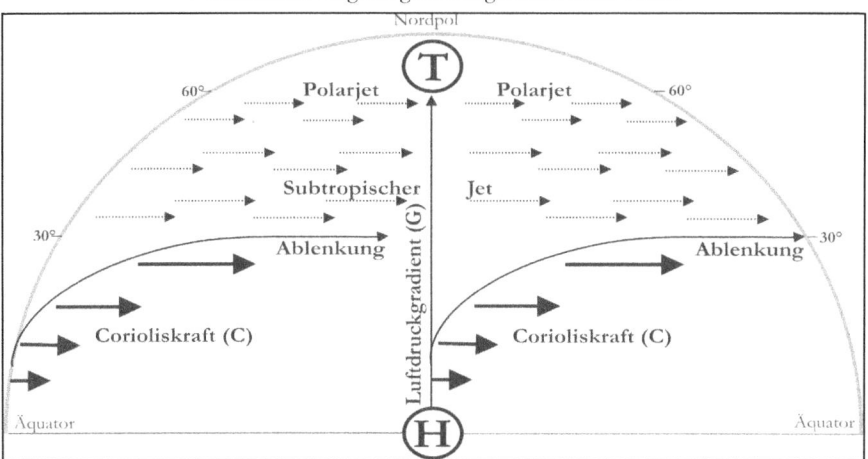

33: Die Entstehung des geostrophischen Höhenwestwinds aus Gradientkraft und ablenkender Kraft der Erdrotation (Corioliskraft).

lediglich die Temperaturgegensätze als Antriebskräfte der Ausgleichszirkulation, so kommt jetzt neben der **Gradientkraft** eine zweite Kraft hinzu, die so genannte **Corioliskraft**, welche sich als unmittelbare Folge der Erdrotation ergibt. Luft besitzt eine, wenn auch geringe, Masse und unterliegt damit, wie jede Materie, dem Gesetz der Massenträgheit. Wenn sich nun in der Höhe ein Luftquantum aus der Äquatorialzone, der Gradientkraft folgend, in Richtung Pol auf den Weg macht *(Abb. 33)*, so behält es aufgrund der Massenträgheit seine besonders hohe anfängliche Mitführgeschwindigkeit von über 1.600 km/h weitgehend bei. Diese Drehimpulserhaltung hat zur Folge, dass die polwärts versetzten Luftmassen nach dem Verlassen der inneren Tropen die immer langsamer von West nach Ost drehende Erdoberfläche unter sich „überholen". Das gilt natürlich für beide Hemisphären.

Die Effektivität der polwärts gerichteten Gradientkraft wird unentwegt geringer, weil die ablenkende Kraft der Erdrotation (Corioliskraft) permanent anwächst, ihr dabei genau entgegen wirkt und sie letztendlich kompensiert. Der ursprüngliche Nordwind wird auf der Nordhalbkugel immer stärker nach rechts (nach Osten) abgelenkt. Während er in Äquatornähe die parallel zueinander verlaufenden Isobaren (Linien gleichen Luftdrucks) noch annähernd senkrecht überschreiten konnte, erhält er mit wachsender Äquatorferne eine sich permanent verstärkende ostwärts gerichtete Bewegungskomponente. Auf der Südhemisphäre verläuft dieser Vorgang genau entgegengesetzt. Nordwind muss lediglich durch Südwind und rechts durch links ersetzt werden.

Die in Äquatornähe vom Boden aufgestiegenen Luftmassen müssen natürlich zwangsweise durch eine Ausgleichsströmung ersetzt werden. Da die Gradientkraft zwischen Tropen und Subtropen nur relativ gering ist und erst beim Erreichen der planetarischen Frontalzonen sehr stark ansteigt, sinken bis etwa 30° auf beiden Halbkugeln permanent Luftmassen aus der noch recht langsamen Höhenströmung zum Druckausgleich ab und fließen nahe der Erdoberfläche (ab ca. 2.000 m Höhe abwärts) zurück in Richtung Äquator *(Abb. 34)*. Man bezeichnet diese beiden Zirkulationsräder als **Hadleyzellen**. Sie zusammen bilden zwischen dem Äquator und etwa 30° N und 30° S die thermisch direkte **Hadleyzirkulation**.

Beim Zurückfließen der Luftmassen in Richtung Äquator wird die zur Verfügung stehende Grundfläche wegen der Divergenz der Meridiane permanent größer, wodurch sich die Absinktendenz der Luft zusätzlich verstärkt. Diese bodennahen Winde wehen in zwei erdumspannenden zonalen Gürteln sehr beständig und kräftig, besonders über den Ozeanen, und zwar aus nordöstlicher (Nordhalbkugel) bzw. südöstlicher (Südhalbkugel) Richtung, weil sie durch die Corioliskraft nach rechts bzw. links abgelenkt werden. Sie heißen im deutschen Sprachgebrauch **Nordost-** (Nordhalbkugel) bzw. **Südostpassat** (Südhalbkugel). Im Englischen nennt man sie **Trade Winds**, weil sie der Segelschifffahrt wegen ihrer Zuverlässigkeit dereinst sehr gute Dienste leisteten.

Absteigende Luft unterliegt, wie wir wissen, einer **adiabatischen Zustandsänderung** *(Kap. 7.1.3)*. Sie erwärmt sich auf ihrem Weg nach unten trockenadiabatisch, d. h. um 1° C pro 100 Höhenmeter. Dadurch nimmt die relative Feuchte permanent ab, Wolken lösen sich restlos auf. Aus diesem Grund sind die **Passatzonen** diejenigen Gebiete mit der höchsten Einstrahlung an der Erdoberfläche und den geringsten Niederschlägen der Erde *(Kap. 5.5.3 u. Abb. 18)*. Auf den Kontinenten, besonders an deren Westseiten, befinden sich in diesem Bereich als Konsequenz die großen tropisch-subtropischen Wüsten, beispielsweise die Sahara, die Namib oder die Atacama.

Zwischen 800 und 2.000 m Höhe treffen die absteigenden Luftmassen auf die konvektiv von der stark erwärmten Erdoberfläche aufsteigende Luft. Beide Luftkörper sind an dieser Nahtstelle durch die **Passatinversion** voneinander getrennt. Vom Boden nimmt die Lufttemperatur bis zur Untergrenze der Inversion ab, innerhalb der dünnen Inversionsschicht steigt sie jedoch an, und erst oberhalb beginnt sie wieder, mit der Höhe abzusinken. Die Sperrwirkung der Temperaturumkehr ist so groß, dass sich unterhalb der Inversionsschicht sämtlicher Wasserdampf und sämtliche Aerosole stauen, die von der Erdoberfläche aufgestiegen sind. Besonders deutlich sichtbar wird dieses Phänomen auf gebirgigen Inseln oder auch an Küsten, die den Passatwinden permanent ausgesetzt sind. An den entsprechenden Steilhängen kommt es unterhalb der Inversion zur Bildung der Passatbewölkung oder zur

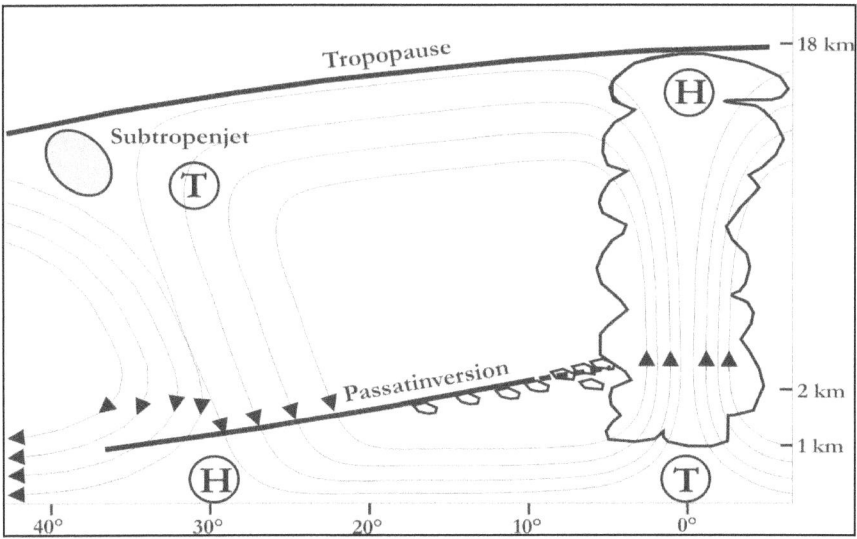

34: Schematischer Querschnitt der nordhemisphärischen Hadleyzelle.
Verändert nach W. Roedel/T. Wagner (2011), S. 170.

Entstehung von Smog. Ein bei uns besonders bekanntes Beispiel ist die Nordseite Teneriffas mit ihrer Passatwolke, deren Nebelschwaden in entsprechenden Höhenlagen die Gebirgshänge berühren und für dauerhaft grüne Vegetation sorgen. In den unteren Lagen dagegen fallen aus ihr so gut wie keine Niederschläge.

Nahe des Äquators liegt die so genannte **Auslaufzone der Passate**. Hier können sich, jahreszeitlich bedingt, drei verschiedenartige Witterungskonstellationen ergeben:

1. Die Passate beider Halbkugeln sind beim Zusammentreffen an der so genannten **Innertropischen Konvergenz (ITC)** oder besser in der **Innertropischen Konvergenzzone (ITCZ)** kräftig ausgebildet und „prallen" aufeinander. Diese nur 100 – 200 km breite Auslaufzone der Passate liegt als Konsequenz der mehrfach erläuterten klimatischen Asymmetrie zwischen Nord- und Südhalbkugel im Mittel bei 5° N. Sie pendelt im Jahresgang zwischen mathematischem Äquator (Januar) und 8 – 10° N im Juli. Das Zusammentreffen der beiden Passate führt innerhalb der ITCZ zwangsläufig zu einer Verstärkung der aufwärts gerichteten Konvektionsströmung der inneren Tropen, ist jedoch von seiner Effektivität her wesentlich geringer als die thermische Konvektion. Jedenfalls aber führen die verstärkten Aufwärtstendenzen zur Wolkenbildung mit heftiger tropischer Schauertätigkeit.

2. Um die Zeit der **Tagundnachtgleiche** im März/April bzw. September/Oktober (Frühlings- und Herbstanfang) kommt es in den äquatornahen Tropen sehr häufig vor, dass horizontale Luftdruckgradienten

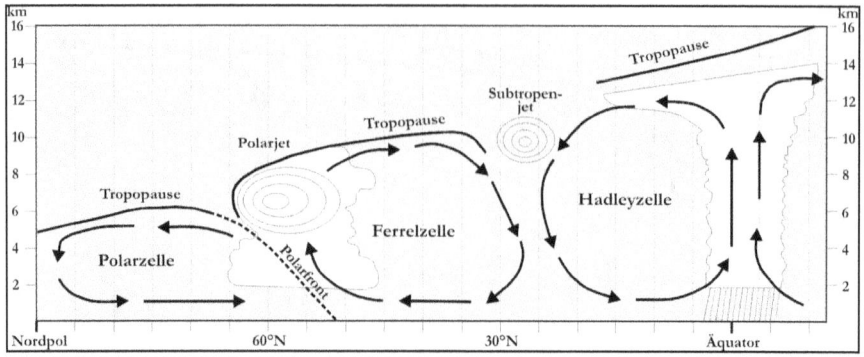

35: Schematischer Querschnitt der atmosphärischen Zirkulation.
Quelle: http://wiki.bildungsserver.de/klimawandel/index.php/Jetstream

über Hunderte von Kilometern nur sehr schwach ausgebildet oder fast überhaupt nicht vorhanden sind. Dann wehen auch die Passate nur sehr schwach und schlafen unterwegs zu ihrem „Treffpunkt" fast ein. Umlaufende schwache Winde bei sehr viel geringerer Schauerneigung sind das Ergebnis. Diese auch als **Kalmengürtel** bezeichnete, windstille **Äquatoriale Tiefdruckrinne** war früher bei den Seeleuten gefürchtet, weil die Segelschiffe oft tagelang bei schwülheißer Witterung in der Flaute festsaßen. Im Englischen hat sich für diese Klimazone der Begriff **„Doldrums"** eingebürgert.

3. Eine „dritte klimatische Ausprägungsmöglichkeit der Auslaufzone der Passate ist der weiträumige Übertritt auf die andere Halbkugel."[81] Gemeint sind mit ‚weiträumig' nicht Distanzen von nur 8 bis 10 Breitengraden, sondern kontinentweite meridionale Entfernungen. Eine solche Situation stellt sich immer nur dann ein, wenn sich die Landmassen der Kontinente auf der jeweiligen Sommerhalbkugel so stark erwärmt haben, dass sich über ihnen ein so genanntes ferrelsches Hitzetief bilden konnte. Derartige Hitzetiefs entstehen auf der Nordhalbkugel über Südasien und dem Inneren von Nordamerika sowie auf der Südhalbkugel über dem Inneren Südamerikas, Südafrikas und Nordaustraliens. Sie liegen mit ihrem Kern jeweils knapp außerhalb der Tropen, nördlich bzw. südlich der Wendekreise, und besitzen einen deutlich niedrigeren Luftdruck als die Äquatoriale Tiefdruckrinne.

Auf diese Weise herrscht ein durchgehendes Luftdruckgefälle von der jeweiligen Winterhalbkugel über den thermischen Äquator hinweg bis in das Zentrum des jeweiligen Hitzetiefs auf der Sommerhalbkugel. Der von der Winterhalbkugel übertretende Passat wird folglich vom Hitzetief angesaugt und dringt so bis in die Subtropen der Sommerhalbkugel

---

[81] Nach Wolfgang Weischet: Einführung in die Allgemeine Klimatologie. Berlin-Stuttgart (Borntraeger) 2002, S. 248.

vor. Er gelangt nach dem Überschreiten des Äquators (Corioliskraft = 0) unter den Corioliskrafteinfluss der jeweils anderen Hemisphäre und wird gezwungen, seine Richtung zu ändern. Ein von der Nordhalbkugel übergetretener Nordostpassat konvertiert auf diese Weise zu einem Nordwestwind. Ein von der Südhalbkugel wehender Südostpassat erfährt einen Richtungswechsel zum Südwestwind. In der Klimatologie werden derartige Winde als **Monsun** bezeichnet.

Als Paradebeispiel einer Monsunströmung gilt der *südasiatische Monsun*. Er demonstriert ganz besonders augenfällig die klimatischen Konsequenzen, die monsunale Winde hinterlassen können. Diese hängen davon ab, welchen Weg die ursprünglichen Passate eingeschlagen haben. Erreichen sie ihr Ziel über Land, kommen sie dort vollkommen trocken an und sorgen vor Ort für die Existenz ausgedehnter Wüsten und Halbwüsten, wie es im Nordwesten des indischen Subkontinents der Fall ist. Hier nimmt die Wüste Tharr zusammen mit ihren Randgebieten weite Regionen ein. Der Monsun kommt hier aus Ostafrika und dem Süden der ausgedörrten Arabischen Halbinsel. Weiter ostwärts kommen die Monsunwinde dagegen über das Arabische Meer und den Indischen Ozean, nehmen dort enorme Wasserdampfmengen auf und führen in Bengalen und im Luv des östlichen Himalaya zu äußerst ergiebigen, teilweise sintflutartigen Regenfällen.

7.2.2 Von den Rossbreiten zur Polarfront – die Ferrelzirkulation

Polwärts der thermisch direkten Hadleyzirkulation schließen sich auf beiden Halbkugeln die Zirkulationsräder der Ferrelzellen an. Sie beherrschen die klimatischen Abläufe der Mittleren Breiten. Zwischen etwa 30° und 60° N und S, in den beiden Planetarischen Frontalzonen *(Abb. 31)*, sind die Druck- und Temperaturgegensätze zwischen Tropen und Polargebieten, wie bereits abgeleitet, am größten. Dies gilt insbesondere für die hohe Troposphäre. In dieser „Kontaktzone" von warmen tropischen Luftmassen und kalter Polarluft erreicht die Gradientkraft ihr Maximum. Aber dies trifft auch für die Corioliskraft zu, denn die Mitführgeschwindigkeit der Erde nimmt in diesen Breiten besonders schnell und stark ab *(Abb. 32)*. Beide Kräfte halten sich hier genau die Waage, d. h. sie kompensieren sich gegenseitig. Der ursprüngliche Südwind (Nordwind auf der Südhalbkugel), welcher als Ausgleichsströmung über den Tropen polwärts weht, wird so zum thermisch bedingten **Höhenwestwind**. Dieser weht breiten- und quasi-isobarenparallel. Er kann deshalb auf direktem thermischem Weg keinen Druckausgleich herstellen. Einen solchen Wind, der die Isobaren

7 Thermische Ungleichgewichte gestalten unser Klima

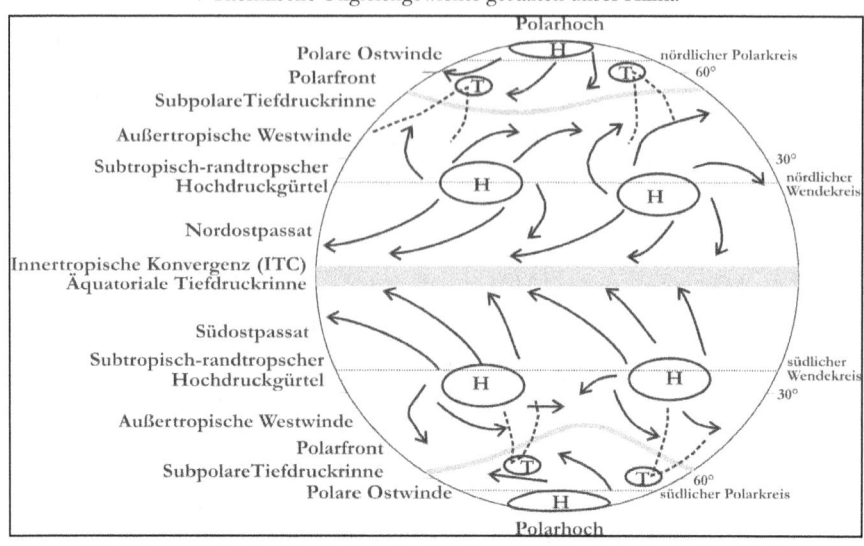

36: Planetarische Luftdruckgürtel und Windregime der Erde.

nicht queren kann, bezeichnet man als *geostrophischen Wind*. Er kommt nur in größeren Höhen vor, weil dort die Bodenreibung als weitere Windkraftkomponente unwirksam ist.

Bei 30° erreicht die **Drehimpulsmitnahme** der in der Höhe herangeführten tropischen Luftmassen ein erstes Maximum. Hier, an der Nahtstelle zur planetarischen Frontalzone, können die Windgeschwindigkeiten im so genannten *Subtropenjet* bis zu 100 m/s und sogar mehr erreichen. Das sind umgerechnet mehr als 360 km/h! Noch höhere Windgeschwindigkeiten werden allerdings weiter polwärts über der Polarfront erreicht. Hier bilden diese absoluten Maxima des thermischen Windes die so genannten subpolaren Strahlströme oder *Subpolarjets*.

Ein System ohne austauschende Wirkung, wie oben beschrieben, würde dazu führen, dass sich der Gegensatz zwischen Tropen und polaren Breiten immer weiter verstärkt. Der geostrophische Wind würde also endlos weiter beschleunigt, der horizontale Temperaturgradient würde

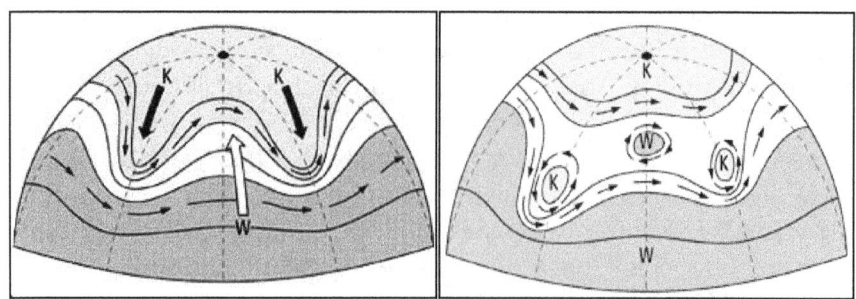

37/38: Die Bildung von Rossby-Wellen (links) und die Entstehung von Warmluftinseln und Kaltlufttropfen durch Cut-Off-Effekt.
Quelle: W. Weischet, verändert aus dem Internet.

endlos weiter wachsen. Ein solches System kann natürlich auf Dauer nicht existieren. Es muss also Faktoren geben, die für seine Instabilität und damit für einen Ausgleich sorgen.

Abbildung 35 liefert hier erste Anhaltspunkte: Wir erkennen, dass sich in den Mittleren Breiten am Boden zwischen 30° und 60° Luftmassen von Süden nach Norden (Südhalbkugel umgekehrt) bewegen, und zwar mit einer der Corioliskraft geschuldeten, nach Osten gerichteten Komponente. Dies ist eine Ausgleichsströmung von den **subtropisch-randtropischen Hochs**, den so genannten **Rossbreitenhochs**, zu den Tiefs der **subpolaren Tiefdruckrinne** *(Abb. 36)*, im Fall von Europa beispielsweise vom **Azorenhoch** zum **Islandtief**. In der subpolaren Tiefdruckrinne steigt die Luft schließlich auf und geht in der Höhe in eine zu den niederen Breiten gerichtete Bewegungsrichtung über. In den subtropisch-randtropischen Hochs steigt sie anschließend ab und schließt den Kreislauf. Bemerkenswert ist an diesem als **Ferrelzelle** bezeichneten Zirkulationsrad die Tatsache, dass die Luftmassen über dem kühleren subpolaren Gebiet aufsteigen und über den viel wärmeren Subtropen absteigen. Daraus folgt logischerweise, dass es sich hier

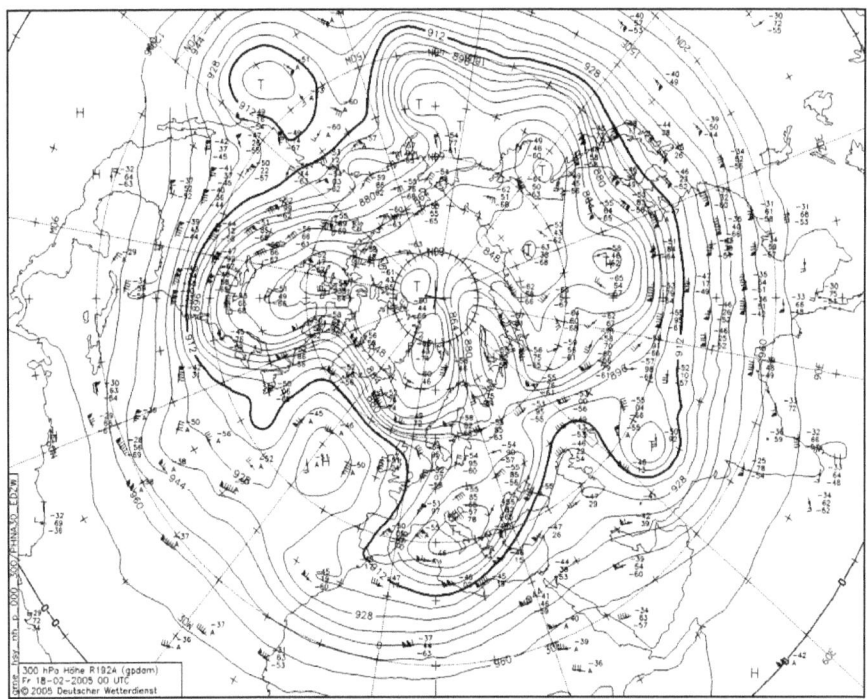

*39: **Darstellung von drei zirkumpolaren nordhemisphärischen Rossby-Wellen und einem abgeschnittenen Kaltlufttropfen am 18.02.2005 im oberen troposphärischen Höhenniveau von 300 hPa (in geopotentiellen Dekametern = gpdam), visualisiert am Verlauf der Polarfront.***
Quelle: Deutscher Wetterdienst 2005.

nicht um eine thermisch direkt bedingte Zirkulation wie etwa bei der Hadleyzelle handeln kann, sondern um einen thermisch indirekten, so genannten dynamischen Strömungsablauf, welcher innerhalb der Ferrelzellen für einen Wärmeausgleich sorgt.
Wie aber kommt eine solche dynamische Zirkulation in den

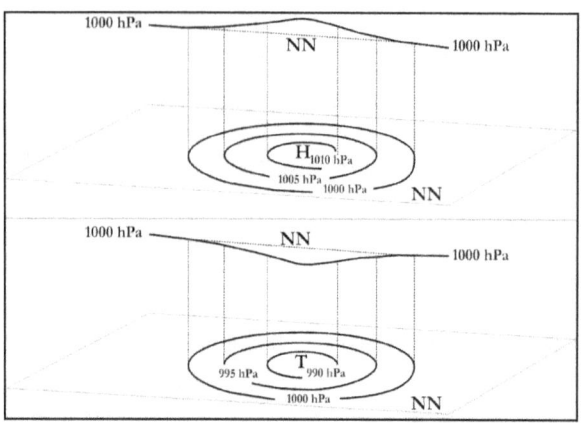

40: Die isobaren Flächen eines Hochdruckkeils (oben) und eines Tiefdrucktrogs (unten) in Grund- und Aufriss.
Verändert nach W. Weischet (2002), S. 57 u. 59.

Mittleren Breiten zustande? Kurz gesagt nur dadurch, dass der zonale (breitenparallele) geostrophische Höhenwestwind der planetarischen Frontalzone instabil wird. Dieser Vorgang setzt im Mittel bei einer geographischen Breite von etwa 45° ein und erreicht sein Maximum (Subpolarjet) an der Polarfront bei etwa 60°. Weil in der mittleren Troposphäre dieser Zone der meridionale Temperaturgradient im Durchschnitt den Wert von 6° C/1.000 km überschreitet, beginnt der zonale Höhenwestwind, in mäanderförmige Wellenbewegungen überzugehen *(Abb. 37)*. Es bilden sich auf der Nordhalbkugel zirkumpolar zwischen drei und sechs dieser so genannten **Rossbywellen** *(Abb. 39)*, die sich mit einer Geschwindigkeit von einigen hundert Kilometern pro Tag von Westen nach Osten bewegen.

Zusätzliche Unterstützung erfährt die Bildung der Rossbywellen durch die ablenkende Reibungswirkung der Kontinente, was auch erklärt, dass die Wellenbildung bevorzugt an bestimmten geographischen Orten einsetzt. Besonders markante Reibungsbereiche bilden als Folge ihrer großen Höhe die von Norden nach Süden streichenden Gebirgsketten der amerikanischen Kordilleren. Aber auch die eurasische Landmasse verleiht der Wellenbildung deutliche, wenn auch weniger starke Akzente, wenngleich hier die meisten Hochgebirgsketten außer dem Ural nicht die dem Höhenwestwind entgegengesetzte Streichrichtung besitzen. Auf der Südhemisphäre sind weiträumige Mäanderwellen dagegen nur selten anzutreffen, da hier die Reibungswirkung lediglich über Südamerika nennenswert in Erscheinung treten kann.

In den Wellenbereichen kommt es zu einem intensiven Energieaustausch zwischen warmen niederen Breiten und kalten höheren Breiten.

Tropische Warmluft wird polwärts verlagert, während gleichzeitig polare Kaltluft äquatorwärts vorstößt *(Abb. 37)*. Über der vorrückenden Warmluft bilden die *isobaren Flächen* (Flächen gleichen Drucks) in der Höhe eine dom- oder rückenförmige Aufwölbung hohen Drucks, einen so genannten **Hochdruckkeil**, wie in *Abbildung 40 oben* schematisch dargestellt. Über der vorstoßenden Kaltluft geschieht in der Höhe das genaue Gegenteil. Die isobaren Flächen bilden eine trogförmige Einwölbung tiefen Drucks, einen *Tiefdrucktrog*. Auf die dynamische Entstehungsursache der beiden konträren Druckgebilde wird noch genauer einzugehen sein.

Zunächst sei jedoch der weitere Ablauf der Verwirbelung von tropischer Warmluft und polarer Kaltluft näher betrachtet. Die aus niederen Breiten herangeführte Warmluft ist bestrebt, aus dem Hoch hinaus in das Tief hinein zu wehen, dem Druckgradienten folgend, wobei sie durch die Corioliskraft nach rechts abgelenkt wird. Das *Antizyklone* genannte Hoch erhält so einen leichten „Rechtsdrall" (Linksdrall auf der Südhalbkugel), während das Tief in eine Rotationsbewegung gerät, welche zyklonal, d. h. gegen den Uhrzeigersinn (Südhalbkugel entgegengesetzt) verläuft. Man bezeichnet ein solches Tief deshalb als *Zyklone*.

Die herangeführte Warmluft bringt gegenüber der aus hohen Breiten stammenden Kaltluft eine deutlich höhere Mitführungsgeschwindigkeit der Erdumdrehung und damit einen größeren Drehimpuls mit *(Abb. 32)*. Die Konsequenz dieses mitgebrachten „Energiepolsters" ist, dass die leichte und schnelle Warmluft an der Ostseite der Zyklone auf die schwerere Kaltluft entlang einer Aufgleitfläche aufgeschoben wird *(Abb. 41)*. Diese aufsteigende Luftbewegung erstreckt sich über eine relativ große Fläche. Als typische Begleiterscheinung einer solchen **Warmfront** bildet sich deshalb eine dichte Schichtbewöl-

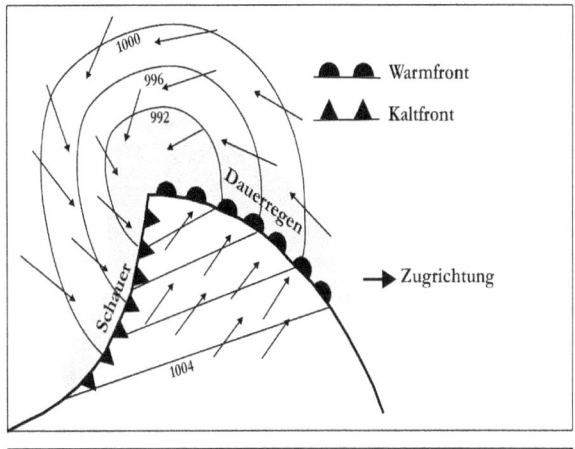

41: Schematischer Bauplan einer jungen Frontalzyklone im Grundriss (oben) und im Aufriss (unten).

kung mit lang anhaltenden, gleichförmigen Niederschlägen (Landregen).
Auf der Westseite schiebt sich dagegen die besonders in der Höhe ohne Bodenreibung schneller voranschreitende schwere Kaltluft unter die leichtere Warmluft, die durch den Aufstiegsvorgang ihre hohe Anfangsgeschwindigkeit längst eingebüßt hat. Aus dem schnellen Kaltluftvorstoß resultiert eine starke Labilisierung der Luftschichtung mit heftigen konvektiven Schauern, die nach Durchzug der **Kaltfront** rasch abklingen. Insgesamt betrachtet kommt es so im Frontenbereich einer Zyklone zu einem Luftmassen- und Energieaustausch und letztlich auch zum Ausgleich des Temperaturgefälles zwischen niederen und hohen Breiten.
Der horizontale Temperaturgradient sinkt nach erfolgtem Ausgleich wieder unter den Stabilitätsschwellenwert von 6° C/1.000 km ab *(vgl. S. 120)*, so dass die Wellenzirkulation der planetarischen Frontalzonen mit dem Subpolar-Jetstream allmählich zur zonalen Zirkulation zurückkehren kann. Charakteristisch für die sukzessive ablaufende Rückbildungsphase sind **Kaltlufttropfen** und **Warmluftinseln**, die sich aus abgeschnürten Mäanderschlingen der Rossby-Wellen gebildet haben *(Abb. 38 u. 39 links oben)*. Man spricht hier vom **Cut-Off-Effekt**. Diese zyklonalen, gegen den Uhrzeigersinn kreisenden bzw. antizyklonalen, im Uhrzeigersinn kreisenden Druckgebilde (auf der Südhalbkugel jeweils entgegengesetzter Drehsinn) ziehen mit der Westwinddrift innerhalb der nun sehr breit aufgefächerten Frontalzone langsam in östliche Richtung, bevor sie sich allmählich auflösen. Der meridionale Austausch kommt in diesem Stadium völlig zum Erliegen. Es baut sich eine neue zonal verlaufende Frontalzone auf, die bei Überschreiten der Stabilitätsschwelle wie gehabt in Rossby-Wellen übergeht, so dass der Ausgleichszyklus wieder von vorne beginnt.
Nun kommen wir noch zur dynamischen Entstehung der subtropisch-randtropischen Antizyklonen (Rossbreitenhochs) und der Zyklonen (Tiefs) der subpolaren Tiefdruckrinne, die als Gesamtheit in Europa unter dem Begriffspaar **Azorenhoch** und **Islandtief** zusammengefasst werden. Es handelt sich bei diesen **Aktionszentren der Atmosphäre** streng genommen um fiktive Druckgebilde, denn sie spiegeln lediglich eine gemittelte statistische Situation wider, wie sie in meteorologischen Mittelwertskarten dargestellt wird. Dennoch bilden sie die Wirklichkeit sehr realitätsnah ab, weil sie trotz gewisser raum-zeitlicher Lageveränderungen und Intensitätsschwankungen quasipermanente Druckgebilde sind. Sie verdanken ihre Existenz den Rossbywellen, deren Entstehung wiederum durch die ablenkende Reibungswirkung der Kontinente entscheidend gesteuert wird *(S. 118)*. Die Wellenbildung setzt also bevor-

zugt an bestimmten geographischen Orten ein, d. h. wir finden die charakteristischen Wellenmäander auch immer in den gleichen geographischen Regionen. Damit ist die Struktur der Westwinddrift und der Polarfront durch den Verlauf der Rossbywellen weitgehend vorgegeben. Zyklonen (Tiefdruckgebiete) und Antizyklonen (Hochdruckgebiete) entstehen immer wieder an den gleichen Stellen, und zwar an den so genannten **Deltas der Frontalzone** *(Abb. 42)*.
Wir hatten bereits dargelegt, dass in den Rossbywellenbereichen tropische Warmluft polwärts verlagert wird, während gleichzeitig polare Kaltluft äquatorwärts vorstößt. Zwischen beiden Luftmassen erhält die Höhenströmung einen stark meridionalen Verlauf. Gleichzeitig rücken in diesem Bereich die Isobaren extrem dicht zusammen, denn die unmittelbare Nachbarschaft der thermisch gegensätzlichen Luftmassen sorgt für eine Verschärfung des horizontalen Druckgradienten. Die geostrophische Höhenströmung wird beim Eintritt in diesen ähnlich wie

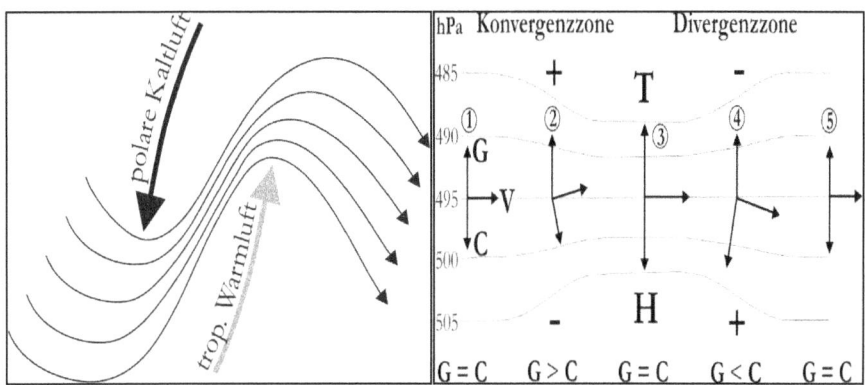

42/43: Delta der Frontalzone (links) und sein Strömungsschema mit Konvergenz, Divergenz und Ryd-Scherhag-Effekt (rechts).

eine Düse funktionierenden „Isobarenengpass" zu einem **Jetstream** beschleunigt. Nach dem Passieren der „Düse" nimmt der Luftstrom wieder seine Ausgangsgeschwindigkeit an.
Was genau geschieht, ist in *Abbildung 43* schematisch dargestellt:
1. Vor Erreichen der **Konvergenzzone**, d. h. bevor die Isobaren allmählich näher zusammenrücken, strömt die Luftmasse mit der Geschwindigkeit V isobarenparallel, weil G (Gradientkraft) und C (Corioliskraft) einander die Waage halten.
2. Beim Eintritt in die Konvergenzzone ist die Windgeschwindigkeit kleiner, als es dem hier herrschenden höheren Druckgradienten entsprechen würde. Eine Beschleunigung kann aufgrund der Massenträgheit nur mit zeitlicher Verzögerung erfolgen. Die Corioliskraft C ist als Folge der zu geringen Geschwindigkeit zu klein, um unser Luftquan-

tum weiterhin so abzulenken, dass es parallel zu den Isobaren strömt. Stattdessen sorgt die nun größere Gradientkraft dafür, dass geringfügige Luftmassen die Isobaren in Richtung des tiefen Druckes queren. Zwar wird alsbald die Windgeschwindigkeit gesteigert, doch kann die Beschleunigung mit dem weiteren Zusammenrücken der Isobaren, d. h. mit der weiteren Verschärfung des Druckgefälles, nicht ganz Schritt halten, so dass weiterhin geringfügig Luft zum tieferen Druck hin abfließt. Man spricht von einer *anisobaren Bewegung*.

3. Geostrophische Strömungsverhältnisse stellen sich erst wieder nach dem Verlassen der Konvergenzzone im Bereich des Jetstreams ein. G und C befinden sich im Gleichgewicht.

4. Beim Austritt aus der „Düse" erreicht unser Luftquantum die *Divergenzzone*. Hier beginnen die Isobaren auseinander zu rücken und bilden das so genannte *Delta der Höhenströmung*. Wieder macht sich die Massenträgheit bemerkbar. Dieses Mal ist die Geschwindigkeit des zuvor beschleunigten Luftquantums wesentlich höher, als es dem hier herrschenden Druckgradienten entsprechen würde. Entsprechend groß ist deshalb auch die Corioliskraft (C). Sie arbeitet gegen die Gradientkraft (G), und es kommt zu starken Luftmassenübertritten zum hohen Druck hin. Im Divergenzgebiet erfolgt also ein erheblicher anisobarer oder *ageostrophischer Massentransport* zur Äquatorseite hin. Diese dynamisch verursachte Druckänderung ist der *Ryd-Scherhag-Effekt*. Als Konsequenz dieses Effektes ergibt sich auf der Äquatorseite der Divergenz ein Luftdruckanstieg im Bodendruckfeld, während auf der Polseite ein Luftdruckfall resultiert. Die Stärke dieses Effektes ist eine Funktion von Windgeschwindigkeit und Größe der Divergenz, d. h. der Ryd-Scherhag-Effekt verstärkt sich, je größer die beiden anderen Faktoren sind. Im Druckfallgebiet entsteht ein dynamischer Tiefdruckwirbel, eine *Zyklone*, während sich auf der Seite des Druckanstiegs ein dynamischer Hochdruckwirbel, eine *Antizyklone*, bildet.

5. Nach dem Verlassen der Divergenzzone stellen sich wieder ganz normale geostrophische Strömungsverhältnisse wie unter Punkt 1 ein.

Auf der Nordhalbkugel gibt es zwei markante „Brutstätten" von Zyklonen und Antizyklonen, die als quasipermanente Aktionszentren der Atmosphäre unser Wetter, unsere Witterung und damit auch unser Klima maßgeblich prägen: Da ist zum einen das Divergenzgebiet über dem mittleren und östlichen Pazifik mit dem *Pazifischen Hoch* und dem *Aleutentief*, zum anderen die Divergenzzone über dem Nordatlantik mit dem *Azorenhoch* und dem berüchtigten *Islandtief*. Die zugehörigen Höhentröge liegen quasipermanent über dem Osten Japans und Amerikas.

Für die Südhalbkugel gelten im Prinzip die gleichen Bedingungen, wenn auch mit nicht unerheblichen Abweichungen. So fehlen im Bereich der planetarischen Frontalzone vor allem die großen Landmassen, wie sie auf der Nordhalbkugel charakteristisch sind. Somit fehlen auch die Leitlinien für die Bildung von weit ausholenden Rossbywellen. Es gibt deshalb keine großen Divergenzzonen und damit auch keine räumlich fixierten Brutstätten von Aktionszentren der Atmosphäre. Dies gilt insbesondere für die subpolare Tiefdruckrinne. Trotzdem können hier die thermischen Differenzen zwischen tropischen und polaren Luftmassen ausgeglichen werden, da diese viel größer sind als auf der Nordhalbkugel. Sie verursachen einen erheblich stärkeren Luftdruckgradienten, so dass gleichzeitig wesentlich höhere Windgeschwindigkeiten herrschen. Unter diesen Bedingungen genügen weitaus kleinere Rossby-Wellen und entsprechend bescheidenere Divergenzzonen, um ähnlich deutliche anisobare Massenverlagerungen zu ermöglichen wie auf der Nordhalbkugel.[82]

7.2.3 Die Rossbyzellen als polare Kältelieferanten

Als vermeintlich unkompliziertes Glied der Allgemeinen Zirkulation der Atmosphäre beherrschen die Zirkulationsräder der **Rossbyzellen** die beiden Polargebiete der Erde. Dort bildet sich jeweils am Boden arktische bzw. antarktische Kaltluft durch extreme Ausstrahlung. Diesen großräumigen, auf das Bodendruckfeld beschränkten **Kaltluftantizyklonen** entströmt allseits Kaltluft in Richtung der subpolaren Tiefdruckrinne, wobei die auswehenden Kaltluftmassen durch die Corioliskraft nach rechts (Südhalbkugel nach links) abgelenkt werden. Die deshalb aus nordöstlichen (Südhalbkugel südöstlichen) Richtungen wehenden Winde (irreführend in der Literatur als polare Ostwinde bezeichnet) steigen im Bereich der subpolaren Tiefdruckrinne auf und fließen in der Höhe zurück in Richtung Pol, den Kreislauf der polaren Zirkulation schließend.

In der Fachliteratur wird die Rossbyzelle häufig als thermisch-direkte Zirkulation angesprochen, was jedoch zweifelhaft erscheint. Um nämlich die thermischen Bedingungen erfüllen zu können, müsste sich die polare Kaltluft auf dem Weg zur polaren Tiefdruckrinne soweit erwärmen, dass sie am Ziel thermischem Auftrieb unterliegt, was nicht unbedingt plausibel zu sein scheint. Schließlich unterliegen auch die Zyklo-

---

[82] Nach Wolfgang Weischet: Einführung in die Allgemeine Klimatologie. Berlin-Stuttgart (Borntraeger) 2002, S. 233 f.

nen der Tiefdruckrinne selbst als kalte Druckgebilde nicht den Gesetzmäßigkeiten der Thermik.[83] Sie sind eindeutig dynamisch bedingt. Es liegt deshalb nahe, dass hier die angelieferte und keineswegs auf ihrer „Reise" ausreichend erwärmte Kaltluft im Bereich der Zyklonen in eine dynamische Aufwärtsbewegung einbezogen wird. Die Rossbyzellen sind deshalb wohl eher als thermisch-dynamische Zirkulationsräder zu sehen.

7.3 Der Idealkontinent und die Klimarübe

Das soeben abgeleitete Schema der Allgemeinen Zirkulation der Atmosphäre bildet den Schlüssel zum räumlichen Verständnis und zur schematischen Gliederung des globalen Klimas. Gleichzeitig eröffnet es uns den einzigen wirklich brauchbaren Weg, um räumliche Auswirkungen von Klimaveränderungen wenigstens ansatzweise vorhersehen zu können. Damit erhält das Klima neben der räumlichen auch eine zeitliche Dimension. Letztere hat man bei früheren Gliederungsversuchen des globalen Klimas gänzlich ausgeklammert, weil man Klima als gegebene feste Größe betrachtete. Klimaschwankungen wurden auf der Zeitskala nur im langfristigsten Bereich angesiedelt, so dass sie für menschliche Zeiträume irrelevant zu sein schienen.

Den ersten Versuch einer Klimaklassifikation – so nennt man die Versuche großmaßstäbiger globaler Klimagliederungen – unternahm der österreichische Geograph Alexander Supan bereits im Jahr 1884.[84] Allerdings waren damals die Zusammenhänge der planetarischen Zirkulation noch gänzlich unbekannt, so dass Supans „Klimaprovinzen" noch keinerlei gesetzmäßige räumliche Anordnung erkennen lassen. Das änderte sich zu Beginn des 20. Jahrhunderts. Damals wurden zahlreiche so genannte *effektive Klimaklassifikationen* entwickelt. Diese orientierten sich an Zusammenhängen zwischen Mittel- und Extremwerten von Klimaelementen (z. B. Temperatur und Niederschlag) und natürlicher Vegetation. Richtungweisend war die Arbeit von W. Köppen.[85] Nicht minder bedeutend war auch die Klassifikation Carl Trolls.[86] Ein

---

[83] z. B. Horst Malberg: Meteorologie und Klimatologie. Eine Einführung. Berlin, Heidelberg (Springer) 1994, S. 246.
[84] Alexander Supan: Grundzüge der physischen Erdkunde. Leipzig 1884.
[85] Wladimir Köppen: Die Klimate der Erde. Berlin, Leipzig 1923.
[86] Carl Troll: Thermische Klimatypen der Erde. In: Petermanns Geographische Mitteilungen 89, 1943, S. 81 – 89. Außerdem Karte der Jahreszeitenklimate der Erde. In: Erdkunde 18, 1964, S. 5 – 28.

neuerer Versuch stammt von Wilhelm Lauer, ebenso Geograph wie Troll.[87] Das Besondere an dieser *ökophysiologischen* Klimaklassifikation ist die Tatsache, dass alle Grenzlinien der Klimazonen tatsächlich quantifiziert sind. Es ist also möglich, bei veränderten Klimawerten (Klimawandel) die daraus resultierenden Verschiebungen von Klimaregionen zu berechnen.

Eine zweite Betrachtungsweise sind die **genetisch-dynamischen Klimaklassifikationen**. Diese beruhen auf Elementen, welche für die Entstehung (Genese) verschiedener Klimazonen maßgeblich sind, beispielsweise Luftmassen, Windsysteme und Witterungsabläufe. Anders ausgedrückt: Basis ist die Dynamik der Allgemeinen Zirkulation der Atmosphäre. Bekannte Klassifikationen dieser Gruppe stammen u. a. von Hermann Flohn,[88] Manfred Hendl[89] und in jüngerer Zeit von Wolfgang Weischet.[90]

Zur anschaulichen Detaildarstellung einer Klimaklassifikation benötigt man logischerweise eine kleinmaßstäbliche Weltkarte. Im Rahmen dieses Buches wäre eine solche Karte nicht tauglich, denn wir sind hier eher an einer schematischen Darstellung interessiert. Wir möchten vorrangig wissen, wie sich die Allgemeine Zirkulation der Atmosphäre klimatisch auf der Erdoberfläche niederschlägt. Welche großräumigen Klimazonen resultieren aus dem globalen Zirkulationssystem und wie sind sie regional verteilt? Wie verändert sich das Verteilungsmuster bei einem Klimawandel, wie wir ihn gegenwärtig beobachten?

Sehr gut geeignet zur Beantwortung dieser Fragen ist der bereits genannte genetisch-dynamische Entwurf von Wolfgang Weischet. Er kommt mit insgesamt nur zehn Klimaregionen aus, die logisch, konsequent und plausibel aus dem System der Allgemeinen Zirkulation der Atmosphäre abgeleitet werden. Außerdem benötigt Weischet keine Weltkarte. Er bedient sich vielmehr des bereits von W. Köppen aus dem Verhältnis der Oberflächenanteile von Land und Wasser in den verschiedenen Breiten konstruierten *Idealkontinents*, auf welchem die globalen Klimaregionen verteilt werden. Dank des sehr viel größeren Landanteils der Nordhalbkugel gegenüber der Südhemisphäre nimmt

---

[87] Wilhelm Lauer u. M. Daud Rafiqpoor: Die Klimate der Erde: Eine Klassifikation auf der Grundlage der ökophysiologischen Merkmale der realen Vegetation. Stuttgart 2002.

[88] Hermann Flohn: Zur Frage der Einteilung in Klimazonen. In: Erdkunde 11, 1957, S. 161–175.

[89] Manfred Hendl: Entwurf einer genetischen Klimaklassifikation auf Zirkulationsbasis. In: Zeitschrift für Meteorologie 14, 1960, S. 46–50.

[90] Wolfgang Weischet: Einführung in die Allgemeine Klimatologie. Berlin-Stuttgart (Borntraeger) 2002, S. 266–269.

der Entwurf die Form einer auf dem Kopf stehenden Rübe ein. Er ist deshalb unter der Bezeichnung **köppensche Klimarübe** bekannt geworden (*Abb. 44*).

7.3.1 Die Verteilung der Klimaregionen auf der Klimarübe

1. Die größte Klimaregion der Erde bilden die Tropen im Zentrum des Idealkontinents. Sie teilen sich auf in
   a. die immerfeuchten *inneren Tropen* mit ganzjährigen konvektiven Niederschlägen und nur sehr geringen jährlichen Temperaturschwankungen.
   b. die sommerfeuchten *äußeren Tropen* mit konvektiven Niederschlägen zur Zeit der stärksten Einstrahlung und winterlicher Trockenzeit unter passatischem Einfluss. Die Passate rücken im Winter beider Hemisphären jeweils äquatorwärts vor, der saisonalen Verlagerung der subtropisch-randtropischen Antizyklone folgend. Die sommerlichen Regenzeiten fallen in Richtung zu den Wendekreisen mit zunehmendem Abstand vom Äquator immer spärlicher, kürzer und auch unsicherer (z. B. Sahelzone) aus.
   c. die subtropisch-randtropischen *Trockengebiete* mit ihren Wüstengebieten (Sahara, Namib, Atacama, Mojave, Westaustralien), welche sich auf den Westseiten der Kontinente beider Hemisphären unter den Wendekreisen, d. h. in den zentralen Wirkungsbereichen der subtropisch-randtropischen Antizyklonen anschließen. Auf den Ostseiten der Kontinente greifen dagegen unter dem Einfluss der Monsuntiefs auf gleicher Breite die sommerlichen Zenitalregen der äußeren Tropen bis an den Rand der Subtropen durch (Südasien, Brasilien, Golf von Mexiko).
2. Polwärts der Tropen schließt sich auf beiden Hemisphären jeweils der Gürtel der Subtropen an. Er erstreckt sich zonal über die gesamte Breite der Kontinente, weist jedoch von Westen nach Osten eine deutliche Dreigliederung auf:
   a. Auf den Westseiten der Kontinente herrscht *subtropisches Winterregenklima*. Hier fallen die Niederschläge, wie der Name signalisiert, fast ausschließlich im Winter. Dann nämlich ist die subtropisch-randtropische Antizyklone äquatorwärts zurück gewichen. Gleichzeitig ist der Druckgradient innerhalb der Frontalzone besonders stark entwickelt. Zyklonale Witterungs-

abläufe können deshalb auf die ungeschützte Subtropenzone übergreifen und führen zum Durchzug von Kaltfronten mit teilweise ergiebigen Regenfällen, die in Gebirgen häufig als Schnee fallen. Zwischengeschaltet sind Phasen mit warmem Hochdruckwetter. Im Sommer bestimmt dagegen so gut wie ausschließlich die subtropisch-randtropische Antizyklone das Geschehen mit sonnigem, trockenem und heißem Wetter.

b. Ostwärts schließt sich das *subtropische Kontinentalklima* an.

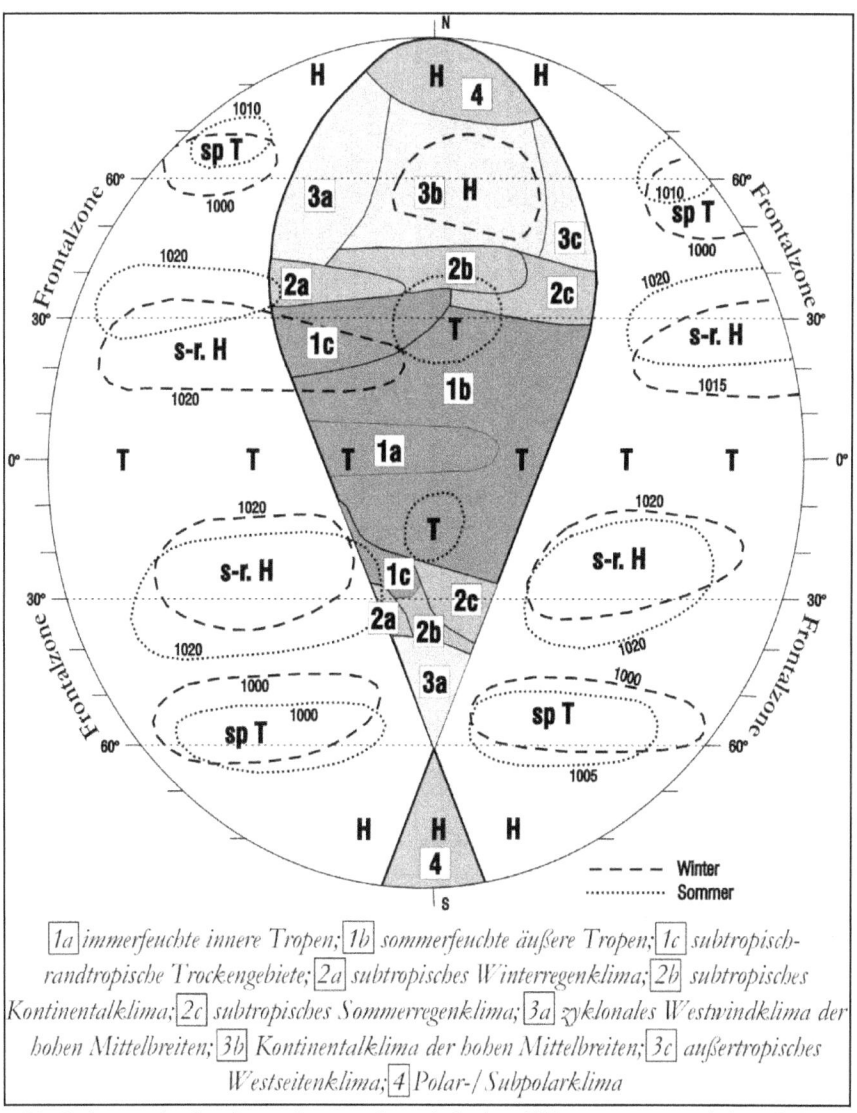

1a immerfeuchte innere Tropen; *1b* sommerfeuchte äußere Tropen; *1c* subtropisch-randtropische Trockengebiete; *2a* subtropisches Winterregenklima; *2b* subtropisches Kontinentalklima; *2c* subtropisches Sommerregenklima; *3a* zyklonales Westwindklima der hohen Mittelbreiten; *3b* Kontinentalklima der hohen Mittelbreiten; *3c* außertropisches Westseitenklima; *4* Polar-/Subpolarklima

44: Schematische Anordnung der globalen Klimazonen auf dem Idealkontinent von Wladimir Köppen.
Verändert nach W. Weischet.

Die winterlichen Zyklonen der Winterregen-Subtropen schwächen sich auf ihrem Weg über Land allmählich ab, so dass sie weiter landeinwärts zu keinen nennenswerten Niederschlägen mehr führen können. Wie weit ins Landesinnere die zuverlässigen winterlichen Niederschläge reichen, hängt sehr stark von den gegebenen Landoberflächen ab. Die meridional streichende Kordillere Südamerikas begrenzt z. B. das Winterregengebiet auf einen nur schmalen küstennahen Streifen von 200 – 300 km Breite, während im europäischen Mittelmeerraum Regen bringende zyklonale Tiefdruckausläufer an die 5.000 km weit nach Osten vordringen. Das subtropische Kontinentalklima beginnt erst dort, wo zyklonale Regenfälle nur noch unzuverlässig, selten und unergiebig auftreten und wo auch feuchte Luftmassen von den Ostseiten der Kontinente nur sporadische Niederschläge bringen. Diese Klimazone bildet gewissermaßen eine östliche Fortsetzung der subtropisch-randtropischen Trockengebiete (z. B. Wüste Lut im Iran oder Wüste Tharr in Nordostindien). Die Sommer sind heiß, wo hingegen die Winter sehr viel kälter ausfallen als in den Winterregen-Subtropen.

c. Auf den Ostseiten der Kontinente herrscht **subtropisches Sommerregenklima**. Niederschläge fallen hier also hauptsächlich im Sommer, wenn das kontinentale Hitzetief feuchte monsunale Luftmassen aus der vor der Ostküste liegenden subtropisch-randtropischen Antizyklone ansaugt. Diese führen über Land zu ausgiebigen konvektiven Schauerniederschlägen. Aber auch die kühlen Winter sind nicht ganz niederschlagsfrei.

3. Das **Klima der hohen Mittelbreiten** wird, stärker als in den bisher vorgestellten Zonen, von einem saisonal beträchtlich schwankenden Strahlungsinput geprägt, welcher das Vorhandensein von vier charakteristischen Jahreszeiten nach sich zieht. Nicht minder bestimmend sind meridionale thermische Austauschvorgänge, welche sich innerhalb der planetarischen Frontalzone als Konsequenzen einer hochreichenden, wellenförmig verlaufenden Westwinddrift und der daraus resultierenden Zyklonentätigkeit ergeben. Außerdem bestimmt die Entfernung zum (westlich gelegenen) Ozean den Grad von Maritimität bzw. Kontinentalität oder, anders ausgedrückt, das Ausmaß der Temperaturdifferenz zwischen Sommer und Winter.

Aus den genannten Bedingungen lassen sich drei Klimazonen für die hohen Mittelbreiten ableiten:

a. Auf den Westseiten der Kontinente beherrscht **zyklonales**

Westwindklima das Geschehen. Charakteristisch sind ganzjährig dominierende maritime Luftströmungen mit winterlichem Maximum und zyklonale Witterungsabläufe sowie gemäßigte Temperaturen mit ebensolchen jahreszeitlichen Schwankungen. Die Niederschläge fallen ganzjährig mit Maximum im Winter.

b. Östlich anschließend, in gebührendem Abstand vom Ozean, erfolgt der allmähliche Übergang zum ***Kontinentalklima***. Diese Klimavariante ist allerdings nur auf die Nordhemisphäre beschränkt, da auf der Südhalbkugel alleine Südamerika in die hohen Mittelbreiten hineinragt. Die räumlichen Dimensionen reichen hier jedoch bei weitem nicht aus, um weitere Varianten des Westwindklimas aufkommen zu lassen. Die Kriterien für kontinentales Klima der Mittelbreiten sind extrem hohe Jahresamplituden der Temperatur und ein sommerliches Niederschlagsmaximum. Nur im Winter liefern die dann stärkeren Zyklonen Niederschläge, die jedoch wegen der großen Kälte nur gering ausfallen. Im Sommer herrschen dagegen konvektive Wetterabläufe mit ergiebiger Schauertätigkeit vor.

c. Als letzte Variante schließt sich im Osten der Kontinente das ***außertropische Ostseitenklima*** an. Charakteristisch sind häufige Kaltlufteinbrüche, die im Sommer aus polaren Breiten vorstoßen. Im Winter stammen sie aus dem stark unterkühlten Inneren des Kontinents. Die Niederschläge sind zyklonal mit Sommermaximum.

4. Zum Abschluss folgt die Klimazone der ***Polarregionen***. Hier sind die Niederschläge aufgrund der ganzjährig sehr tiefen Temperaturen nur gering. Sie fallen hauptsächlich im Sommer, wenn die subpolare Tiefdruckrinne sich saisonal bedingt weiter nach Norden verlagert hat. Dann nämlich kann Warmluft von den Nordflanken der Zyklonen her auf die im Bodendruckfeld lagernde polare Kaltluft aufgleiten.

7.3.2 Objektive Klimaklassifikationen sind brotlose Kunst

Seit sich die einstige Klimatologie zur klimaforschenden Rechenkunst von Neoklimatologen gewandelt hat, treten neben den althergebrachten subjektiven Klimaklassifikationen endlich auch so genannte objektive Klimaklassifikationen auf den Plan. Haben sich ehedem ehrwürdige Professoren unter Nutzung ihres umfangreichen Klimawissens mit der Festlegung von sinnvollen Schwellenwerten subjektiv herumgeschlagen, so übernehmen diese Aufgabe neuerdings hochgerüstete Elektronenhirne auf der Basis objektiver multivariater mathematisch-statistischer Rechenverfahren. Das hört sich tatsächlich bombastisch an, und der ahnungslose Betrachter kniet vor den Ergebnissen dieser Art von Klimaforschung ehrfurchtsvoll abnickend nieder. Sie können ja schließlich nur richtig sein! Aber ist dem tatsächlich so?

Als Paradebeispiel mag der Aufsatz von F.-W. Gerstengarbe und P. C. Werner zum rezenten Klimawandel gelten, welcher sich zur Beantwortung obiger Frage sehr gut eignet.[91] Als Mitbegründer und langjähriger Chef des PIK (Potsdam-Institut für Klimafolgenforschung) haben sich der seit 2014 im Ruhestand lebende Professor und sein Mitarbeiter intensiv mit der Clusteranalyse von globalen Temperatur- und Niederschlagsdaten beschäftigt. Diese ermöglicht es nach Gerstengarbe, typische Muster in Form von Klimatypen sichtbar zu machen. „Auf diese Weise lassen sich Regionen als Klimatypen definieren, die jeweils durch ähnliche Temperatur- und Niederschlagsparameter charakterisiert sind."[92]

Als Ergebnis einer solchen Clusteranalyse kommt global ein mehr oder weniger systemloses Sammelsurium von 32 objektiv definierten Klimatypen heraus, das jeden gelernten Klimatologen erschaudern lässt. Der Grund dafür liegt auf der Hand: Es fehlt jeglicher Bezug zur Allgemeinen Zirkulation der Atmosphäre. Schon die Verwendung von Jahresmitteltemperaturen und ebensolchen Niederschlagswerten verwischt entscheidende saisonale und regionale Zusammenhänge und Differenzierungen. Diese Mängel ließen sich eventuell noch ausbügeln, indem man entsprechende Parameter zusätzlich in die Modellrechnung einbezieht. Doch damit nicht genug: Die Autoren haben nämlich nicht nur objektive Klimatypen berechnen lassen, sondern sie haben zusätzlich versucht, die Temperatur- und die Niederschlagsentwicklung der letzten 100 Jahre kartographisch darzustellen, indem sie jeweils die Differenz der Jahresmittel zwischen den beiden Zeiträumen 1971/2000 – 1901/1930 gebildet haben. Auf diese Weise soll ein rezenter Klimawandel inklusive seiner Auswirkungen nachgewiesen und regionalisiert werden. Aber genau hier zeigt sich, dass klimatische Sachverhalte mit objektiven statistischen Methoden – und seien sie noch so modern – nicht ganz so leicht erfassbar und nachweisbar sind. Jedenfalls bedarf es dazu einer weitaus umfangreicheren und vor allem weitreichenderen Betrachtungs- und Interpretationsweise, als sie die beiden Autoren hier

---

[91] Friedrich-Wilhelm Gerstengarbe u. Peter C. Werner: Der rezente Klimawandel. In: Der Klimawandel. Einblicke, Rückblicke und Ausblicke. Hrsg. W. Endlicher u. F.-W. Gerstengarbe, Potsdam 2007, S. 34 – 43.

[92] Ebda., S. 35.

an den Tag legen, wie im folgenden Abschnitt anhand einiger ausgewählter regionalklimatischer Beispiele näher zu erläutern sein wird. Auch wenn Herr Gerstengarbe anlässlich seiner Pensionierung im Jahr 2014 vollmundig behauptet hat, er habe in Veröffentlichungen noch nie danebengelegen.[93]

7.3.3 Klimawandel und atmosphärische Zirkulation oder wie man regionale Klimamärchen entlarven kann

Ganz gleich, ob man Klimarealist oder Klimaskeptiker ist: Allüberall muss man heutzutage vor mehr oder weniger subtil vorgetragenen Klimamärchen auf der Hut sein. Sie treten immer dort auf, wo klimatologische Laien wie Journalisten oder selbsternannte Klimaforscher mit klimafremden Studienabschlüssen oder mit schlechter klimatologischer Pseudoausbildung versuchen, ins Rampenlicht des klimaforschenden Geschehens zu treten oder zumindest mitzureden.

Aber selbst auch in den obersten Forschungsetagen wird zuweilen mit sehr viel klimatologischem Mist um sich geworfen, um einer einzigen Maxime Vorschub zu leisten, die in der Klimaforschung schon seit langem als ideologieähnliches Goldenes Kalb durch die Institutionen getrieben wird: Die globale Erwärmung und der Treibhauseffekt tragen die Alleinschuld daran, dass sich plötzlich überall auf unserem Planeten regionale Klimaveränderungen mit verheerenden Konsequenzen einstellen. Um diesem CO_2-deterministischen Treibhausdenken zu frönen, wird jede erdenkliche Falschaussage, jeder Widerspruch gnadenlos in die Welt gesetzt, weil wahrscheinlich niemand etwas merkt oder merken will. Schier unüberbrückbare Differenzen mit unwürdigen gegenseitigen Diffamierungen und Beleidigungen sind die unausbleibliche Folge dieser vollkommen verfahrenen Situation.

Um wieder mehr Ausgewogenheit in der Klimadiskussion erreichen zu können, wäre es an allererster Stelle notwendig, so viel geistigen Klimadatenmüll zu entsorgen, wie nur eben möglich, um Streitpunkte loszuwerden. Geschätzte 70 % des Mülls dürften allein schon der konsequenten Anwendung des Modells der Allgemeinen Zirkulation der Atmosphäre zum Opfer fallen. Eine solche Vorgehensweise ist unstrittig, legitim und gleichzeitig sehr effektiv, weil das theoretische Konstrukt nie falsifiziert worden ist. Ergo sind alle regionalklimatischen Aussagen, die sich nicht in das Zirkulationsmodell einfügen lassen, schlichtweg falsch und höchst überflüssig.

---

[93] http://www.kaltesonne.de/gerstengarbe-und-news-xxx/

Natürlich würde der Rahmen dieses Buches bei weitem gesprengt, wenn wir hier als Datenmüllabfuhr tätig werden wollten. Stattdessen sollen drei signifikante Beispiele aus dem bereits erwähnten Aufsatz von Gerstengarbe und Werner[94] veranschaulichen, wie Klimadatenmüll aussieht und wie er sich mit dem Zirkulationsmodell schreddern lässt. Auf diesem Wege kann sich auch der klimatisch interessierte Laie durchaus in die Lage versetzen, Spreu und Weizen auseinander zu halten. Es sei ausdrücklich gesagt, dass es nicht Sinn der nun folgenden Analyse ist, die Autoren persönlich anzugreifen. Schließlich stehen sie mit ihren Fehlinterpretationen nicht allein auf weiter Flur. Es soll lediglich demonstriert werden, dass man in der heutigen Klimaforschung auf keinen Fall jedem alles unbesehen glauben darf.

Folgende *zu falsifizierende Aussagen* stehen im Raum:

1. In den mittleren und östlichen Teilen der Nordsahara haben sich die Niederschlagsmengen aufgrund der rezenten Klimaerwärmung erhöht, wenn auch nur sehr geringfügig.

2. Unter anderem in der Sahelzone und im südlichen Afrika haben sich die Niederschlagsmengen aufgrund der rezenten Klimaerwärmung so stark erniedrigt, dass bereits sozio-ökonomische Strukturwandlungsprozesse stattfinden.

3. In Teilen Indiens und SE-Asiens haben die Niederschläge aufgrund der rezenten Klimaerwärmung abgenommen.

Als *Randbedingung* gilt folgender Satz:[95]

„Wegen der steigenden Lufttemperatur ist die Atmosphäre in der Lage, mehr Wasserdampf aufzunehmen. Außerdem wird mehr Wasser verdunstet, da sich die Land- und Wasserflächen ebenfalls erwärmen. Es ist also generell in der globalen Summe mit mehr Niederschlag zu rechnen."

Zu 1:

Wenn die Rede von Niederschlägen in der nördlichen **Sahara** ist, müssen wir uns zuallererst fragen, woher das Wasserdampfangebot stammt, welches sich hier dann und wann abregnen kann. Das in Frage kommende Gebiet liegt ziemlich genau zwischen dem nördlichen Wendekreis (23½°) und der tunesischen und libyschen Mittelmeerküste. Ein kurzer Blick auf *Abbildung 45* zeigt uns, dass wir uns hier zu 100 % im Niederschlagsregime der zyklonalen Westwinddrift befinden. Regen bringende Zyklonen können unser Gebiet jedoch fast ausschließlich im

---

[94] Friedrich-Wilhelm Gerstengarbe u. Peter C. Werner (2007), S. 36 – 38.
[95] Ebda., S. 36.

Winter erreichen und selbst dann nur sehr selten und unzuverlässig. Dann nämlich sind die Glieder der atmosphärischen Zirkulation jahreszeitlich bedingt weit genug nach Süden verschoben, und zwar umso weiter, je größer das winterliche Energiedefizit der Nordpolarregion ausfällt. Eine Zunahme der Niederschlagssummen im Gebiet der nördlichen Sahara kann also nur erfolgen, wenn es kälter wird auf Erden, sprich, wenn das Luftdruckgefälle innerhalb der Frontalzone zunimmt! Die von Gerstengarbe errechnete Niederschlagszunahme im Gebiet der nördlichen Sahara hat also mit einer Klimaerwärmung nicht einmal das Geringste zu tun. Sie belegt im krassen Gegenteil allenfalls eine Klimaabkühlung.

Zu 2:

Die *Sahelzone* erstreckt sich als Übergangszone von der Sahara zur Trockensavanne als schmaler Landschaftsstreifen beiderseits des 15. Breitengrades. Von Dakar am Atlantik bis zum Roten Meer beträgt seine Länge etwa 6.000 km. Klimatisch gehört der Sahel zum Niederschlagsregime der nordhemisphärischen Randtropen mit nur einer unsicheren sommerlichen Regenzeit zwischen Juni und August. In den übrigen Monaten liegt der gesamte Raum unter trocken-heißem Passatregime. *Abbildung 45* veranschaulicht die Situation. Die Unzuverlässigkeit der Niederschläge wird deutlich, wenn man weiß, dass die ITCZ (innertropische Konvergenzzone) im Julimittel gerade eben die Sahelzone berührt. Je nach Erwärmungszustand des Kontinents kann die ITCZ mit ihren konvektiven Regenschauern mal weiter und mal weniger weit auf ihrer jahreszeitlichen Wanderung vom Äquator nach Norden vordringen. Je stärker die sommerliche Erwärmung des Kontinents ausfällt, desto weiter gelangen feuchte südatlantische Luftmassen mit der ITCZ nach Norden und umso mehr Niederschlag fällt im Sahel. Hier sehen wir, dass eine Klimaerwärmung in dieser Region keinesfalls zu weniger Niederschlag führen würde, wie Gerstengarbe behauptet. Wieder ist das krasse Gegenteil der Fall. Der Rückgang der Niederschläge im Sahel signalisiert eine Klimaabkühlung.

Zu 3:

Ganz ähnlich liegen die Dinge im *südlichen Afrika*. Die Niederschlagsmengen sind dort abhängig von der Ausprägung eines sommerlichen Hitzetiefs, welches sich über dem Zentrum des Kontinents aufbaut. Dieses saugt vom Südatlantik im Westen und vom Indischen Ozean im Osten feuchte Luftmassen an, welche sich über Land abregnen. Logischerweise fallen diese Niederschläge umso spärlicher, je schwächer das Hitzetief entwickelt ist. Abnehmende Niederschläge in Namibia, Botsuana, Angola, Sambia, Simbabwe und Mosambik, wie sie

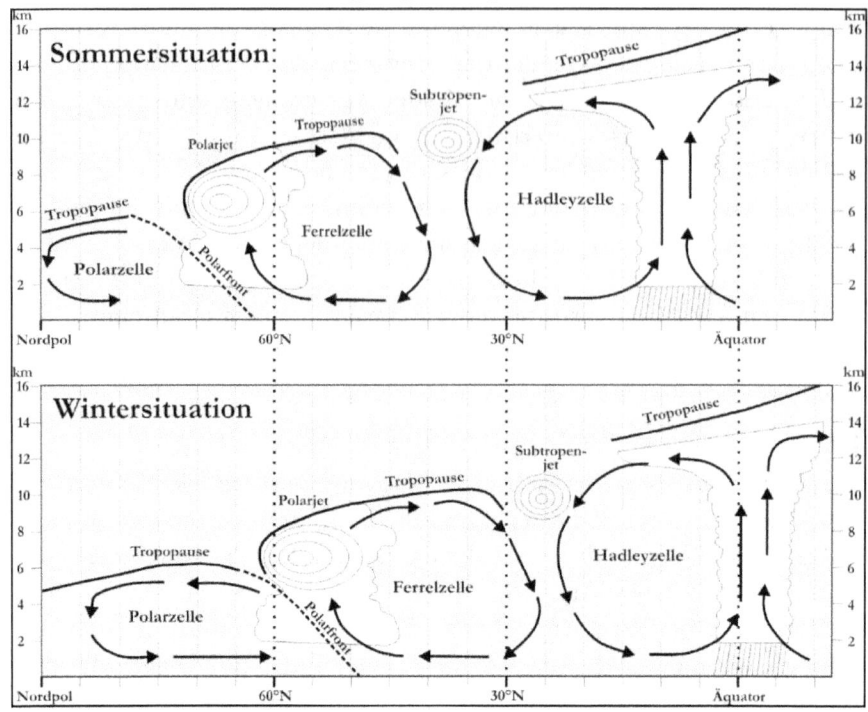

45: Schematische sommerliche und winterliche Anordnung der globalen Klimazonen auf dem Idealkontinent von Wladimir Köppen.

Gerstengarbe in seiner entsprechenden Karte ausweist, sprechen also ganz eindeutig für eine Klimaabkühlung und keinesfalls, wie behauptet, für eine Klimaerwärmung.

Wer gerne weiteren Nonsens aus dem rezenten Klimawandel aufspüren möchte, sollte sich unbedingt den Aufsatz von Gerstengarbe herunterladen.[96] Besonders lohnend ist z. B. eine Überprüfung der Situation in Grönland, und zwar vor dem Hintergrund des angeblich schmelzenden Inlandeises! Aber das ist noch längst nicht alles!

---

[96] https://www.pik-potsdam.de/services/infothek/buecher_broschueren/buecher-broschueren/der-klimawandel-einblicke-rueckblicke-und-ausblicke

8 WIE DIE NATUR DAS KLIMA WANDELN KANN

Ist es tatsächlich so, dass die immer uferloser wachsende und immer gieriger konsumierende Menschheit seit über 100 Jahren daran „arbeitet", unseren Lebensraum Erde global und endgültig aus dem Gleichgewicht zu bringen? Wird die Erfindung von Carl Friedrich Benz aus dem Jahr 1885 in naher Zukunft dazu beitragen, dass die Seychellen vom Indischen Ozean überflutet werden? Oder der Kölner Dom in der Nordsee versinkt? So weit wird es wohl nicht kommen, denn obige Horrorszenarien stammen lediglich aus dem phantasievollen Panikrepertoire der Medienwelt. Wen, so denkt man dort, interessiert schon eine Klimaerwärmung ohne nahtlos anschließende Klimakatastrophe? Wenn man sich dagegen ernsthaft mit der Frage auseinandersetzen möchte, ob der Mensch seit dem Beginn des industriellen Zeitalters aktiv dazu beiträgt, das Klima der Erde nachhaltig, möglicherweise desaströs zu verändern, ist es unabdingbar, sich auch mit den natürlichen Mechanismen von Klimawandel zu beschäftigen. Ohne deren einigermaßen genaue Kenntnis ist es völlig unmöglich, eventuelle anthropogene Spuren im Klimadickicht aufzuspüren und als solche zu erkennen. Schließlich überlagern und verzahnen sie sich mit der natürlichen Klimavariabilität. Wie wir aus *Kapitel 4* wissen, ist das hochkomplexe Klimasystem allein schon wegen der Wechselwirkungen zwischen den einzelnen Klimafaktoren kein statisches Gebilde. Es unterliegt bereits aus sich selbst heraus stetigen natürlichen Veränderungen. Klimawandel ist also systemimmanent, auch ohne jegliche anthropogene Beteiligung. Und *Kapitel 6* hat uns ja auch gezeigt, dass menschliche Beteiligung an einem Klimawandel sehr viel geringer ausfallen wird, als es uns die CO_2-deterministisch denkenden Neoklimatologen glauben machen wollen.

Für natürliche Veränderungen im Klimasystem kommen im Einzelnen infrage:

- Veränderungen der Randbedingungen des Systems (Plattentektonik mit Kontinentaldrift, Veränderungen der globalen Erdalbedo),
- externe Einwirkungen, welche die Strahlungsbilanz der Erde beeinflussen können (Erdbahnparameter, Solaraktivitäten, explosiver

Vulkanismus, Änderungen von Luftzusammensetzung bezüglich Treibhausgasen und Aerosolmengen) und

- Interne Schwankungen des Klimasystems.

8.1 Platten und Kontinente sind in Bewegung

Die Lithosphäre, d. h. die erstarrte feste Erdkruste und der darunter befindliche (zähflüssige) oberste Erdmantel, ist in sieben Kontinentalplatten sowie in zahlreiche kleinere Schollen zerbrochen, welche wie überdimensionale Schiffe auf dem glutflüssigen Erdinneren „schwimmen". Dieses treibende Schollenmosaik wird durch Konvektionsströme im glutflüssigen Erdinneren permanent bewegt, wobei verschiedene Schollen oder Teile von ihnen miteinander kollidieren oder aber auch auseinander driften. Man bezeichnet solche geologischen Vorgänge als *plattentektonische Prozesse*. Sämtliche Plattenbewegungen vollziehen sich natürlich unendlich langsam, aber dank moderner Satellitenbeobachtungen kann man die zurückgelegten Distanzen messen. Sie betragen je nach Platte 2 – 20 cm pro Jahr! Über Zeiträume von 50, 100 oder gar mehr Millionen Jahren kommen dabei ganz beachtliche Driftraten zustande. Beispielsweise haben sich die Afrikanische und die Südamerikanische Platte mehr als 5.000 km weit voneinander getrennt!

Aus plattentektonischen Prozessen ergibt sich die globale Verteilung von Land und Meer, ganze Kontinente verändern ihre Lage im geographischen Gradnetz der Erde, Ozeanbecken werden umgeformt und ausgedehnte Faltengebirge entstehen an den Kollisionszonen der Kontinentalplatten. Klimatische Konsequenzen lassen naturgemäß „ewig" auf sich warten, aber über Jahrmillionen hinweg ist es dann doch irgendwann so weit.

Ein kleines Beispiel wird genügen, um möglicher Skepsis zu begegnen. Immerhin reichen die Entstehungswurzeln unseres heutigen nordatlantisch-europäischen Klimabereichs mit Leichtigkeit über 50 Millionen Jahre weit zurück! Damals, im Alttertiär (nach neuer Lesart: Paläogen), wurden die Rocky Mountains am Westrand des nordamerikanischen Kontinents gefaltet und gehoben. Die von Norden nach Süden ausgerichtete Streichrichtung dieses heute immer noch durchschnittlich 3.000 m hohen Kettengebirges verläuft genau senkrecht zur allgemeinen Zirkulationsrichtung der Atmosphäre. Dies führte zu bis heute klimaprägenden Auswirkungen!

Der in großer Höhe der oberen Troposphäre zonal (breitenkreisparallel) über die mittleren Breiten hinwegfegende *Höhenwestwind* gerät

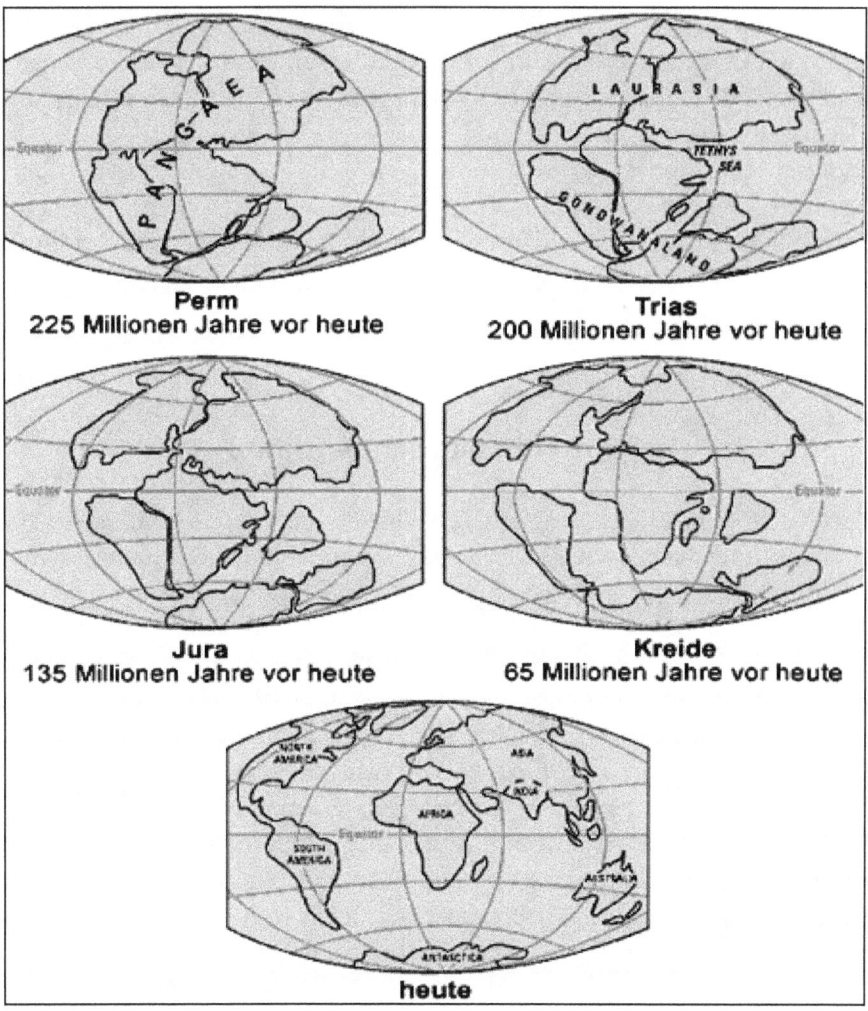

46: Die Entwicklung der Kontinente im Lauf der Erdgeschichte.
http://www.pravda-tv.com/wp-content/uploads/2012/07/pang.jpg

durch dieses unter ihm emporwachsende Hindernis in „Schwingungen". Es bildeten sich nach Charney und Eliassen Wellenbewegungen des Luftstroms aus, welche im langjährigen statistischen Mittel keine Zufallsprodukte eines chaotischen Windsystems sind, sondern quasiortsfeste Erscheinungen. Solchen Wellen im Höhenwestwind verdanken z. B. unsere beiden quasipermanenten europäischen Aktionszentren der Atmosphäre ihre (statistische) Existenz: Islandtief und Azorenhoch *(Kap. 7.2.2)*.

Und sogar der Salzgehalt von Ozeanen mit all seinen Konsequenzen kann durch tektonische Ereignisse verändert werden, wie wir bereits erfahren haben *(Kap. 4.2)*. Selbst große Meeresströmungen werden in ihrer Intensität abgewandelt oder sogar in eine andere Richtung umgelenkt, wenn sich ihnen tektonische Hindernisse in den Weg stellen oder ein Meeresbecken in seiner Form großräumigen Veränderungen unterworfen wird. Hat ein driftender Kontinent erst einmal seine Lage im Gradnetz verändert, dann befindet er sich möglicherweise in einer ganz anderen Klimazone als vorher. So zeigen z. B. Steinkohlenflöze in der Antarktis, dass dieser Kontinent in Urzeiten aus tropischen Breiten in die südliche Polarzone gedriftet sein muss. Die damit wiederum einhergehende Vereisung hat zur Vergrößerung der globalen Albedo, d. h. zu einer Abkühlung des Erdklimas, geführt.

8.2 Die Erdbahn ist nicht wirklich stabil

Besonders empfindlich reagiert das Klimasystem, wenn sich, aus welchem Grund auch immer, die globale Energie- oder Strahlungsbilanz verändert. Aber wie kann so etwas überhaupt auf natürliche Weise geschehen? Und wie sehen die Auswirkungen aus? Hat es so etwas im Lauf der Erdgeschichte schon einmal gegeben?

Diesen Fragen hat sich bereits seit dem frühen 20. Jahrhundert der in der k.u.k. Monarchie von Österreich-Ungarn geborene serbische Ingenieur, Mathematiker und Geophysiker Milutin Milanković gewidmet. Er ging von dem Ansatz aus, dass der solare Energieeintrag in das Klimasystem der Erde u. a. von Position und Orientierung der Erde gegenüber der Sonne abhängt. Bereits 1914 entstand ein erstes Manuskript über den Einfluss astronomischer Zyklen auf das Klima der Erde. „Mathematische Theorie der thermischen Phänomene verursacht durch Solarstrahlung" war der Titel seines 1920 in Frankreich veröffentlichten Buches, welches ihn unter den Paläoklimatologen seiner Zeit weltberühmt werden ließ.[97]

Milanković hat den bemerkenswerten Versuch unternommen, mit seiner Theorie einen Zusammenhang herzustellen zwischen dem Strahlungshaushalt der Erde und den Eiszeiten des Pleistozäns.[98] Er fand heraus, dass neben den jährlichen *(Kap. 4.1)* auch langperiodische Schwankungen der Solarkonstanten existieren. Sie werden hervorgerufen durch berechenbare Variationszyklen der astronomischen Erdbahnparameter, ausgelöst durch Gravitationseinwirkungen von Sonne,

---

[97] Milutin Milanković: Théorie mathématique des phénomènes thermiques produits par la radiation solaire. Paris (Gauthier-Villars) 1920.

[98] Milutin Milanković: Kanon der Erdbestrahlung und seine Anwendung auf das Eiszeitenproblem. In: Académie royale serbe. Éditions speciales 132 [vielm. 133]. Belgrad 1941.

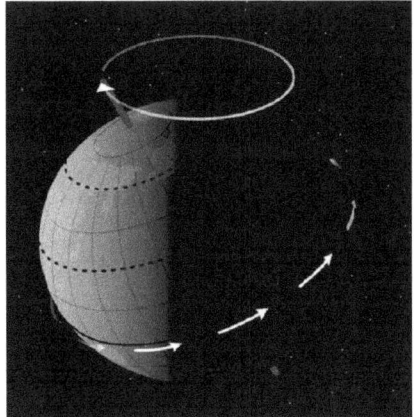 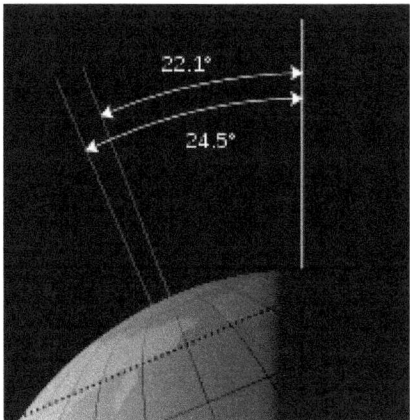

47/48: Präzessionsbewegung der Erdrotationsachse und Schiefe der Ekliptik.
Quelle: http://de.wikipedia.org/wiki/Milanković-Zyklen

Mond und Planeten. Man unterscheidet dabei zwischen der Präzession der Erdrotationsachse, der Neigung der Erdachse (Schiefe der Ekliptik) und der Exzentrizität der Erdumlaufbahn. Diese auf großen Zeitskalen ablaufenden Zyklen werden als **Milankovićzyklen** bezeichnet.

Präzession nennt man das Kreisen der geneigten Erdachse um die Senkrechte der Erdbahnebene, und zwar mit einer Periode von 25.800 Jahren. Eine in etwa vergleichbare Bewegung vollführt die taumelnde Achse eines auslaufenden Kreisels. Als Konsequenz dieses Phänomens treten die Jahreszeiten nicht immer im gleichen Bahnpunkt der Erdbahnellipse auf. Aktuell durchläuft die Erde ihren sonnennächsten Punkt, das so genannte **Perihel** (147 Mio. km), am 3. Januar, also mitten im Nordwinter. Das **Aphel** als sonnenfernster Punkt (152 Mio. km) wird am 4. Juli erreicht. In 11.000 Jahren dagegen wird das Perihel im Nordsommer durchlaufen, so dass die Jahreszeiten auf der Nordhalbkugel dann deutlich akzentuierter ausfallen werden, d. h. die Winter werden länger und kälter, die Sommer kürzer und wärmer. Dieser Zustand herrscht aktuell auf der Südhalbkugel.

Die **Schiefe der Ekliptik**, d. h. die Neigung der Erdachse gegen die Senkrechte der Erdbahnebene, variiert mit einer Periode von 41.000 Jahren zwischen rund 22,1° und 24,5°. Die Veränderungen des Neigungswinkels führen ebenfalls zu Verschiebungen in der Ausprägung der Jahreszeiten, denn je größer der Neigungswinkel, desto kälter die Winter und desto wärmer die Sommer. Aktuell beträgt die Neigung der Erdachse rund 23½°. Sie liegt damit etwa im Mittel zwischen den Extremwerten.

Als **Exzentrizität** bezeichnet man das Maß für die Abweichung der elliptischen Umlaufbahn eines Planeten von der Kreisform. Je größer die

Exzentrizität, desto stärker weicht die Bahn von der Kreisform ab. Sie nimmt Werte zwischen 0 und 1 an, wobei 0 der idealen Kreisbahn und 1 dem freien Fall in den umkreisten Körper entspricht. Die Erdumlaufbahn um die Sonne ist gegenwärtig nur leicht elliptisch. Ihre Exzentrizität beträgt lediglich 0,0167. Mit einer Periodizität von 100.000 Jahren ändert sich die Exzentrizität jedoch permanent. Ihren bisher niedrigsten Wert von weit weniger als 0,01 erreichte sie vor 370.000 Jahren, die Erdumlaufbahn war damals fast kreisförmig. 160.000 Jahre später stellte sich mit etwa 0,05 ein Maximalwert ein. Die Bahn war wesentlich elliptischer als heute. Das bedeutet, dass die Intensität der Solarstrahlung in den letzten Jahrhunderttausenden sehr stark variiert hat. Der Einstrahlungsunterschied zwischen sonnenfernstem und sonnennächstem Punkt beträgt heute rund 7 %. Auf der Nordhalbkugel ist das Winterhalbjahr entsprechend sieben Tage kürzer als das Sommerhalbjahr. Beim Exzentrizitätsmaximum vor 210.000 Jahren betrug die Strahlungsdifferenz 30 %!

„Ein Effekt, der von Milanković in seinen Berechnungen nicht berücksichtigt wurde, ist die periodische Kippung der Erdbahnebene im Vergleich zur Sonne-Jupiter-Ebene, die wie die anderen Störungen auch im Wesentlichen durch Jupiter und Saturn verursacht wird. Der Zyklus von etwa 100.000 Jahren deckt sich gut mit der Periodizität der Eiszeiten."[99]

Die These, dass die auf sehr großer Zeitskala ablaufenden Veränderungen der Erdbahnparameter im Lauf der Erdgeschichte klimatische Auswirkungen gezeigt haben, wollte man Milanković zunächst nicht abnehmen. Heute spricht man seinen Milankovićzyklen jedoch bei langfristigen Klimaänderungen eine nicht zu unterschätzende Wirkung zu. Sie werden sogar „als Schrittmacher der pleistozänen Eiszeitzyklen angesehen."[100] Das will bei der „Kriegslage" auf der Klimabühne Einiges heißen! Aber schließlich besteht bei diesen sehr langfristigen Vorgängen nicht die Gefahr, dass sie das aktuell gängige Wissen ins Wanken bringen.

Allerdings ist davon auszugehen, dass sich noch mehrere Rückkopplungseffekte als verstärkende Elemente hinzugesellt haben müssen, beispielsweise eine Eis-Albedo-Rückkopplung, natürliche Schwankungen der atmosphärischen CO_2-Konzentration oder eine Umstellung der Ozeanzirkulation. Die Temperaturamplituden zwischen den pleistozänen Warm- und Kaltzeiten haben immerhin 10 – 12° C betragen, ein

---

[99] Nach Wikipedia https://de.wikipedia.org/wiki/Milanković-Zyklen
[100] Nach Jucundus Jacobeit: Zusammenhänge und Wechselwirkungen im Klimasystem. In: Der Klimawandel. Einblicke, Rückblicke und Ausblicke. Hrsg. W. Endlicher u. F.-W. Gerstengarbe, Potsdam 2007, S. 3.

Wert, der allein durch Verschiebungen der Erdbahnparameter nicht zustande kommen könnte. Sie verursachen nur sehr geringe Temperaturabweichungen, die bei einer Größenordnung von Hundertstel Grad Celsius pro Jahrhundert liegen.[101] Was jedoch stark zu bezweifeln ist.

8.3 Auch die Sonnenaktivität schwankt beträchtlich

Die sehr langfristig wirkenden Milankovićzyklen sind zwar geeignet, den auf großer Zeitskala ablaufenden Wechsel zwischen Eiszeiten und Warmzeiten anzustoßen, sie können jedoch keineswegs auf kurzfristige klimatische Ereignisse einwirken, wie man sie seit dem Ende der letzten Eiszeit beobachtet hat. Deren Zeitskalen bewegen sich lediglich bei Dekaden bis Jahrhunderten. Zeiträume von über 100.000 Jahren sind hier gleich mehrere Nummern zu groß.

Eine mögliche Erklärung für die nacheiszeitlichen Klimaschwankungen wären dagegen zyklische Veränderungen der Sonnenaktivität. Seit der Erfindung des Fernrohrs durch den niederländischen Brillenmacher Hans Lipperhey um 1608 steht die Sonne unter permanenter, wenn auch zunächst nur sporadischer Beobachtung. Bereits 1610 wurden die Sonnenflecken dokumentiert. Doch es sollte noch bis 1843 dauern, bis der Dessauer Apotheker und Hobbyastronom Samuel Heinrich Schwabe als Erster Aktivitätsschwankungen der Sonne entdeckte. Von 1645 bis 1715 nämlich befand man sich im so genannten **Maunderminimum** der „Kleinen Eiszeit", einer empfindlich kühlen Klimaperiode, in der es so gut wie gar keine Sonnenaktivitäten zu beobachten und zu entdecken gab. Es folgte kurz darauf zu allem Überfluss auch noch das **Daltonminimum** (1790 – 1830). Damals lag die Mitteltemperatur zwar nur um 0,5° C niedriger als im Vergleichszeitraum 1971 – 2000, aber es waren alle Gletscher weltweit auf dem Vormarsch, Missernten und Hungersnöte waren an der Tagesordnung.

Schwabe fand heraus, dass die Anzahl der Sonnenflecken, welche als Maß für solare Aktivität dient, in einem etwa elfjährigen Zyklus schwankt. Dieser nach ihm benannte **Schwabezyklus** ist der kürzeste bekannte **Sonnenfleckenzyklus**. Schwabe unterbreitete seine Erkenntnisse dem damaligen Leiter der Züricher Sternwarte, Rudolf Wolf. Dieser bestätigte Schwabes Beobachtungen und machte sich alsbald daran, die Periodizität der Sonnenflecken über das Jahr 1826 bis zu Galilei zurück zu rechnen. Auf diesem Weg rekonstruierte er die sta-

---

[101] Ebda., S. 3.

tistische Entwicklung der Sonnenaktivität ab dem Jahr 1749. Wolf nummerierte die Sonnenfleckenzyklen, beginnend bei null. Der 0. Zyklus hatte sein Maximum 1749. Vorangegangene Zyklen erhielten negative Zahlen. Gegenwärtig befinden wir uns im 24. Zyklus.

Zwischenzeitlich haben die Solarforscher das **solare Magnetfeld** als Ursache der Sonnenflecken ausgemacht. Von einem zum nächsten Zyklus wechselt die magnetische Polarität der Flecken, so dass dem 11-jährigen Zyklus eigentlich ein doppelt so langer Zyklus zugrunde liegt, der 22-jährige **Halezyklus**. Aber längst hat man noch weitere Sonnenfleckenzyklen gefunden, etwa den *80-jährigen Gleissbergzyklus*. Darüber hinaus lassen sich auch noch längerfristigere Veränderungen der Sonnenfleckenzahl und damit der Sonnenaktivität über Jahrhunderte in den Beobachtungen feststellen. Der **De-Vries-Zyklus** beispielsweise hat eine mittlere Periodenlänge von rund 200 Jahren.

Zweifellos erhebt sich hier die Frage nach einem möglichen Zusammenhang zwischen Sonnenfleckenaktivitäten und Klimaschwankungen auf kleiner Zeitskala. Dies umso mehr, als zwischen 1850 und 2000 eine deutliche Zunahme der Sonnenfleckenzahl von bis zu 100 % festgestellt wurde und genau gleichzeitig die globale Mitteltemperatur um 0,7° C gestiegen ist. Da die Erwärmung sehr zum Unwillen der Neoklimatologen nunmehr aber schon seit 1998 mehr oder weniger zum Stillstand gekommen ist, mehren sich längst auch die Stimmen derer, die eine vor uns liegende Abkühlungsphase erkennen wollen.

In vorderster Linie arbeitet auf diesem Gebiet der dänische Sonnenforscher Henrik Svensmark, der mit seinen Kollegen Shaviv und Veizer die These vertritt, dass magnetische Sonnenaktivität, kosmische Strahlung und die von diesen gesteuerte Wolkenbildung für die Erdtemperaturen von erheblicher Bedeutung sind. Hochsignifikante Korrelationsrechnungen zum parallelen Verlauf von globaler Temperaturkurve und Sonnenaktivitätskurve bestätigen dies. Ihrer Meinung nach wird die Wirkung der Sonnenaktivität bisher weitgehend unterschätzt. 2007 veröffentliche Svensmark seine Theorie in englischer Sprache und musste, wie nicht anders zu erwarten, scharfe Kritiken von Seiten etablierter Klimaforscher über sich ergehen lassen. Eine Übersetzung ins Deutsche erfolgte ein Jahr später.[102]

Bei weitem nicht so aufwendig, aber trotzdem ebenfalls sehr interessant ist ein Aufsatz von Horst Malberg, dem emeritierten früheren Leiter des Meteorologischen Instituts der FU Berlin, der heute zum „Rentnerclub" von EIKE gehört. Auch er kommt aufgrund von hochsignifikan-

---

[102] Nigel Calder und Henrik Svensmark: Sterne steuern unser Klima: Eine neue Theorie zur Erderwärmung. Düsseldorf (Patmos) 2008.

ten Korrelationsberechnungen mit Irrtumswahrscheinlichkeiten von nur 0,01 % über den Zeitraum von 1672 - 1999 zu dem Ergebnis, dass zu 80 % Schwankungen der Sonnenaktivität (Maunderminimum) für den Klimawandel von der mittelalterlichen „Kleinen Eiszeit bis heute verantwortlich sind. [103] Da die im Untersuchungszeitraum aufgetretenen Klimaschwankungen in die rund 200-jährigen Schwingungen des De-Vries-Zyklus passen, befinden wir uns nach Malbergs Einschätzung „mit hoher Wahrscheinlichkeit derzeit am Ende einer Wärmeperiode und damit am Beginn einer Abkühlung als Folge eines zu erwartenden solaren Aktivitätsrückgangs".[104]

Die Skeptiker könnten Recht haben, denn ihre Theorien sind durchaus plausibel. Der Uno-Klimarat (IPCC) allerdings stuft das Wissen über die Klimawirkung der Sonne als gering bis sehr gering ein. Verschwiegen aber werden die Ergebnisse von Svensmark, Shaviv und Veizer nicht, auch wenn Stefan Rahmstorf, einer der Leitautoren des 2007 veröffentlichten vierten Sachstandsberichts des Weltklimarates und Berater der Bundesregierung, eine ganze Menge dagegen zu haben scheint. Diesen Eindruck hinterlässt eine E-Mail von 2003 aus dem Fundus der Climategate-Hackerbeute, die von einem seiner Gegner unter Beta Readers Edition vom 4. April 2010 veröffentlicht wurde. Freundlicherweise wurde dort der englische Text gleich gut ins Deutsche übersetzt. Der englische Originaltext ist an gleicher Stelle nachzulesen: [105]

"Ich glaube, dass eine andere Veröffentlichung eine ähnliche wissenschaftliche Antwort erfordert, jene von Shaviv & Veizer (siehe Anlage). Diese Veröffentlichung macht in Deutschland die große Runde und könnte ein Klassiker für Klimaskeptiker werden.

Ich glaube, es wäre eine gute Idee, eine Gruppe von Leuten zusammenzustellen, um auf die Veröffentlichung zu reagieren (in GSA today). Meine Expertise ist für einen Teil ausreichend, und ich wäre bereit, diesen beizusteuern. Meine Fragen an Euch:
1. Gibt es schon andere Pläne, um auf die Veröffentlichung zu reagieren?
2. Wer von Euch möchte an einer Gegendarstellung beteiligt sein?
3. Kennt von Euch jemand Leute, welche die dazu notwendige Sach-

---

[103] Langfristiger Klimawandel auf der globalen, lokalen und regionalen Klimaskala und seine primäre Ursache: Zukunft braucht Herkunft. In: Beiträge zur Berliner Wetterkarte. Hrsg. Verein BERLINER WETTERKARTE e.V. zur Förderung der meteorologischen Wissenschaft. Berlin 2009.
[104] Ebda., S. 11.
[105] http://www.readers-edition.de/010/04/04/das-geheimnis-der-wolken-kriegserklaerung-von-stefan-rahmstorf/

kenntnis haben? Dann bitte ich um Weiterleitung dieser Mail.
Mit besten Grüßen, Stefan"

Warum denn nur, so fragt man sich voller Entsetzen, herrscht in der Klimaforschung ein solcher Verfall der guten Sitten? Es scheint für die Topmacher offenbar um ihre Daseinsberechtigung zu gehen, um nicht mehr und nicht weniger. Denn sollte sich herausstellen, dass der Däne oder der „Opa" von EIKE richtig liegen, dann müssten sich die Stars fragen lassen, was sie eigentlich bisher gemacht haben.

Zurück zum Thema: Mittlerweile ist die Situation vollkommen unübersichtlich geworden. Die einen sagen hü, die anderen hott. Während Rahmstorf die Theorie von Svensmark weiterhin entschieden zurückweist, weil es seiner Meinung nach „in der kosmischen Strahlung keinen Trend (gibt), der eine Erwärmung erklären könnte",[106] prescht er gleichzeitig gegen den angeblichen Fast-Stillstand der Erderwärmung seit 1998 vor. Zehn Jahre seien zu wenig, um einen Klimatrend zu erkennen. Den im fraglichen Zeitraum geringeren Temperaturanstieg spricht er als natürliche Schwankung an. Laut Focus leistet das britische Hadley Centre for Climate Research hier ebenso Schützenhilfe wie das Goddart Institute der NASA. Für die Periode 2001 – 2009 kommt das eine Institut auf eine Erwärmung von 0,19° C, die NASA bringt es sogar auf 0,26° C, weil sie die Arktis mit in ihre Messungen aufgenommen hat.[107]

So weit, so gut, wenn da nicht das Spiegel-Interview mit Hans von Storch vom 17. Juni 2013 wäre.[108] Von Storch erwähnt hier ausdrücklich, dass die CO_2-Emissionen stärker als erwartet angestiegen seien. Als Ergebnis hätten wir in Anlehnung an die meisten Klimamodelle einen Temperaturanstieg von 0,25° C über die vergangenen zehn Jahre messen müssen. Stattdessen sei aber über die letzten 15 Jahre nur eine Erhöhung um 0,06° C gemessen worden. Ein Wert nahe Null! Eine Erklärung dieses Phänomens steht noch aus. Wir dürfen gespannt sein, wie sie aussehen wird.

Wem oder was sollen wir denn jetzt noch glauben? Ich denke, dass die Climate Research Unit (CRU) der Universität von East Anglia ein ehrlicher und auch kompetenter und anerkannter Partner ist. Ihre Kurve der globalen Temperaturanomalie *(Abb. 49)* beweist zum einen, dass die Angaben zur Klimaerwärmung 2001 - 2009 im weiter oben erwähnten Focusartikel offenbar falsch sind; zum anderen, dass ein Temperaturanstieg von August 1997 bis Januar 2013 nicht existiert. Insofern kön-

---

[106] In: Focus 2, 2010, S. 54.
[107] Ebda., S. 54/56.
[108] In: Der Spiegel 17/2013.

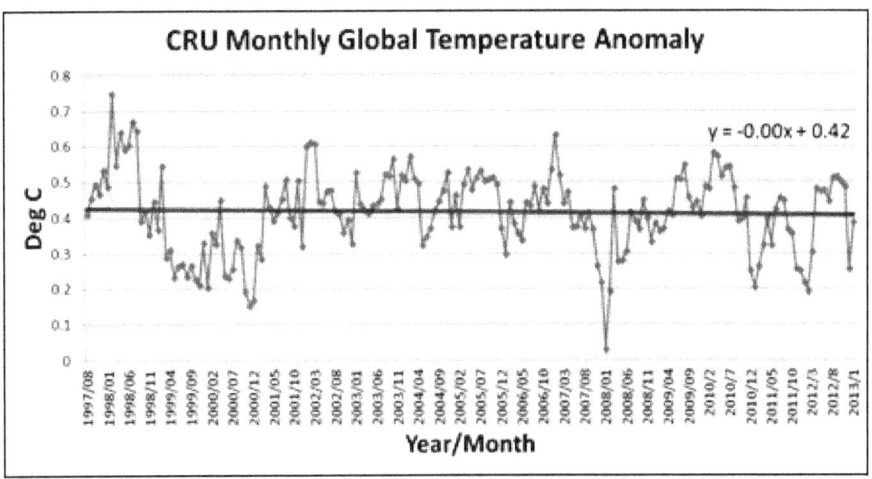

49: Die monatlichen globalen Temperaturanomalien 1997 – 2013.
Quelle: Climatic Research Unit (University of East Anglia).

nen wir mit den 0,06° C von Hans von Storch sehr gut leben und zufrieden sein.

Zu den Ansätzen Svensmarks und Malbergs passt auch das folgende Zitat aus Wikipedia, welches manch einem Klimaforscher zu denken geben sollte: „Seit Mitte des 20. Jahrhunderts befindet sich die Sonne in einer ungewöhnlich aktiven Phase, wie Forscher der Max-Planck-Gesellschaft meinen. Die Sonnenaktivität ist demnach etwa doppelt so hoch wie der langfristige Mittelwert, und höher als jemals in den vergangenen 1.000 Jahren. Ein internationales Forscherteam hat die Sonnenaktivität der vergangenen Jahrtausende untersucht. Seit dem Ende des letzten Glazials war die Sonne demnach selten so aktiv wie seit den 1940er Jahren bis heute. Wie Wissenschaftler aus Deutschland, Finnland und der Schweiz in der Zeitschrift Nature (28. Oktober 2004) berichten, muss man über 8.000 Jahre in der Erdgeschichte zurückgehen, bis man einen Zeitraum findet, in dem die Sonne im Mittel ebenso aktiv war wie in den vergangenen 60 Jahren. Forscher um Sami Solanki vom Max-Planck-Institut (MPI) für Sonnensystemforschung in Katlenburg-Lindau haben die Sonnenaktivität anhand von schweren Kohlenstoff-Atomen (14C) zurückverfolgt. Aus dem Studium früherer Perioden mit hoher Sonnenaktivität sagen die Forscher voraus, dass die gegenwärtig hohe Aktivität der Sonne wahrscheinlich nur noch wenige Jahrzehnte andauern wird."[109] Deshalb behaupte ich, anders als Rahmstorf, dass ich in Schwankungen der Sonnenaktivität durchaus plausible Trends erkenne, die eine Erwärmung erklären können.

---

[109] http://de.wikipedia.org/wiki/Sonnenaktivität#Langfristige_Veränderungen

8.4 Wenn Vulkane den Himmel verdunkeln

Auf kleinster Zeitskala sind auch Vulkane als externer Faktor durchaus in der Lage, das Weltklima wirkungsvoll in Unordnung zu bringen. Allerdings funktioniert das nur bis zu vier Jahre lang. Am besten „eignen" sich starke explosive Vulkanausbrüche in tropischen Breiten, weil dort das Eruptionsmaterial über die labile Schichtung der Atmosphäre besonders hoch bis in die Stratosphäre aufsteigen kann, von wo es sich über den gesamten Globus verteilt.

Der aufmerksame Beobachter kann solche Erscheinungen sogar mit bloßem Auge am Himmel erkennen. So hatte sich beispielsweise nach dem historischen Ausbruch des Pinatubo auf den Philippinen vom 15. Juni 1991 eine enorme Asche- und Gaswolke gebildet, die als bräunliche, schwefelhaltige Nebelwolke die Erdkugel umhüllte. Auf den Kanarischen Inseln konnte ich selber sehen, dass durch den größten Vulkanausbruch seit dem Krakatau für zwei Sommer der normalerweise stahlblaue Himmel deutlich sichtbar verdunkelt war. Das globale Temperaturmittel sank 1991/92 um sage und schreibe 0,5° C!

Vulkanausbrüche sind durch die enormen Mengen an feinsten Asche- und Gaspartikeln tatsächlich in der Lage, den Strahlungshaushalt der Erde kurzzeitig aus dem Takt zu bringen. Folgen einander viele Aus-

*50: **Ausbruch des Pinatubo am 15. Juni 1991.***
Quelle: Dave Harlow, USGS - CVO Photo Archives - Pinatubo, Philippines.

brüche in kürzeren Zeitabständen, so kann das Weltklima sogar für mehr als eine Dekade aus dem Ruder laufen. Es sind jedoch weniger die Aschepartikel, die klimatisch global wirksam werden. Dafür können sie nicht hoch genug aufsteigen. Sie verbleiben in der Troposphäre in maximal etwa 12 km Höhe, von wo sie in relativ kurzer Zeit durch Niederschläge ausgewaschen oder durch absinkende Luftbewegungen auf den Boden zurück gelangen.

Anders die stark schwefelhaltigen Gase. Sie erreichen die Stratosphäre, wo sie zu Schwefeldioxid umoxidieren. Daraus bilden sich schließlich winzige sulfathaltige Aerosolteilchen, die als Staubwolke in 20 – 25 km Höhe die Erde umspannen und dort einen Teil des einfallenden Sonnenlichts absorbieren oder zerstreuen. Es kommt also weniger Sonnenstrahlung an der Erdoberfläche an. Sie kühlt sich entsprechend ab, während sich die Stratosphäre erwärmt. Der Abkühlungseffekt der bodennahen Atmosphäre ist besonders deutlich spürbar in mittleren und nördlichen Breiten, weil die polwärts konvergierende Zirkulation der Stratosphäre die Aerosolwolke dort kontinuierlich konzentriert. Außerdem erhöht sich bei schräger einfallendem Sonnenlicht der Streuungseffekt.

8.5 Interne Systemschwankungen und Rückkopplungen

Schwankungen im Klimasystem werden nicht nur durch Veränderungen der Randbedingungen (z.B. Plattentektonik) oder externer Einwirkungen (z.B. astronomische Erdbahnparameter, veränderte Sonnenak-

Atmosphäre		**Biosphäre**	
Stratosphäre	1-3 a	lebende Biota	h-d
Troposphäre	5-0 d	tote Biomasse	$a-10^2$ a
bodennahe Grenzschicht	h-d		
Ozean		**Süßwasser**	
Mischungsschicht	d-mon	Flüsse, Seen	d-mon
tiefer Ozean	10^2-10^3 a	Grundwasser	$10-10^4$ a
Kryosphäre		**Geosphäre**	
Schneebedeckung	h-d	Pedosphäre	d-mon
Meereis	mon-a	Lithosphäre	10^5-10^7 a
Gebirgsgletscher	$1-10^2$ a		
Inlandeis	$10-10^5$ a		

h = Stunden; d = Tage; mon = Monate; a = Jahre
51: Typische Zeitskalen im Klimasystem.
Nach Jacobeit 2007.

tivität, Vulkanismus) induziert, die von außen die Strahlungsbilanz manipulieren. Denn selbst dann, wenn Randbedingungen und externe Klimafaktoren konstant wären, würde sich unser Klima trotzdem fortwährend wandeln.

Das liegt an den internen Faktoren, und zwar an ihren Wechselwirkungen und Rückkopplungen untereinander, aber nicht minder an ihren stark unterschiedlichen Reaktionszeiten, welche auf teilweise extrem differierenden Zeitskalen angesiedelt sind *(Tab. 51)*. Das Ganze bewegt sich zwischen einigen Tagen und 100.000 und mehr Jahren! Auf diese Weise durchläuft das Gesamtsystem permanent variable Zustandsformen.[110] So können beispielsweise sehr kurzfristige Änderungen der Atmosphärischen Zirkulation zu oberflächlichen Umverteilungen bei den Meerestemperaturen führen, die ihrerseits wiederum auf größerer Zeitskala Änderungen bei den Meeresströmen verursachen können. Letztere induzieren dann – noch langfristiger – wiederum Anomalien der atmosphärischen Zirkulation usw.

Wir haben es hier, wie man sieht, mit höchst komplexen Zusammenhängen zu tun, die sich am besten an Hand von nachvollziehbaren Beispielen veranschaulichen lassen. Auf diesem Weg erhält auch der Laie einen eindrucksvollen Einblick in das Wirkungsgefüge des Klimasystems.

8.5.1 El Niño und La Niña - die ungleichen Geschwister

Das wohl bekannteste Beispiel einer in unregelmäßigen Abständen von mehreren Jahren immer wieder auftretenden internen Schwankung des Klimasystems ist das so genannte El-Niño-Phänomen des äquatorialen Pazifiks. *El Niño Southern Oscillation (ENSO)* lautet seine wissenschaftliche Bezeichnung. Der Name El Niño (span. kleiner Junge, Kind, Christkind) ist vom Zeitpunkt des Auftretens des Klimaphänomens abgeleitet, nämlich in etwa zur Weihnachtszeit. Er stammt von peruanischen Fischern, die den El-Niño-Effekt aufgrund der durch ihn ausbleibenden Fischschwärme jedes Mal wirtschaftlich besonders schmerzhaft zu spüren bekommen *(Abb. 52)*.

Was aber genau ist El Niño? Was passiert klimatisch und ozeanographisch vor, während und nach einer El-Niño-Episode? Immer wieder geistert dieses weltweit einmalige Klimaphänomen als Schauergeschich-

---

[110] Nach Jucundus Jacobeit: Zusammenhänge und Wechselwirkungen im Klimasystem. In: W. Endlicher u. F.-W. Gerstengarbe (Hrsg.): Der Klimawandel. Einblicke, Rückblicke und Ausblicke. Potsdam 2007, S. 2.

te und/oder Ammenmärchen durch die Medien, und es ist an der Zeit, dem ganzen Spuk an dieser Stelle endlich ein Ende zu bereiten. Bleibt die Hoffnung, dass es möglichst zahlreich gelesen wird.

Betrachten wir zur Beantwortung dieses umfangreichen Fragenkomplexes zunächst einmal die klimatische „Normalsituation", wie sie ohne El Niño entlang der südamerikanischen Pazifikküste vorherrscht. Sie ist sozusagen das klimatische Gegenstück von *El Niño* und wird deshalb neuerdings konsequenterweise als *La Niña* (Mädchen) bezeichnet. Prägend für das Normalklima von der nordchilenischen Küste über die gesamte „Costa" Perus bis nach Niederecuador, also von den nördlichen Subtropen bis fast zum Äquator, sind die Auswirkungen des außergewöhnlichsten Kaltwasserstroms der Erde und dessen Wechselwirkungen mit der Atmosphäre und – was Neoklimatologen häufig außer Acht lassen – mit dem Relief der angrenzenden Landoberfläche.

Dies belegen eindrucksvoll die Temperaturbedingungen. Während beispielsweise an der brasilianischen Atlantikküste, in San Salvador, im Hochsommer 26° C als höchstes Monatsmittel der Lufttemperatur gemessen werden, sind es auf gleicher geographischer Breite, in Lima an der Pazifikküste, infolge des hier entlang streichenden *Humboldtstroms* nur 22° C. Für den Winter betragen die Vergleichswerte 23° bzw. 15° C. Noch deutlicher wird die thermische Auswirkung des Humboldtstroms, wenn man die Oberflächentemperatur des östlichen Pazifiks mit den entsprechenden Breitenkreismitteln vergleicht. Die größte Abweichung mit 8° C ergibt sich zwischen dem unmittelbaren Küstenwasser und den Gewässern etwas weiter vor der Küste. Außerdem, und das ist Weltrekord, erstreckt sich die mittlere negative Temperaturanomalie am südlichen Wendekreis rund 40 Längengrade bis zur Osterinsel (ca. 3.900 km) nach Westen in den offenen Pazifik, während es am Äquator sogar 70 Längengrade sind. Das kalte Wasser des Humboldtstroms reicht also hier über 7.800 km weit bis in die Mitte des Pazifiks.

Die Rückkopplung Atmosphäre – Landoberfläche – Ozean, die das Klima und seine Schwankungen im Südpazifik bestimmt, funktioniert folgendermaßen *(Abb. 53 oben)*: Unmittelbar vor der Nordküste Chiles liegt als quasipermanentes, äußerst ortsfestes Hochdruckgebilde die so genannte **Südpazifische Antizyklone** (ein Pendant zu unserem europäischen Azorenhoch) mit Kern über dem südlichen Wendekreis. Quasipermanenz und Ortsfestigkeit sind ein Ergebnis der auf der Südhalbkugel größeren Zirkulationsenergie der Atmosphäre. Die Ostflanke der Antizyklone koinzidiert dabei rein zufällig mit der Küstenlinie, d. h. beide verlaufen annähernd parallel. Wie wir bereits abgeleitet haben *(Kap. 7.2.2)*, herrschen in einer Antizyklone permanent dynamische

Absinkbewegungen von aus der Höhe „eingefütterten" Luftmassen, welche auf der Südhalbkugel in Bodennähe gegen den Uhrzeigersinn aus dem Hochdruckgebilde herauswehen. Dies führt in unserem konkreten Fall dazu, dass permanent ein äußerst trockener Wind küstenparallel mit ablandiger Tendenz aus südlichen in nördliche Richtungen weht. Die Koinzidenz zwischen Küstenlinie und dem Ostrand der Antizyklone erhöht zusätzlich die Absinktendenz der Luftmassen und damit die Stärke des Windes. Die Reibungsverluste sind über der Wasserfläche des Ozeans wesentlich geringer als über Land.

Diese quasipermanente, starke Luftbewegung ist der **Antriebsmotor des Humboldtstroms**. Seiner Herkunft aus antarktischen Breiten sowie dem Aufquellen von Tiefenwasser infolge einer ablandigen Windkomponente, aber auch infolge der ablenkenden Wirkung der Erdrotation (Corioliskraft), welche auf der Südhalbkugel nach links wirksam ist, verdankt der Humboldtstrom die extreme Kälte seiner Wassermassen. Corioliskraft und Wind bewegen das kalte antarktische Wasser der Meeresströmung weg vom Land, so dass im unmittelbaren Küstenbereich zusätzlich zum antarktischen Akzent des Meeresstroms kaltes Tiefenwasser aufquellen kann. Aus diesem Sachverhalt erklärt sich auch die Tatsache, dass die Temperaturanomalie des Humboldtstroms in unmittelbarer Küstennähe am größten ist.

Und welche klimatischen Konsequenzen ergeben sich daraus? Mit einfachen Worten gesagt: Die Atacama als extremste Wüste der Erde! Allerdings ist hier zusätzlich ein weiterer Rückkopplungseffekt mit dem Relief der angrenzenden Landoberfläche zu beachten, denn die Wüste ist das Ergebnis des Zusammenwirkens atmosphärischer, ozeanischer und topographischer Faktoren, die im Zusammenspiel fast jeglichen Wasserdampftransport vom Pazifik ins Landesinnere unterbinden. Ein solcher kann deshalb, wenn überhaupt, nur von der Landseite aus über den rund 4.000 m hohen, undurchbrochenen Puna- und Altiplanoblock der Anden erfolgen, was aber bei konvektiver tropischer Zirkulation praktisch unmöglich ist. Und wenn sich doch einmal Konvektionswolken vom Amazonasbecken über die Anden westwärts vorschieben, dann verdunsten ihre Regentropfen auf der langen Fallstrecke durch die trockene Wüstenluft.

Von atmosphärischer Seite aus tritt hier wieder die schon erwähnte **Südpazifische Antizyklone** auf den Plan. Ihre permanent absinkenden, völlig trockenen Luftmassen erwärmen sich beim Abstieg trockenadiabatisch um rund 1° C pro 100 m *(Kap. 7.1.3)*. Der Abstieg kann jedoch nicht bis zum Boden erfolgen, da sich die in Bodennähe befindliche Luft dort erwärmt und infolge dessen aufsteigt. Die beiden unterschiedlichen Luftkörper treffen folglich in einer bestimmten Höhe auf-

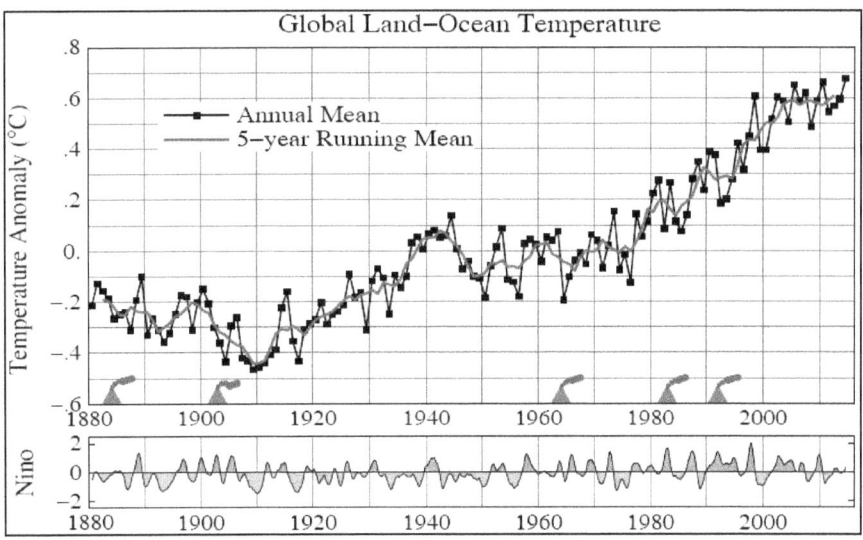

52: *Die globale Land-Ozean-Temperatur 1880 – 2015 und ihre Wechselwirkung mit explosiven Vulkanausbrüchen und El-Niño-Ereignissen.*
Quelle: GISS (Goddard Institute for Space Studies) Global Temperature.

einander. An dieser Stelle ist die absteigende Luft gezwungen, seitlich auszuweichen. Gleichzeitig kann die aufsteigende Luft nicht weiter steigen. Auch sie weicht seitlich aus, weil sich Auf- und Abtriebskräfte die Waage halten. Man bezeichnet eine auf diese Weise entstandene Luftschichtung als **Inversionsschicht**. Inversion bedeutet so viel wie „Umkehr", und zwar **Temperaturumkehr**.

Dieses Phänomen können wir bei einer Inversionswetterlage auch bei uns beobachten. Beispielsweise bei einer Autofahrt von Freiburg im Breisgau auf den 1284 m hohen Schauinsland, an einem spätherbstlichen Tag, wenn unten in der Stadt dichter Nebel herrscht. Bei ungefähr 800 Höhenmetern, manchmal auch weiter oben oder unten, verschwindet der dichte Nebel schlagartig. Er wogt wie ein unendlich scheinendes Meer unter uns, und über uns breitet sich ein stahlblauer Himmel aus! In diesem Moment haben wir die Untergrenze der Inversionsschicht erreicht. Wenn wir während der Fahrt unser Außenthermometer beobachtet haben, so werden wir feststellen, dass ab dem Beginn der Inversion die Temperatur mit zunehmender Höhe steigt und nicht etwa weiter abfällt, wie es ja eigentlich zu erwarten wäre! Die aus der Höhe abgestiegenen trockenen Luftmassen haben sich auf ihrem Weg nach unten so stark erwärmt, dass wir die positive Temperaturanomalie deutlich fühlen können. Auf dem weiteren Weg nach oben werden wir sehen, dass es eine ganze Weile dauert, bis die Temperatur wieder normal zu fallen beginnt. Eine Inversionsschicht fungiert aufgrund ihrer thermischen Eigenschaften als Sperrschicht. Weder von oben, noch von unten können Luftpartikel durch sie hindurch transportiert werden.

Zurück zur Atacama, zum Humboldtstrom, zur Südpazifischen Antizyklone und zu La Niña. Als klimatologische Konsequenz der Südpazifischen Antizyklone tritt eine quasipermanente Inversion auf, die sich an 97 % aller Tage eines Jahres über dem Ostpazifik und seiner Küstengebiete einstellt und deren Untergrenze nach Weischet im Mittel in einer Höhe von 1016 m NN liegt. Die Standardabweichung beträgt ± 274 m. Diese durch Radiosondenaufstiege ermittelten Werte sind insofern interessant, als sie den Beweis dafür liefern, dass die Krone der südamerikanischen Küstenbergländer - und das ist der *topographische Faktor* - auf jeden Fall stets höher liegt als die Untergrenze der Inversion. Drei Bedingungen sind es, dies sei zur Erinnerung noch einmal wiederholt, welchen diese äußerst stabile Inversion ihre Existenz verdankt:

1. der absolut verlässlichen Ortsfestigkeit der Südpazifischen Antizyklone (Resultat der auf der Südhalbkugel stärkeren Zirkulationsenergie),

2. der zufälligen Koinzidenz zwischen der Küstenlinie und dem Ostrand der Antizyklone (erhöhter Divergenzeffekt = verstärkte Absinktendenz der Luftmassen)

3. und der permanenten Abkühlung der Luftmassen durch den küstennahen kalten Humboldtstrom.

Unter diesen Bedingungen ist das Küstengebiet nach Westen, zum Pazifik hin, vollkommen abgeschottet, und auch von Osten, vom Amazonasbecken her, können keine Niederschläge aufkommen. Nicht nur die Inversion verhindert eine wirkungsvolle Konvektionstätigkeit vom Boden her, sondern ebenso das kalte Meerwasser des Humboldtstroms. Das Ergebnis ist eine rund 3.000 km lange, aber nur wenige Kilometer breite Küstenwüste, deren Kerngebiet die *maritime Atacama* bildet. Östlich des Küstenberglands findet die Atacama beiderseits des Wendekreises ihre *kontinentale* Fortsetzung bis an den westlichen Fuß der Hochanden.

Bleibt noch die Frage zu klären, warum der Humboldtstrom nördlich von Lima allmählich beginnt, nach Westen umzubiegen, wobei er südlich der Galapagosinseln vorbei streicht und anschließend in etwa dem Äquator bis zum 140. Meridian folgt. Dort, im mittleren Pazifik, hat sich das kalte Wasser auf seinem langen Weg soweit erwärmt, dass aus dem kalten Humboldtstrom der warme Südäquatorialstrom geworden ist. Dieser verläuft weiterhin unbeirrt nach Westen und biegt schließlich vor dem Hindernis der indonesischen Inselwelt südwärts um und bestreicht die australische Ostküste. Gleichzeitig kommt es vor dem Hindernis zusätzlich zu einem Rückstau warmen Wassers, welcher den Meeresspiegel in dieser Zone um etwa 50 cm ansteigen lässt *(Abb. 53 oben)*.

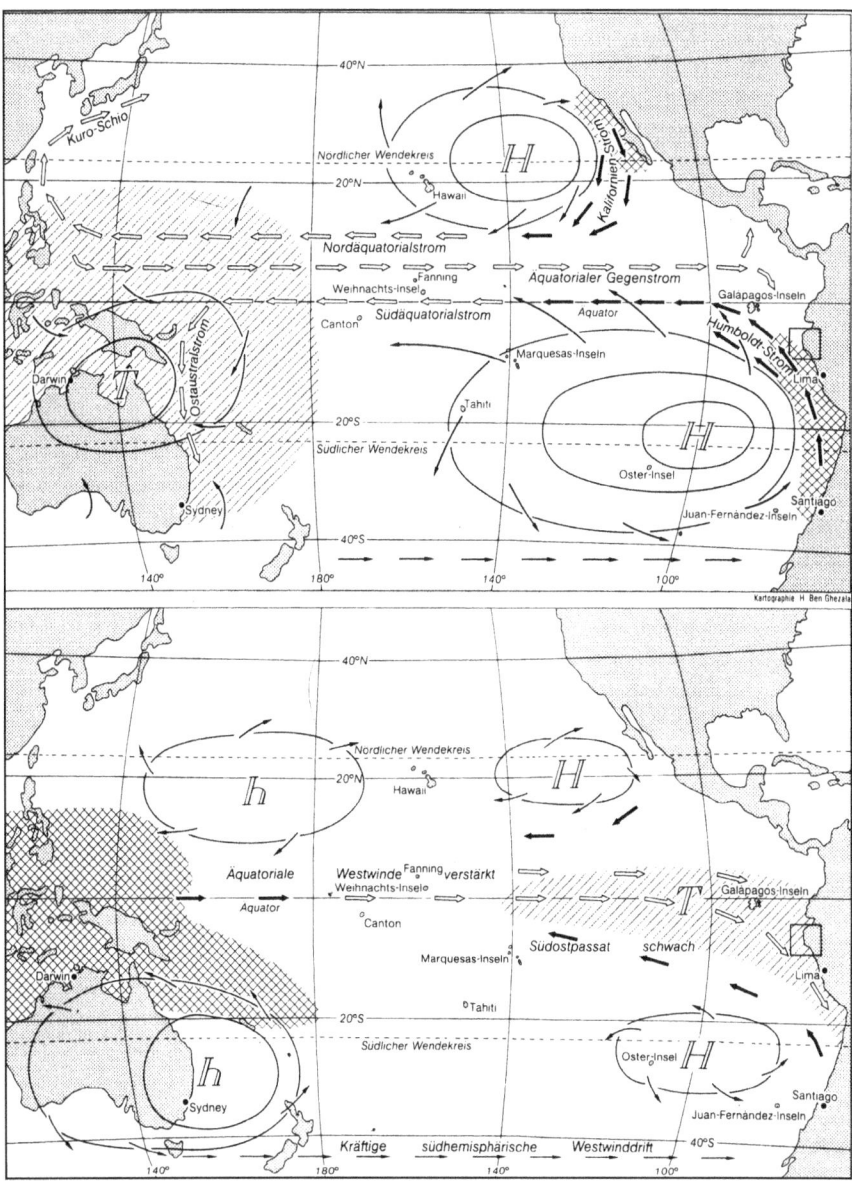

53: Vergleich der atmosphärischen und ozeanischen Zirkulation in einem Normaljahr (oben) und während einer El-Niño-Phase.
Aus W. Weischet, 1996, S.399.

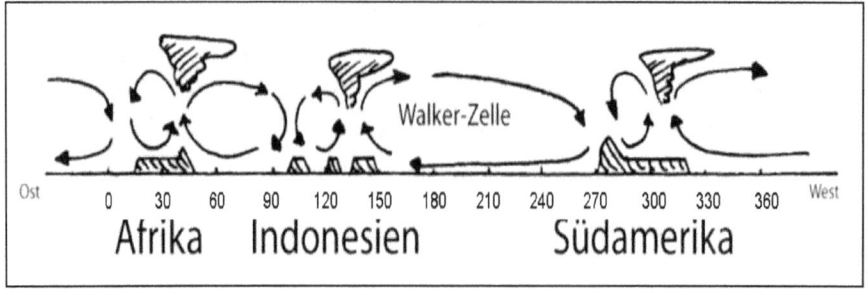

54: Schematische Darstellung der Walkerzirkulation.
http://de.wikipedia.org/wiki/Planetarische_Zirkulation

Als Antrieb dieses ausgedehnten südpazifischen Meeresstromsystems fungiert, wie schon dargelegt, an erster Stelle die Südpazifische Antizyklone. Außerhalb ihrer Reichweite, in Äquatornähe, kommt noch eine zweite Antriebskraft hinzu, und zwar die nach ihrem Entdecker benannte **Walkerzirkulation** oder auch **Walkerzelle** der Allgemeinen Zirkulation der Atmosphäre *(Abb. 54, 55 oben)*. Sie ergibt sich aus dem hohen Luftdruckgefälle zwischen der Südpazifischen Antizyklone (Hoch) über dem Ostpazifik und einem großräumigen tropischen Tiefdruckgebiet über dem austral-indonesischen Sektor. Dieses Druckgefälle hat eine großräumige Luftzirkulation in zonaler Richtung zur Folge. Im bodennahen Stockwerk der Atmosphäre strömen Luftmassen als Südostpassat mit starker Ostkomponente aus der Antizyklone in westliche Richtung zum Tief. In einem darüber liegenden Stockwerk strömt zum Ausgleich konsequenterweise der so genannte Antipassat von West nach Ost. Die Walkerzirkulation bewegt sich also quer zur großräumig meridional verlaufenden allgemeinen Zirkulationsrichtung zwischen Subtropenhoch und Äquatorialer Tiefdruckrinne.

Aber was hat all das mit El Niño zu tun? Ganz einfach: El Niño ist das klimatische „Gegenstück" von La Niña, welches sich in unregelmäßigen Zeitabständen etwa alle 5 – 9 Jahre, mitunter auch noch seltener, für einige Sommermonate einstellt. Das bedeutet, dass bei einer El-Niño-Situation die Stabilitätskriterien von La Niña plötzlich weggefallen sind *(Abb. 53 unten)*. Anstelle der quasipermanenten dynamischen Absinkinversion herrscht dann vor der südamerikanischen Pazifikküste eine labile Luftschichtung vor, wie sie für die sommerliche Regenzeit in den äußeren Tropen global gesehen typisch ist. Das kalte Wasser des Humboldtstroms ist gleichzeitig durch tropisches Warmwasser ersetzt worden.

Eine solche „Umstellung" ist nur dann möglich, wenn sich die Südpazifische Antizyklone plötzlich – aus welchem Grund auch immer – entscheidend abschwächt. Die genaue Ursache dieses Vorgangs ist noch nicht ganz geklärt. Jedenfalls sind damit die quasipermanente Absinkinversion und die Passate ebenso außer Kraft gesetzt wie der Antriebsmotor des Humboldtstroms. Eine Labilisierung der Luftschichtung ist somit gegeben, konvektives tropisches Witterungsgeschehen wird in diesem Moment möglich. Gleichzeitig herrscht über dem austral-indonesischen Sektor, wo normalerweise ein ausgedehntes Tiefdrucksystem liegt, höherer Luftdruck als über dem mittleren Pazifik, denn die abgeschwächte Antizyklone reicht mit ihrem Einfluss räumlich nicht mehr so weit. Die Walkerzirkulation kommt dadurch zum Erliegen oder kehrt sich im Extremfall sogar um. Der nach Westen gerichtete Strom kalten Wassers ist unterbunden. Der *Äquatoriale Gegenstrom* mit seinem 28° C warmen Wasser (+8° C gegenüber der Normalsituation) rückt etwas über den Äquator hinaus nach Süden vor und kann bei genügend langer Dauer der Oszillation bis zur peruanischen und chilenischen Küste vordringen. In Extremfällen gleitet die Warmwasserwelle bis nach Alaska und Kap Hoorn an der Küste entlang.

Die entscheidende Verstärkung erhält der Äquatoriale Gegenstrom dabei durch das vor dem austral-indonesischen Sektor 50 cm hoch aufgestaute Warmwasser *(Abb. 55 oben)*. Dieses schwappt nämlich als doppelte *äquatoriale Kelvinwelle* mit einer Breite von jeweils 300 km auf beiden Seiten des Äquators zielgerichtet auf die süd-

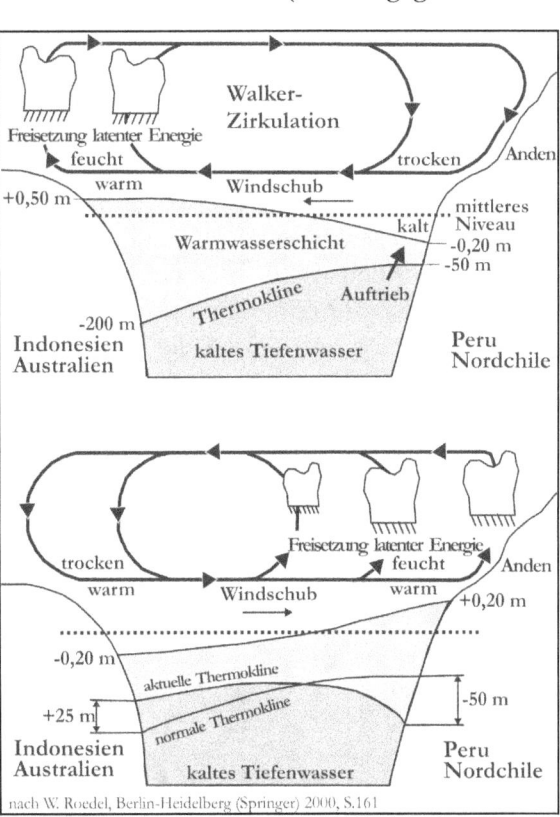

55: Schematische Darstellung des ENSO-Phänomens.
Normale Walkerzirkulation mit Südostpassat und Absenkung der Thermokline im Westpazifik (oben). Höhepunkt einer El-Niño-Entwicklung mit Absenkung der Thermokline im Ostpazifik, Umkehrung der Walker-Zirkulation (unten).

amerikanische Küste zu *(Abb. 56 u. 57)*. Dort steigt dann die Wassertemperatur auf +5° C über den Normalwert an. Dies trägt zusätzlich zur Labilisierung der Luftschichtung und zur Konvektion sowie zur Wasserdampfanreicherung in der Luft bei *(Abb. 55 unten)*. Die Phasengeschwindigkeit der beiden **baroklinen** (zwischen Wasserschichten verschiedener Dichte propagierenden) **Kelvinwellen** beträgt typischerweise 0,5 – 3 m pro Sekunde.[111] Sie benötigen somit vom Äquatorgebiet vor Indonesien zwei bis drei Monate, um sich innerhalb des äquatorialen Wellenleiters oberhalb der **Thermokline** über 13.000 km weit bis nach Südamerika, nicht selten sogar bis Kap Hoorn oder auch an die nordamerikanische Küste auszubreiten *(Abb. 56)*.

Was bei einer derartigen Konstellation witterungsmäßig abläuft, ist einfach abzuleiten. Es kommt entlang der pazifischen Küste von Niederecuador über die peruanische Costa bis in die chilenische Atacama hinein zu tropischen Zenitalregen, deren Stärke von Norden nach Süden abnimmt. Gleichzeitig wird der gesamte, an das planktonreiche Kaltwasser des Humboldtstroms angepasste marine Biotop durch nährstoffarme tropische Gewässer temporär in andere Meeresregionen verdrängt. Wegen ihrer Fisch- und Planktonarmut sind derartige Warmwasserzonen als „Wüsten der Ozeane" berüchtigt.

Eine solche **ENSO (El Niño Southern Oscillation)** hat natürlich katastrophale Auswirkungen auf die betroffenen Küstenabschnitte. Zum einen kommt die für Peru besonders bedeutende Fischereiwirtschaft

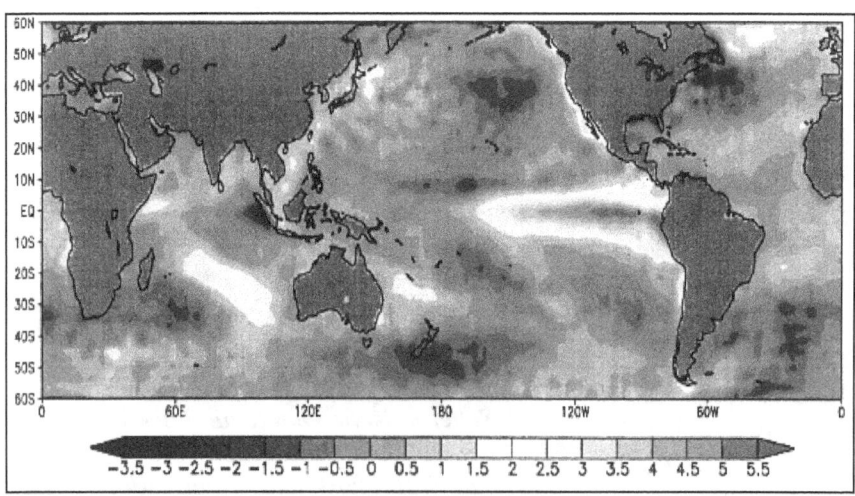

56: Anomalien der Meeresoberflächentemperatur im Dezember 1997.
Quellen: National Centers for Environmental Prediction (NCEP), National Oceanic and Atmospheric Administration (NOAA).
Nach Wikipedia http://de.wikipedia.org/wiki/El_Niño

---

[111] Nach Wikipedia: http://de.wikipedia.org/wiki/Kelvinwelle

57: 3-D-Karte der El-Niño-Situation von 1998. Deutlich zu sehen sind die beiden mächtigen Wolkenbänder, die sich auf die tropische bzw. subtropische Küste von Südamerika zu bewegen. Den Westen Kolumbiens bedecken mächtige Konvektionstürme.
Bildquelle: NASA/Public Domain.

der gesamten Region komplett zum Erliegen. Darüber hinaus aber hinterlassen die tropischen Regenmassen regelmäßig verheerende Flutschäden. In den ausgedörrten, zum Teil über Jahre hinweg niederschlagslosen Wüsten- und Halbwüstengebieten kommt es überall zu enormen Hochwasserkatastrophen. Die Wassermassen – teilweise fallen bis zu 250 mm Niederschlag innerhalb weniger Tage, oder um die 50 mm bei einzelnen Gewitterschauern – können in den ultratrockenen Böden nicht versickern, sondern müssen oberflächlich abfließen. Es bedarf keiner besonderen Phantasie, um sich das Ausmaß derartiger Überschwemmungen vorzustellen.

In Indonesien und Australien führt El Niño dagegen zu ungewohnter Trockenheit, die sich bei entsprechender Stärke der zuständigen Antizyklone häufig zur Dürre entwickelt. Busch- und Waldbrände sind dann keine Seltenheit, und Missernten können die Preise von wichtigen Exportgütern in die Höhe treiben. Beispielsweise stieg der Preis von Palmöl während der starken El Niños von 1972/73 und 1982/83 um mehr als das Doppelte.

Abschließend werfen wir noch einen Blick auf *Abbildung 52*. Sie zeigt in ihrem unteren Teil, dass ENSO ganz offensichtlich auch Fernwirkungen ausübt, denn die mittlere globale Land-Ozean-Temperatur steigt in El-Niño-Jahren um bis zu 1° C, und bei La-Niña-Normalsituationen sinkt sie um den gleichen Betrag ab. Wo genau die Fernwirkungen von El Niño spürbar werden, vermitteln die *Abbildungen 53 und 56*.

Die vor Kalifornien stationierte Antizyklone, Antriebsmotor des kalten Kalifornienstroms sowie des Nordäquatorialstroms, schwächt sich bei ENSO-Situationen genauso ab wie die Südpazifische Antizyklone. Das Ergebnis ist ein Ähnliches: Der Kaltwassertransport vor der kalifornischen Küste wird ebenso unterbrochen wie die passatische Verfrachtung von Wassermassen in Richtung Westen. Damit kommt auch der Warmwasserstrom des **Kuro-Schio** zum Erliegen. Er hat eine ähnliche, wenn auch etwas geringere klimatische Wirkung wie sein großer Bruder, der Golfstrom.

Das heißt, dass es in Japan und auch am Golf von Alaska sowie entlang der kanadischen Pazifikküste vorübergehend kühler wird. Am bemerkenswertesten ist jedoch die Tatsache, dass die *äquatorialen Kelvinwellen* beim Auftreffen auf den Ostrand des pazifischen Ozeanbeckens in *Küsten-Kelvinwellen* umgewandelt werden. Diese propagieren (setzen sich fort) beiderseits des Äquators polwärts, indem sie jeweils an der süd- und nordamerikanischen Küste entlang streichen. So wurden bei El-Niño-Ereignissen durch Kelvinwellen transportierte Warmwasseranomalien entlang der Küste bis in den Golf von Alaska und bis Kap Hoorn durch Satellitenmessungen belegt *(Abb. 56)*. Somit kommt es nicht nur an der Costa Perus zur Labilisierung der Luftschichtung und den damit einher gehenden Unwetterkatastrophen, sondern ebenso im Küstenhinterland von Kalifornien und Mexiko.

Häufig liest man in der klimatologischen Literatur, dass auch Teile des tropischen Südamerikas östlich der Anden von Fernwirkungen El Niños beeinflusst werden. So sind beispielsweise Cubasch und Kasang der Auffassung, dass der nördliche Amazonasraum sowie der Nordosten Brasiliens bei ENSO-Situationen unter Trockenheit bzw. Dürre zu leiden haben.[112] Diese einst kühne Annahme lässt sich heute durch Satellitenmessungen tatsächlich beweisen *(Abb. 56)*. Sie belegen eindeutig, dass auch zwischen Australien und Afrika sowie zwischen Afrika und Südamerika episodische Schwankungen der Walkerzirkulation existieren, so dass es auch hier zu Veränderungen des Witterungsablaufs kommen kann. Aber diese sind insbesondere zwischen Südafrika und Südamerika nicht im Entferntesten so gravierend wie diejenigen auf der pazifischen Seite Südamerikas und im austral-indonesischen Sektor.

Daneben werden auch Stimmen laut, die bei ENSO selbst Schwankungen erkennen wollen, die möglicherweise etwas mit der allgegenwärtigen Klimaerwärmungshysterie zu tun haben könnten. Nach dem aktuellen Stand der Dinge sind das allenfalls Mutmaßungen. Dies gilt eben-

---

[112] Cubasch, Ulrich u. Dieter Kasang: Anthropogener Klimawandel. Gotha (Klett-Perthes) 2002, S. 88.

so für Denkansätze, die selbst im fernen Europa El Niño für klimatische Anomalien verantwortlich machen möchten.

8.5.2 NAO – die Wettergöttin Europas

Bleiben wir deshalb besser bei konkreten Tatsachen, die wissenschaftlich belegbar sind, denn Europa und der nordatlantische Raum besitzen eigenständige interne Systemschwankungen, von denen die meisten von uns gar nichts ahnen. Es muss nicht immer nur El Niño persönlich sein, denn er hat in Europa einflussreiche Verwandtschaft! Denken wir einmal an den Rekordwinter 2012/2013 zurück. Damals verging kaum ein Tag, an welchem keine Katastrophenmeldungen über das eiskalte Wetter und dessen Folgen erschienen. So schrieb beispielsweise die Rheinische Post am 26. März 2013:
„Im Nordosten Deutschlands purzeln die Wetterrekorde. Der März zeigt sich als der kälteste und schneereichste Monat seit Beginn der Wetteraufzeichnungen im Jahr 1901… *(Anmerkung des Autors: Die Wetteraufzeichnungen in Deutschland begannen bereits 1781 auf dem Hohenpeißenberg in Bayern. Andernorts, z. B. in Potsdam, 1880/81)* …In Moskau fielen gestern 70 Zentimeter Neuschnee an einem einzigen Tag…Auch Friedrich-Wilhelm Gerstengarbe war gestern Zeuge eines Temperaturrekords. In Potsdam wurde in der Nacht zu Montag mit minus 11,4 Grad der aus dem Jahr 1899 stammende alte März-Kälterekord von minus 10,4 Grad deutlich unterboten. Dennoch glaubt das Vorstandsmitglied des Potsdamer Instituts für Klimafolgenforschung (PIK) weiter an den fortschreitenden Klimawandel. Das Auftreten von Extremwetterlagen ist typisch für ein instabiles Klima, erklärt der Professor für Meteorologie."
Ein solcher Rekordwinter hat nämlich mancherorts die Frage laut werden lassen, ob denn der Klimawandel gar nicht mehr weiter stattfinden würde, zumal doch vor nicht allzu langer Zeit weitere kalte Winter in Europa verzeichnet wurden. Und seit 1998 ist keine zusätzliche globale Erwärmung mehr gemessen worden. Natürlich wissen wir, dass so kurze Zeiträume nicht geeignet sind, klimatische Folgerungen aus Witterungsextremen oder auch aus Messreihen zu ziehen. Aber dennoch war die Frage, ob der seit 1998 festgestellte Stillstand der Erwärmung der Erdatmosphäre ein Zeichen für einen dauerhaften Rückgang sein könnte, Ausgangspunkt für die Studie eines internationalen Forscherteams der Universität Oxford,[113] veröffentlicht in der Fachzeitschrift

---

[113] Nach Rheinische Post vom 20. 5. 2013.

8 Wie die Natur das Klima wandeln kann

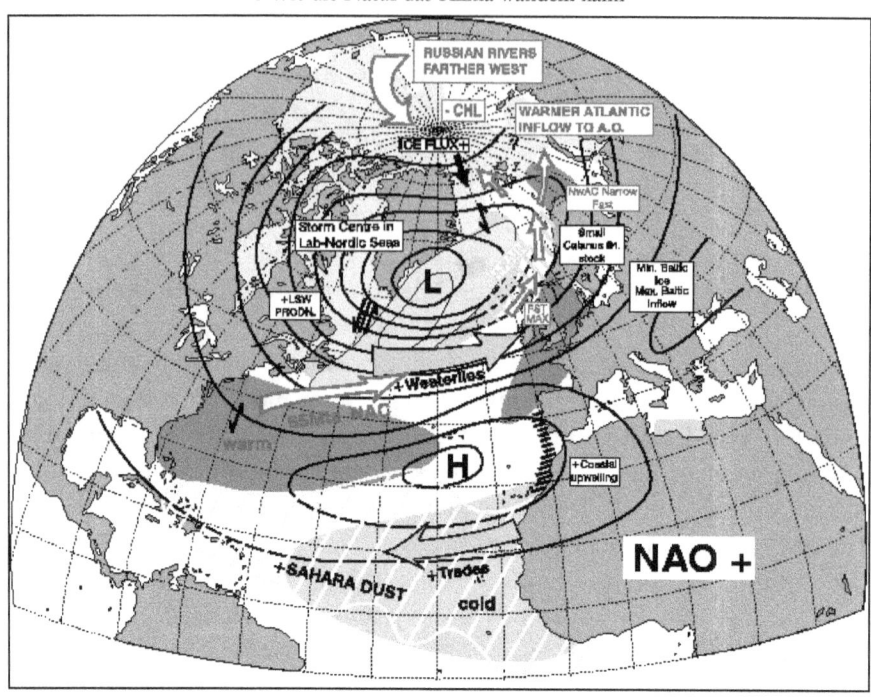

58/59: Großräumige klimatische Auswirkungen von NAO-Situationen bei positivem und negativem Index.
http://www.secam.ex.ac.uk/cat/NAO

"Nature Geoscience". Hier wird gegenüber den bisherigen Szenarien deutlich zurückgerudert, denn man will plötzlich wissen, dass die weitere Erderwärmung langsamer fortschreiten werde, als bislang (berechnet). Deshalb meint auch Jochem Marotzke vom Max-Planck-Institut für Meteorologie in Hamburg, mahnend den Zeigefinger erheben zu müssen. „Es sei wichtig, Veränderungen innerhalb eines Jahrzehnts nicht überzubewerten." Im vergangenen Jahrzehnt (gemeint sind offenbar die letzten 15 Jahre?) habe sich die Erde insgesamt weiter erwärmt. Dies sei aber statt an der Erdoberfläche tief im Ozean passiert.[114] Natürlich wüssten wir alle gerne, wie so etwas physikalisch gehen kann, so ganz schnell und klammheimlich hinter den Klimakulissen *(Kap. 4.2)*. Aber das wird vermutlich Marotzkes Geheimnis bleiben. Offenbar muss wohl eine anthropogene Erwärmung her. Ganz egal wann, wo und wie.

Dabei lässt sich das Problem der kalten Winter in Europa auf ganz elegante Weise aus der hysterischen Klimadiskussion herausmanövrieren. Das Schlüsselwort lautet **Nordatlantische Oszillation (NAO)**. Sie entspringt im Wesentlichen dem atmosphärischen Bereich und ist

---

[114] Ebda.

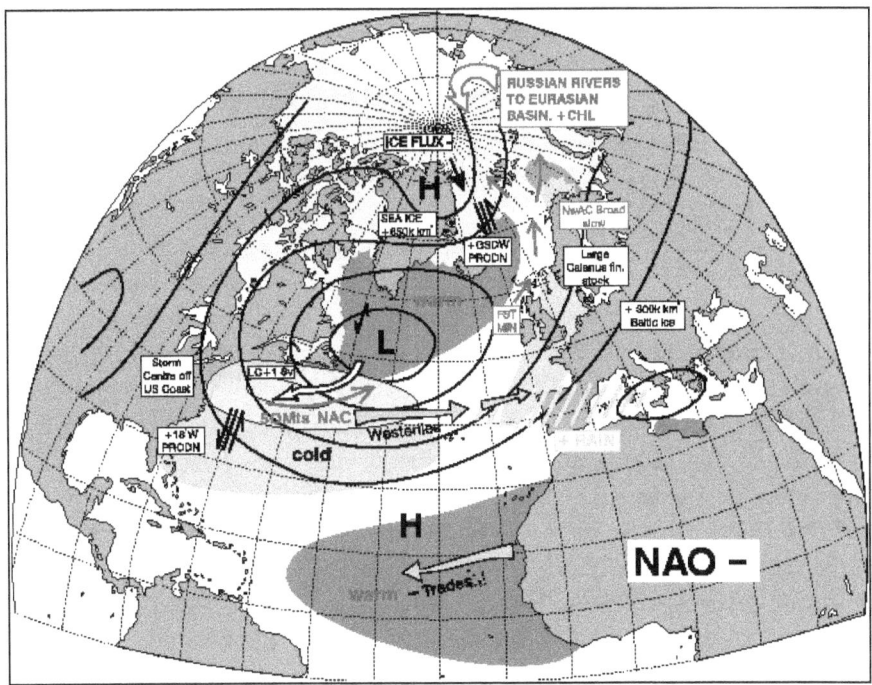

nichts anderes als eine großmaßstäblich ablaufende natürliche Klimavariabilität mit weit reichenden Auswirkungen auf Witterung und Klima in der nordatlantischen Region sowie auf den angrenzenden Kontinenten, die da sind Europa, Nordafrika und Nordamerika. Ausgelöst wird sie durch Schwankungen des Luftdruckgefälles zwischen dem subtropischen Azorenhoch und dem subpolaren Islandtief, welche den Witterungsablauf über dem nordatlantisch-europäischen Raum gemeinschaftlich steuern. Sie und ihre globalen Pendants werden deshalb auch als **Aktionszentren der Atmosphäre** bezeichnet. Die Schwankungen des Druckgefälles unterliegen keiner erkennbar signifikanten Periodizität. Bei großer Druckdifferenz spricht man von *positiver NAO*, die Westwinddrift ist stark ausgebildet. Bei niedrigem Druckgefälle haben wir es entsprechend mit einer *negativen NAO* zu tun, und die Westwinddrift ist nur schwach entwickelt. Die größten Druckamplituden treten naturgemäß im Winterhalbjahr auf.

Als Maß des Luftdruckgefälles dient der so genannte **NAO-Index**, welcher die Differenzen der Anomalien des Luftdrucks im Meeresniveau (Sea Level Pressure, SLP) von festen Stationen vergleicht. Da von verschiedenen mit der NAO befassten Forschern unterschiedliche Bezugspunkte zugrunde gelegt und unterschiedlich lange Zeitreihen ausgewertet wurden, existieren folglich auch mehrere NAO-Index-Zeitreihen. Für das Azorenhoch werden üblicherweise die monatlichen SLP-Anomalien von Ponta Delgada (Azoren), Lissabon oder Gibraltar, für das Islandtief die SLP-Anomalien der isländischen Stationen Stykkisholmur oder Akureyri verwendet.[115]

Die klimatischen Auswirkungen von ***NAO*** sind ähnlich gravierend für den größten Teil Europas, den nordatlantischen Raum und die nordamerikanische Ostküste wie eine ***ENSO*** für die Westseite Südamerikas und den austral-indonesischen Sektor. In beiden Fällen wird die Klimaschwankung eingeleitet durch eine Abschwächung der subtropisch-randtropischen Hochdruckzelle. Doch die Konsequenzen sind auf der Landhalbkugel mit arktischem Meeresbecken (Nordhemisphäre) vollkommen andere als auf der Wasserhalbkugel mit antarktischem Eiskontinent. Bei ***positiver NAO***, d.h. bei stark ausgebildetem Azorenhoch und Islandtief, wehen die vorherrschenden Westwinde zwischen der Nordflanke des Hochs und der Südflanke des Tiefs besonders kräftig. Sie tragen die thermisch ausgeglichenen, milden und feuchten Luftmassen des Atlantiks weit nach Osten in den Kontinent hinein. Kein quer verlaufendes Gebirge bildet ein Hindernis. Das war zum Beispiel während der neunziger Jahre der Fall, einer Periode, aus der vielen Menschen noch starke Winterstürme in Erinnerung geblieben sind.

Bei ***negativer NAO*** hingegen schläft die Westwinddrift fast gänzlich ein. Das Azorenhoch hat sich unter starker Abschwächung weiter nach Süden zurückgezogen, und auch das Islandtief ist schwächer ausgebildet als normal. Als Konsequenz können trocken-kontinentale Luftmassen aus Nordosteuropa ungehindert nach Mitteleuropa vorrücken, häufig sogar bis nach Westeuropa und zu den Britischen Inseln, und bescheren den betroffenen Gebieten im Winter eisige Temperaturen. Nicht selten halten sich derartige Wetterlagen mit ihrer klirrenden Kälte äußerst hartnäckig. Die atlantischen Tiefs mit ihren milden und feuchten Luftmassen weichen um die Stirnseite der sie blockierenden kontinentalen (Kalt-) Luft herum nach Süden aus, dringen über Spanien ins Mittelmeergebiet ein und führen dort zu ungewöhnlich hohen Niederschlägen. Die subtropisch-randtropische Antizyklone, welche das Mittelmeergebiet die meiste Zeit des Jahres vor dem Vordringen von atlantischen Tiefdruckausläufern abschirmt (blocking action), hat sich bei negativem NAO-Index soweit abgeschwächt und nach Süden zurückgezogen, dass die Regenfronten ungehindert durchziehen können.

Allerdings, und das sei an dieser Stelle eigens wiederholt, stellt sich eine solche NAO-Situation eher selten im Sommer ein, sondern weit überwiegend im Winterhalbjahr, wenn sich der Kern der Antizyklone jahresperiodisch bedingt ohnehin weiter südlich befindet. Das Mittelmeergebiet gehört klimatisch gesehen bekanntlich zu den Winterregen-

---

[115] http://www.deutscher-wetterdienst.de/lexikon/download.php?file=NAO.pdf

Subtropen, was bedeutet, dass die Hauptmenge der Niederschläge im Winter fällt und dass es im Sommer fast überhaupt nicht regnet. Im langjährigen Mittel stimmt diese Aussage. Kurzzeitig, d. h. bei stark durchgreifenden NAO-Situationen, ergeben sich zeitweise allerdings einschneidende Verschiebungen. Ich habe es selbst erlebt, dass der saharische Süden Tunesiens im Juni 1988 eine Woche lang pausenlos von Starkregen heimgesucht wurde, die sämtliche ausgedörrten Wadis zu reißenden Flüssen anschwellen ließen. Auch das Frühjahr 2013 war im größten Teil des Mittelmeergebietes von Februar bis in den Mai hinein als Folge des lang anhaltenden winterlichen NAO-Ereignisses vollkommen verregnet. Selbst der Sommer war weit weniger heiß und stabil als gewöhnlich.

Die sehr lange Dauer der NAO über mehrere Wochen bis hin zu einer Monate umfassenden „Serie" lässt sich plausibel erklären. Wir hatten bereits in *Kapitel 7.2.2* abgeleitet, dass in der höheren Troposphäre über den mittleren Breiten beider Hemisphären jeweils ein breites Band orkanstarker Westwinde liegt, die beide Halbkugeln zonal umspannen. Hier befindet sich die planetarische Frontalzone, in welcher das Temperaturgefälle zwischen Tropen und Polargebieten am stärksten ausgeprägt ist *(Kap. 7.1.4)*. Der hier tobende Höhenwestwind ist ein **geostrophischer Wind**, d. h. er weht isobarenparallel. Die Bodenreibung macht sich in größerer Höhe als dritte Steuerkraft von Winden nicht mehr bemerkbar, so dass nur die Gradientkraft und die ihr genau entgegengesetzte Corioliskraft wirksam werden. Beide sind gleich stark und wirken genau senkrecht zu den Isobaren.

Der resultierende Wind muss also parallel zu den Isobaren wehen. Dieser Idealzustand stellt sich in Wirklichkeit aber nur rein theoretisch ein, denn der gewaltige Strom des Höhenwestwinds gerät trotzdem in großräumig angelegte, wellenförmige Schwingungen, weil Ungleichförmigkeiten der Erdoberfläche Turbulenzen hervorrufen, die bis ganz nach oben durchgreifen. Beispielsweise machen sich quer zur Windrichtung verlaufende Hochgebirge wie die Rocky Mountains oder die Anden schwingungsanregend bemerkbar oder auch die Übergänge von Ozeanen zu Kontinenten. Man bezeichnet solche wellenförmigen Schwingungen des Höhenwestwinds nach ihrem Entdecker als Rossbywellen. Diese kommen auf der Nordhalbkugel zahlenmäßig sehr viel häufiger vor als auf der von Wasserflächen geprägten Südhalbkugel.

Wir zählen in unserer Hemisphäre eine Grundstruktur von drei bis sechs großen Wellen, die sich im Mittel langsam von Westen nach Osten fortbewegen. In diesen Mäanderwellen entstehen durch Luftmassen-Umverteilungen (Ryd-Scherhag-Effekt) die dynamischen Aktionszentren der Atmosphäre, in unserem Fall also Azorenhoch und Islandtief *(Kap. 7.2.2)*. Durch die **Fortbewegung der Rossbywellen** verändert sich als Konsequenz der NAO-Index kontinuierlich. Wenn nun aber, was beispielsweise im Winter 2012/2013 passiert ist, die Rossby-Wellen vorübergehend stehen bleiben, stationär werden, dann bescheren sie uns lang andauernde Wetterbedingungen. Ist in einem solchen Moment der NAO-Index zufällig an einem Tiefpunkt angelangt, dann kann es eben zu einem der eingangs dieses Kapitels beschriebenen hartnäckigen und nachhaltigen winterlichen Kälteeinbrüche kommen. Die Herren Gerstengarbe und Marotzke brauchen sich also keine ernsthaften Sorgen mehr über besonders kalte Winter zu machen.

Betrachten wir abschließend *Abbildung 58/59*. Hier können wir nicht nur die atmosphärische Seite der NAO ablesen, sondern ebenfalls ihr bemerkenswert breit gefächertes Spektrum an Rückkopplungen mit dem Atlantischen Ozean, welches vom Deutschen Wetterdienst in einer kurzen Übersicht aufgelistet wird: [116]

1. Temperatur und Salzgehalt auf der Westgrönlandbank,
2. Temperatur und Salzgehalt im Labradorstrom,
3. Geschwindigkeit und Mächtigkeit des Labradorstroms,
4. Temperaturanomalien im subtropischen westatlantischen Wasser-wirbel,
5. signifikante Wellenhöhen in der Westwinddrift,
6. Ausdehnung des arktischen See-Eises,
7. Staubtransport aus der Sahara über den subtropischen Atlantik und das Mittelmeer,
8. Steuerung der Intensität der Tiefenkonvektion in Grönlandsee, Labradorsee und Sargassomeer.

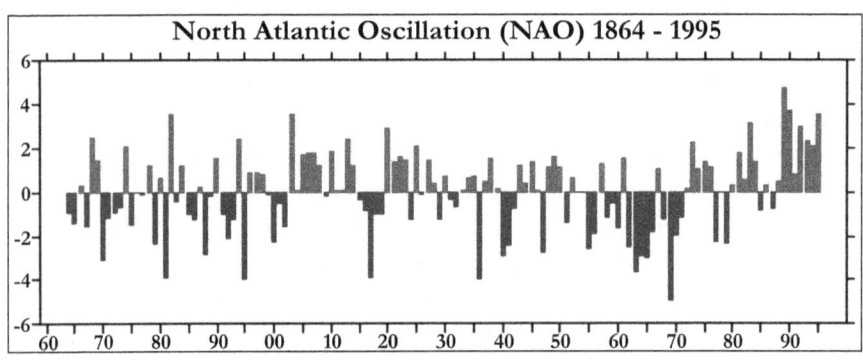

60: *Der NAO-Index von 1864 bis 1995.*
http://www.secam.ex.ac.uk/cat/NAO

[116] http://www.deutscher-wetterdienst.de/lexikon/download.php?file=NAO.pdf

Selbstverständlich tauchen auch hier wieder allerlei Mutmaßungen über mögliche Zusammenhänge zwischen NAO und der globalen Klimaerwärmung auf, ganz ähnlich wie bei ENSO. Der ein oder andere Klimaforscher glaubt sogar schon beim bloßen Betrachten von NAO-Index-Zeitreihendiagrammen gewisse Verdachtsmomente erkannt zu haben. Aber es bestehen keine signifikanten Korrelationen in dieser Richtung – man möchte fast sagen, sehr zum Leidwesen der IPCC-Allmächtigen.

8.5.3 AMO und seine Beziehung zu Hurrikanen

Eine weitere interne Schwankung im Klimasystem der Nordhalbkugel ist die **AMO** genannte *Atlantic Multidecadal Oscillation*. Anders als bei der NAO handelt es sich bei der AMO jedoch nicht um eine atmosphärisch ausgelöste Klimaschwankung, sondern um eine zyklische, im Rhythmus von 50 bis 70 Jahren auftretende **Schwankung der thermohalinen ozeanischen Zirkulation** *(Kap. 4.2)*, welche sich in Variationen der Meeresoberflächentemperaturen im gesamten nordhemisphärischen Atlantik der niederen und mittleren Breiten äußert. Diese haben ihrerseits als Rückkopplung handfeste Auswirkungen auf den thermischen und hygrischen Zustand der Atmosphäre. Angestoßen wird eine solche längerfristige thermohaline Zirkulationsschwankung, so vermutet man, durch ein kurzzeitiges NAO-Ereignis. Die im vorangehenden Kapitel wiedergegebene Auflistung von NAO-Rückkopplungen zeigt diesbezüglich mehrere Möglichkeiten auf, angefangen bei der Steuerung der Intensität der Tiefenkonvektion in der Grönland- und Labradorsee über die Beeinflussung von Temperatur und Salzgehalt auf der Westgrönlandbank und im Labradorstrom bis hin zur Einflussnahme auf die Ausdehnung des arktischen See-Eises.
Die fünf bis sieben Dekaden lang andauernden Perioden der AMO bestehen jeweils aus zwei Phasen: einer wärmeren, gefolgt von einer kälteren. Entdeckt hat man sie bei statistischen Analysen und Auswertungen von gemessenen Klimadaten, wie sie uns seit 1856 zur Verfügung stehen. Vom Beginn der Messungen bis 1900 befand sich demnach die AMO in einer warmen Phase, welcher sich eine bis 1925 andauernde kalte Phase anschloss. Danach begann wieder eine warme Phase, die 1965 von einer weiteren kalten Phase abgelöst wurde. Seit 1995 läuft die nächste, aktuell noch anhaltende Warmphase.
Sie wird in nicht allzu ferner Zukunft wiederum in eine kalte Phase übergehen, wenn nichts dazwischen kommt. Das seit 1998 andauernde Ausbleiben weiter ansteigender Erwärmung gibt diesbezüglich Anlass

zur Hoffnung. Woran aber kaum ein Klimaforscher glaubt. So stark ist der Klimawandel bisher wohl noch nicht ausgefallen, als dass sich hier etwas Grundlegendes ändern könnte. Nach Cubasch und Kasang dürfte sich beispielsweise an der thermohalinen Zirkulation bis in 100 Jahren nicht allzu viel ändern,[117] was wiederum Jacubeit[118] zu der lobenswert kühnen These ermutigt, dass die gegenwärtige warme Phase „voraussichtlich nach einem bevorstehenden Peak der thermohalinen Zirkulation in den darauf folgenden Jahrzehnten ungeachtet der globalen Erwärmung wieder auslaufen dürfte."

Es ist also bis auf weiteres unverändert damit zu rechnen, dass eine verstärkte thermohaline Zirkulation weiterhin zu einer positiven Phase der AMO führen wird, weil mehr Wärme aus den Tropen in den Nordatlantik transportiert wird. Analog führt eine gebremste Zirkulation zu einer negativen Phase.

Die klimatischen Konsequenzen einer warmen Phase sind von ganz beachtlicher Tragweite. So beschert sie dem Mittleren Westen und Südwesten der USA hartnäckige Dürreperioden, während an der amerikanischen Nordwestküste sowie in Europa und auch im afrikanischen Sahel im Mittel mehr Niederschläge fallen. Auch die Intensität des Indischen Monsuns ist verstärkt, während die mittlere Eisbedeckung des

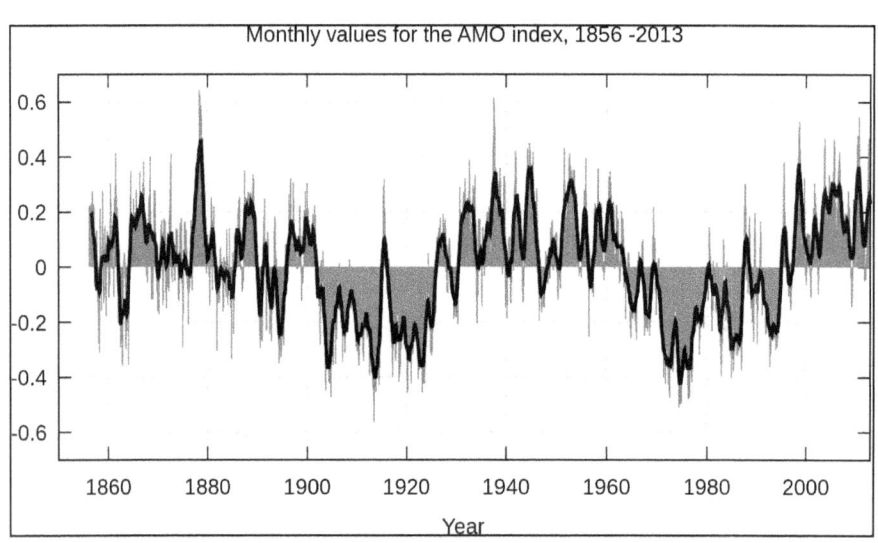

61: Monatlicher AMO-Index von 1856 bis 2013.
http://de.wikipedia.org/wiki/Atlantische_Multidekaden-Oszillation

---

[117] Cubasch, Ulrich u. Dieter Kasang: Anthropogener Klimawandel. Gotha (Klett-Perthes) 2002, S. 86.

[118] Jucundus Jacobeit: Zusammenhänge und Wechselwirkungen im Klimasystem. In: Der Klimawandel. Einblicke, Rückblicke und Ausblicke. Hrsg. W. Endlicher u. F.-W. Gerstengarbe, Potsdam 2007, S. 7.

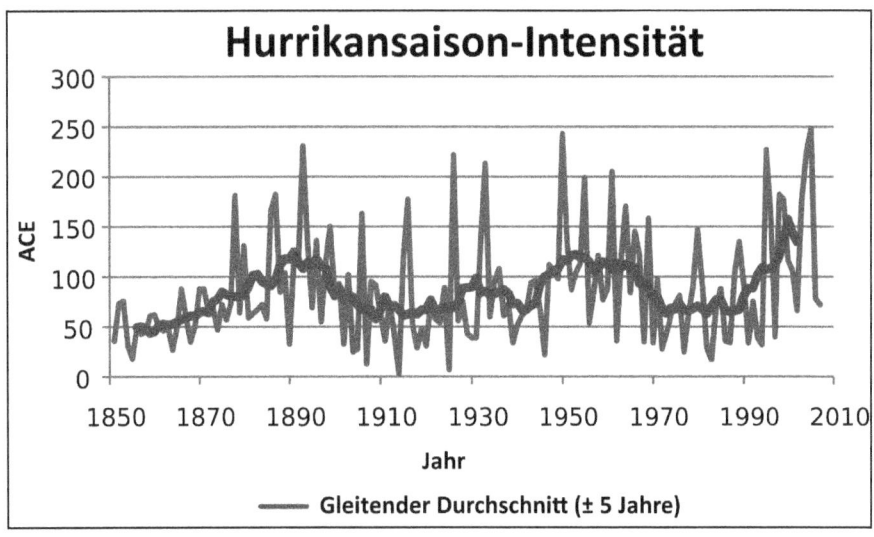

62: Der Verlauf der ACE von 1850 bis 2007.
http://de.wikipedia.org/wiki/Atlantische_Multidekaden-Oszillation

arktischen Ozeans geringer ausfällt als in einer kalten AMO-Phase. Am bemerkenswertesten aber ist, dass die Häufigkeit tropischer Wirbelstürme im Bereich des Nordatlantiks (d. h. nördlich des Äquators) sehr deutlich den Schwankungen der AMO folgt *(Abb. 61 u. 62)*, „so dass die jüngste Zunahme karibischer Hurrikane nicht etwa als Apokalypse des beschleunigten Klimawandels gesehen werden kann, sondern als Ausdruck einer multidekadischen Schwankung im Klimasystem."[119] Allerdings ist vorhersehbar, dass sich die Stärke tropischer Wirbelstürme bei weiterer Klimaerwärmung logischerweise erhöhen muss, weil zwangsläufig mehr Zirkulationsenergie zur Verfügung stehen wird.

Ein Vergleich der beiden *Abbildungen 61 und 62* zeigt sehr schön die Korrelation zwischen dem Verlauf von ACE und AMO-Index über das gleiche Zeitintervall. „Die Accumulated Cyclone Energy (ACE) ist ein von der National Oceanic and Atmospheric Administration (NOAA) benutztes Maß, um die Aktivität von Atlantischen Hurrikansaisons auszudrücken. Es benutzt eine Abschätzung der Energie, die ein Sturmsystem während seiner Aktivität umsetzt, und wird alle sechs Stunden berechnet. Die ACE einer Saison ist die Summe aller ACEs der einzelnen Stürme und beinhaltet die Anzahl, Stärke und Dauer aller Tropischen Wirbelstürme der Saison.[120]

---

[119] Ebda, S. 7.
[120] Nach http://de.wikipedia.org/wiki/Accumulated_Cyclone_Energy

9 BLICK IN DEN RÜCKSPIEGEL

Klima ist, wie wir wissen, keineswegs ein statisches Naturprodukt, dessen Parameter für alle Ewigkeiten festgeschrieben sind. Allein schon die Existenz von früheren Eiszeiten ist Beweis genug für die Richtigkeit dieser Feststellung. Und der Natur steht eine ganze Palette von Möglichkeiten zur Verfügung, Klimaänderungen herbeizuführen, wie wir im vorangehenden Kapitel gesehen haben. Aber so vielfältig und variabel die Faktoren, die zu einem Klimawandel führen, auch sein mögen: Am Anfang steht immer eine Veränderung der Strahlungsbilanz. Nur dann, wenn die Energiezufuhr des Klimasystems verändert wird, treten als unausweichliche Konsequenz globale oder auch räumlich begrenzte, regionale Klimaänderungen auf den Plan, wobei die Reaktionszeiten zwischen Stunden und 100.000 oder sogar mehr Jahren streuen können *(Abb. 51)*. Besonders kurzfristig reagiert unsere Atmosphäre, weshalb ihre Temperaturveränderungen heutzutage über längere Zeiträume gemessen und beobachtet werden, um Klimawandel überhaupt diagnostizieren und seine Ursachen erforschen zu können.

Da die Ursachenforschung eine sehr schwierig zu lösende Aufgabe ist, kann ein Blick in die klimatische Vergangenheit womöglich sehr hilfreich sein, um neue Erkenntnisse zur zukünftigen Klimadynamik zu gewinnen. Das Verständnis wichtiger Rahmenbedingungen und Ursachen natürlichen Klimawandels in der Vergangenheit kann wesentlich zur Einschätzung der aktuellen und zukünftigen Klimaänderungen beitragen. Sogar die Frage nach der Stärke des anthropogenen Einflusses lässt sich womöglich sehr viel konkreter beantworten.

9.1 Welche Zeugen können wir finden?

Aber auch ein solches Vorhaben ist alles andere als einfach, denn in Ermangelung von Messergebnissen – diese reichen leider nur an die 250 Jahre zurück – ist man darauf angewiesen, auf ganz anders geartete Datenspeicher zurückzugreifen: nämlich auf natürliche und historische

Archiv		minimal erfassbarer Zeitraum (in Jahren)	maximal erfassbarer Zeitraum (in Jahren)	enthaltene Proxy-Informationen über
Inlandeis, Polareis, Gebirgsgletscher		1	10^6	T, N, CL, B, V, E, S
Oberflächenformen des festen Landes		1	10^8	T, N, B, V, M
marine Sedimente		10	10^8	T, CW, B, E, M, N
limnische Sedimente		<1	10^5	T, CW, B, E, N, V
terrestrische Sedimente	Löß	10^2	10^6	N, B, E, V
	Dünen	10^2	10^5	N, B
	Böden	10^2	10^6	N, B
	Sinter (Tropfsteine)	10^2	10^5	CW, T, N
	fluviatile Sedimente	10^2	10^5	N, B
biologische Bildungen	Baumringe	<1	10^4	T, N, B, V, E, S
	Pollen	1	10^5	T, N, B
	Korallen	1	10^4	CW, M, T, N
	Torf/Moore	10^2	10^5	B
	Historische (anthropogene) Archive	<1	10^4	CL, CW, T, N, B, V, E, M, S
T = Temperatur			E = Veränderungen im Erdmagnetfeld	
N = Niederschlag			M = Meeresspiegelschwankungen	
B = Biomasse u. Vegetationszusammensetzung			CL = chemische Zusammensetzung Luft	
			CW = chem. Zusammensetzung Wasser	
V = Vulkanausbrüche			S = Schwankung Solarstrahlung	

63: Klimaarchive, Proxy-Informationen und zugehörige Zeitskalen zur Rekonstruktion und Datierung erdgeschichtlicher Klimadynamik.
Verändert und ergänzt nach Bradley (2014) und Bubenzer et al. (2007).

(anthropogene) **Klimaarchive**. Diese enthalten indirekte Klimaindikatoren, so genannte **Proxies** *(engl. für Stellvertreter)*, eine Art „stumme Zeugen", die es, teils durch aufwendige Laboruntersuchungen, zum Reden zu bringen gilt. „Klima-Proxies sind geologische, physikalische, chemische oder biologische (Mess-)Parameter (im weitesten Sinne gehören dazu auch historische Aufzeichnungen über Ernteerträge, Weinanbau usw.), aus denen sich qualitative oder quantitative Paläoklimaaussagen ableiten lassen."[121] Natürlich liegt es auf der Hand, dass es immer schwieriger wird, gut erhaltene Klimaarchive und deren Proxies aufzuspüren und für Klimadatierungen auszuwerten, je weiter wir uns zurück in die Vergangenheit begeben. Einen guten Überblick

---

[121] Nach Lexikon der Biologie. Spektrum Akademischer Verlag, Heidelberg 1999. http://www.spektrum.de/lexikon/biologie/palaeoklimatologie/48929

der möglichen Klimaarchive und ihrer enthaltenen Proxy-Informationen sowie des zeitlichen Auflösungsvermögens vermittelt die ursprünglich von Bradley[122] zusammengestellte Tabelle, die durch Bubenzer und Radtke[123] sowie durch den Autor[124] ergänzt worden ist *(Abb. 63)*.

Will man den Versuch unternehmen, aus natürlichen Klimaveränderungen der Vergangenheit Rückschlüsse für Gegenwart und Zukunft zu gewinnen, so empfiehlt es sich, nicht allzu weit in die paläoklimatische Geschichte der Erde zurückzugehen, denn die Genauigkeit von Proxy-Informationen nimmt nach hinten sehr stark ab. Betrachten wir deshalb die zur Verfügung stehenden Archive unter dem Aspekt ihres zeitlichen Auflösungsvermögens und nehmen gleichzeitig einen Abgleich mit den Zeitskalen der auslösenden Faktoren natürlicher Klimadynamik vor, so ergibt sich ein anzupeilender Zeitrahmen fast schon von selbst. Zum einen reicht die zeitliche Auflösung der überwiegenden Mehrheit der Archive nur in den Bereich von Jahrhunderttausenden vor heute und darunter zurück. Nur einige wenige greifen noch im Rahmen von Jahrmillionen. Aber nur zwei Archive (**Oberflächenformen** und **marine Sedimente**) sind für ±100 Jahrmillionen zuständig. Bei den auslösenden Faktoren findet sich ebenfalls nur ein einziger, welcher über einen so extrem langfristigen Zeitrahmen wirksam ist, nämlich die **Plattentektonik**. Alle übrigen Faktoren wirken nur kurzfristig (**Meteoriteneinschläge**, **Vulkanausbrüche** und **interne Systemschwankungen** wie beispielsweise **El Niño**) bis mittelfristig, d. h. über wenige Jahre bis zu einigen Dekaden (**Sonnenfleckenzyklus**, Änderungen der **thermohalinen Zirkulation**) bzw. über Jahrtausende bis Jahrhunderttausende (**Milankovićzyklen**).

9.2 Das Eiszeitalter und die Milankovićzyklen

Das Pleistozän, d. h. die letzten 2,6 Millionen bis ca. 11.000 Jahre vor heute, ist unter den oben dargelegten Voraussetzungen von seinen zeitlichen Dimensionen her ein sehr gut geeigneter Zeitraum, um einigermaßen treffsichere und belastbare Informationen über die Dynamik

---

[122] Raymond S. Bradley: Paleoclimatology: Reconstructing Climates of the Quaternary. San Diego (Elsevier/Academic Press), 3rd. Edition 2014, 675 S.
[123] Olaf Bubenzer u. Ulrich Radtke: Natürliche Klimaänderungen im Laufe der Erdgeschichte. In: Der Klimawandel. Einblicke, Rückblicke und Ausblicke. Hrsg. W. Endlicher u. F.-W. Gerstengarbe, Potsdam 2007, S. 7.
[124] Die Klima-Geomorphologie als Spezialgebiet der Geographie liefert diesbezüglich bereits seit Julius Büdel (1903-1983) bahnbrechende Forschungsergebnisse.

9 Blick in den Rückspiegel

jüngerer paläoklimatischer Entwicklungen zu finden und zu erforschen. Dies umso mehr, als gerade das Pleistozän ältester Teil des **Quartärs** ist, der jüngsten Epoche der Erdgeschichte also, welche durch besonders gravierende und einschneidende Klimadynamik geprägt war. Außerdem entsprach die Topographie der Erde, insbesondere die tellurische Verteilung der Kontinente und Meere, weitestgehend unseren heutigen Verhältnissen. Und last, not least trat der Mensch allmählich auf den Plan. Bereits vor 1,6 Millionen Jahren gab es den *Homo erectus* in Afrika und Südostasien, und vor 400.000 Jahren bevölkerte der *Neandertaler* Teile von Europa. Zum Höhepunkt der letzten Eiszeit, vor rund 20.000 Jahren, existierte schon lange der *Homo sapiens*, der bereits in grauer Vorzeit den Unbilden des Klimas zu trotzen wusste. Man nimmt heute sogar an, dass sich die einschneidenden quartären Klimaschwankungen entscheidend auf die wichtigsten Entwicklungsphasen des Menschen ausgewirkt haben.

Was hat sich während des Pleistozäns im Einzelnen klimahistorisch ereignet? Proben von Meeressedimenten und Eisbohrkerne belegen heute zweifelsfrei, dass es im fraglichen Zeitraum bis zum Beginn des Holozäns, jener Warmphase, in der wir seit 11.000 Jahren leben, zyklisch auftretende, einander abwechselnde **Kalt- und Warmphasen** des Kli-

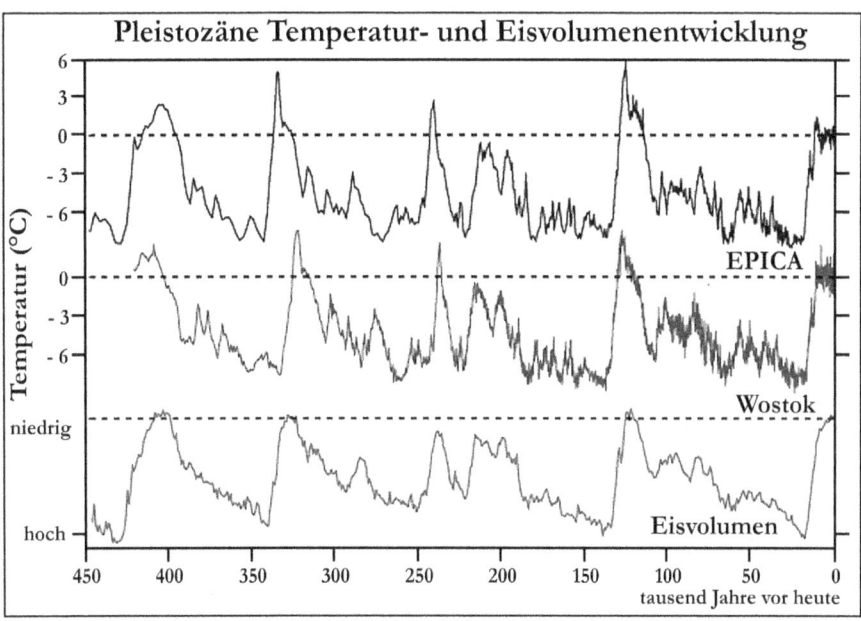

64: Rekonstruktion der Temperaturschwankungen und des globalen Eisvolumens während des quartären Eiszeitalters anhand antarktischer Eisbohrkerne.
Quelle: German Wikipedia Benutzer Langexp, CC BY-SA 3.0, https://commons.wikimedia.org/w/index.php?curid=36854278

mas gegeben hat. Der Beginn dieses geologischen Zeitalters ist noch sehr wenig erforscht, und zwar nicht zuletzt deshalb, weil die Gletscher von mindestens sieben mittel- bis jungpleistozänen Vereisungen die Spuren älterer Eiszeiten „überfahren" und verwischt haben. Etwas Konkreteres wissen wir erst ab dem so genannten **Cromerkomplex**. Es handelte sich dabei um eine Abfolge von vermutlich drei Kaltzeiten mit jeweils dazwischen liegenden Warmzeiten. Dieser 375.000 Jahre dauernde Abschnitt begann vor etwa 850.000 Jahren und endete um 475.000 vor heute mit der **Elbekaltzeit** (Norddeutschland) bzw. mit der **Günzeiszeit** (Süddeutschland).

Die Günzeiszeit läutete das allseits bekannte quartäre Eiszeitalter mit seinen vier sehr gut erforschten Kaltzeiten und drei zwischengeschobenen Warmzeiten ein. Der Günzeiszeit folgten die **Elster- bzw. Mindeleiszeit** (475.00 – 370.000 v. h.), die **Holsteinwarmzeit**, die **Saale- bzw. Rißeiszeit** (347.000 – 128.000 v. h.), die **Eemwarmzeit** und die **Weichsel- bzw. Würmeiszeit** (115.000 – 11.000 v. h.). Ab etwa 11.000 vor heute begann die gegenwärtige Warmzeit des Holozäns, in welcher wir leben.

Die Temperaturschwankungen zwischen den Eiszeiten und Warmzeiten betrugen im Mittel rund 10 – 12° C, wobei es während der Kaltzeiten 7 – 10° C kälter als heute war.[125] Während der Warmzeiten, man höre und staune, betrug das Temperaturmittel dagegen 2° C mehr als heute. Die maximalen Temperaturschwankungen sollen nach Bubenzer et al. sogar um die 20° C betragen haben, was jedoch durch *Abbildung 64* leider nicht bestätigt wird. Realistisch wäre aber immerhin ein Wert von rund 15° C. Vor einem so dimensionierten Hintergrund muten die wie Sauerbier gebetsmühlenartig angepriesenen Horrorszenarien unserer phantasiebegabten Forscherelite bezüglich der gegenwärtigen Klimasituation geradezu lächerlich an. Wer kann denn angesichts solcher Zahlen derartigen Parolen überhaupt noch allen Ernstes Glauben schenken? Eine solche Frage sei an dieser Stelle endlich einmal gestattet.

Die Ursachen der zyklisch auftretenden Kalt- und Warmzeiten gaben lange Jahre Rätsel auf. Doch zwischenzeitlich gilt das Geheimnis als gelüftet. Die Theorie von **Milanković** *(Kap. 8.2)* hat sich als richtig erwiesen. Selbst Neoklimatologen der vordersten Reihe erkennen mittlerweile edelmütig an, dass seine Zyklen in der Bahn der Erde um die Sonne sozusagen die Schrittmacher pleistozänen Klimawandels waren. „Die

---

[125] Nach Olaf Bubenzer u. Ulrich Radtke: Natürliche Klimaänderungen im Laufe der Erdgeschichte. In: Der Klimawandel. Einblicke, Rückblicke und Ausblicke. Hrsg. W. Endlicher u. F.-W. Gerstengarbe, Potsdam 2007, S. 23. Rahmstorf u. Schellnhuber (2012) wollen dagegen lediglich eine Abkühlung von 4 – 7° C beobachtet haben.

dominanten Perioden der Erdbahnzyklen (23.000, 41.000, 100.000 und 400.000 Jahre) treten in den meisten langen Klimazeitreihen deutlich hervor."[126]

Anzumerken ist jedoch, dass die Milanković-Zyklen nicht etwa die von der Sonne empfangene globale Strahlungsbilanz nennenswert verändern. Sie sorgen lediglich für eine zonale und saisonale Umverteilung der eingehenden Strahlungsmengen, wie Rahmstorf und Schellnhuber betonen.[127] Das ist plausibel, denn auch die „normale" Umlaufbahn der Erde verursacht u. a. aufgrund der Neigung der Erdachse ein solches Verteilungsmuster der empfangenen Globalstrahlung. Zu Beginn einer Kaltzeit führte jeweils ein Milankovićzyklus zu einer Verringerung der Globalstrahlung im Sommerhalbjahr der Nordhemisphäre und logischerweise zu einem gleichzeitigen Strahlungsplus im Südwinter.

Der Schnee des Winterhalbjahres konnte als Folge der eingetretenen sommerlichen Temperaturabsenkung in polaren und subpolaren Breiten der Nordhalbkugel nicht mehr vollständig abschmelzen. Es kam zu einer Eis-Albedo-Rückkopplung, wodurch eine weitere Abkühlung erfolgte. Als Konsequenz dieses Selbstverstärkungseffekts blieb das nordpolare Meereis ganzjährig massiv, und auf den nördlichen Kontinentaltafeln bildeten sich mehrere Kilometer mächtige Eisschilde, von denen aus gigantische Gletscherströme weit nach Süden vorstießen. Auch Mittelgebirge wie der Schwarzwald oder der Böhmer Wald sowie die meisten außertropischen Hochgebirge der Nordhemisphäre waren vergletschert, beispielsweise die Alpen, die Pyrenäen, der Kaukasus und der Himalaya oder die nur Wenigen bekannte Betische Kordillere (Andalusien) und der Hohe Atlas.

So weit, so gut. Was aber geschah auf der Südhabkugel, wo ein winterlicher Strahlungsüberschuss bestand? „Wieso sollte sich also die Südhalbkugel zur gleichen Zeit abkühlen," fragen sich Rahmstorf und Schellnhuber. Und sie finden natürlich sofort die passende Antwort: CO_2! Man hat nämlich durch Untersuchungen an antarktischen Eisbohrkernen herausgefunden, dass der Kohlendioxidgehalt der Atmosphäre im Rhythmus der pleistozänen Warm- und Kaltzeiten geschwankt hat. Während der Maximalstände der Warmzeiten betrug er 280 ppm, in den Kaltzeiten dagegen nur 190 ppm. Und weil die Atmosphäre stets gut durchmischt ist, haben diese Werte globale Gültigkeit und Tragweite. Also konnte auch die Südhalbkugel trotz wärmerer Winter mit der Nordhalbkugel Schritt halten und gleichmäßig abküh-

---

[126] Nach Stefan Rahmstorf und Hans-Joachim Schellnhuber: Der Klimawandel: Diagnose, Prognose, Therapie. München (C. H. Beck) 2012, S.21.
[127] Ebda., S. 22 f.

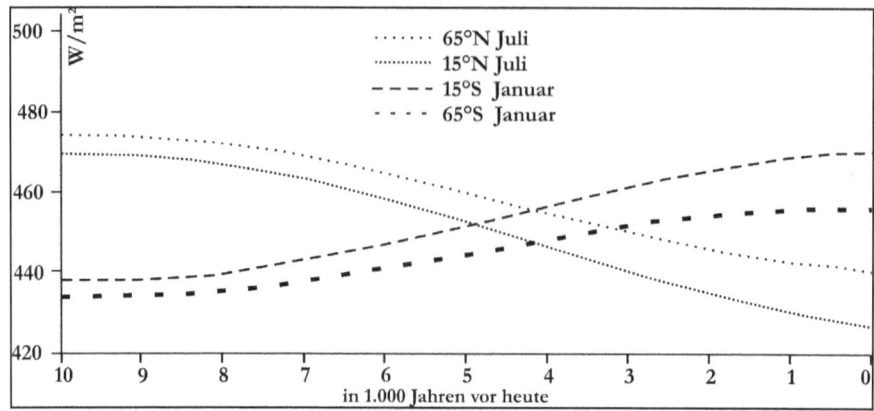

65: Milanković-Forcing der letzten 10.000 Jahre für das Sommerhalbjahr beider Hemisphären, jeweils für die Breitenlagen 15° und 65°.
Quelle: Heinz Wanner: Der Klimawandel in historischer Zeit. In: Der Klimawandel. Einblicke, Rückblicke und Ausblicke. Hrsg. W. Endlicher u. F.-W. Gerstengarbe, Potsdam 2007, S. 28.

len. Das beweist denn auch eine Modellrechnung als „realistische Simulation des Eiszeitklimas". Ohne CO_2-Verringerung, so wird im Brustton der Überzeugung dargelegt, wäre die pleistozäne Abkühlung der Antarktis unerklärlich.

Nach unseren Berechnungen von **Strahlungsantrieb** und **Klimasensitivität von CO_2** *(Kap. 6.1 u. 6.2)* fällt es mehr als schwer, diese Behauptung ungeprüft hinzunehmen. Es ist an der Zeit, noch einmal auf unser MODTRAN-Modell zurückzugreifen. Machen wir es kurz: Als Strahlungsantrieb bei einer CO_2-Differenz 280 – 190 ppm ergibt sich ein Wert von kümmerlichen 1,6 W/m². Und die resultierende Klimasensitivität beträgt geradezu lächerliche 0,29 K = 0,29° C! *Abbildung 65* zeigt dagegen die tatsächlichen Strahlungsbilanzunterschiede beider Hemisphären am Beispiel der letzten 10.000 Jahre vor heute, wie sie durch das **Milanković-Forcing** üblicherweise zustande kommen. Die Größenordnungen liegen, kleinlich abgelesen, bei mehr als 30 W/m². Was sollen da die 1,6 W/m² des CO_2-Forcing eigentlich bewirken?

Wir können u. a. anhand dieses Beispiels unschwer erkennen, mit welcher Methodik die Medien, bewusst oder unbewusst, auf die Menschheit losgelassen werden. Mir würden als Journalist bei der Lektüre einer solchen „wissenschaftlichen" These von kompetenter Seite mit Sicherheit einige knackige Schlagzeilen einfallen. Die Damen und Herren von der Tagesschau wären gewiss auch dankbare Abnehmer, denn gerade dort ist oft genug von derlei Nonsens die Rede.

Aber wie könnte sich die Südhemisphäre nun wirklich abgekühlt haben? Wer nur minimale Ahnung von der Allgemeinen Zirkulation der Atmosphäre und ihrer Ableitung hat, kann sich die Antwort selber geben. Ein Rückblick auf *Kapitel 7.1, 7.2 und 7.3.3* dürfte hier für endgültige Klarheit sorgen. Ein kartographisches Beispiel liefert H. Wanner (2007).[128] Und wenn das nicht genügt, dann kann man ergänzend noch die Auswirkungen der tellurischen Unterschiede zwischen der Land- und Wasserhalbkugel ins Feld führen *(Kap. 4.2 u. 4.3)*. Mit der Einbeziehung von Meeresströmungen könnte man noch weiter nachlegen. Aber jedenfalls nicht mit Kohlendioxid. Trotzdem lässt sich Rahmstorf nicht beirren, wenn er über die Vergangenheit des sensiblen Klimasystems räsoniert und seine Folgerungen zieht. „Die Klimageschichte bestätigt ... eindrücklich die wichtige Rolle des CO_2 als Treibhausgas..."[129] Sonst gäbe es in seinem nächsten Kapitel wohl auch nichts, was näher zu beleuchten wäre.

9.3 Abrupte Klimakapriolen – Golfstrom im Off-Modus

Das Pleistozän war, wie wir im vorangehende Kapitel erfahren haben, eine erdgeschichtliche Epoche, die vor allem geprägt war durch den Wechsel von Glazialen und Interglazialen, von Kaltzeiten (Eiszeiten) und Warmzeiten also. Man könnte meinen, die Welt jener Zeit sei während der Kaltzeiten sozusagen bewegungslos im Eis erstarrt. Weit gefehlt, denn das eiszeitliche Klima war nicht etwa starr, sondern im Gegenteil sehr dynamisch. Man hat allein während des letzten Glazials (Weichsel-/Würmeiszeit), welches wegen seiner relativen zeitlichen Nähe besonders gut erforscht ist, insgesamt 23 abrupte, geradezu dramatische Klimaerwärmungen festgestellt, die sich innerhalb unglaublich kurzer Zeiträume einstellten.

Grönländische Eisbohrkerne belegen beispielsweise, dass dort die Lufttemperatur innerhalb von nur ein bis zwei Jahrzehnten um 12° C angestiegen war.[130] Man bezeichnet solche Erwärmungsphasen als **Dansgaard-Oeschger-Ereignisse** oder in neudeutscher Kurzform auch als **DO-Events**, welche als Folgen sprunghafter Änderungen der thermohalinen Zirkulation im Nordatlantik *(Kap. 4.2)* und somit als Konsequenzen plötzlicher Änderungen von Meeresströmungen interpretiert werden.

---

[128] Heinz Wanner: Der Klimawandel in historischer Zeit. In: Der Klimawandel. Einblicke, Rückblicke und Ausblicke. Hrsg. W. Endlicher u. F.-W. Gerstengarbe, Potsdam 2007, S. 29.
[129] Stefan Rahmstorf und Hans-Joachim Schellnhuber: Der Klimawandel: Diagnose, Prognose, Therapie. München (C. H. Beck) 2012, S. 28.
[130] Ebda., S. 24.

Natürlich fragt man sich, wie so etwas denn überhaupt geschehen konnte. Den Schlüssel zu diesem Mysterium entdeckte der deutsche Meeresgeologe Hartmut Heinrich im Jahr 1988.[131] Er fand heraus, dass damals an verschiedenen Orten des Nordatlantiks erbohrte Sedimentproben des Tiefsee-Meeresspiegels insgesamt sechs Lagen terrestrischer glazialer Ablagerungen aus der letzten pleistozänen Kaltzeit enthielten. Das, was Rahmstorf und Schellnhuber[132] geradezu verniedlichend als „kleine Steinchen" bezeichnen, entpuppte sich als typischer Geschiebemergel aus fein- bis grobkörnigem Material und Trümmern von kristallinem Gestein, wie sie von Gletschern neben tonnenschweren Gesteinsblöcken als unsortierte Grundmoräne mitgeführt werden. So kennt man es aus der Geomorphologie-Vorlesung.

Das Material kann nur in eingefrorenem Zustand mit driftenden Eisbergen in das heutige Verbreitungsgebiet verfrachtet worden sein, wo es beim Abschmelzen des Eises freigegeben wurde und auf den Ozeanboden absank. Die Sedimentlagen werden nach ihrem Ersterforscher als ***Heinrichlagen*** (H1 – H6) bezeichnet. Die klimatischen Vorgänge, die zur Eisbergdrift und zur Abkühlung führten, heißen ***Heinrichevents.***

Die Vorkommen von Heinrich-Lagen sind auf das Seegebiet zwischen Labrador und den Britischen Inseln in Breitenlagen von 45° bis 60° konzentriert. Ein wichtiges Merkmal dieser Ablagerungen ist ihre Ausdün-

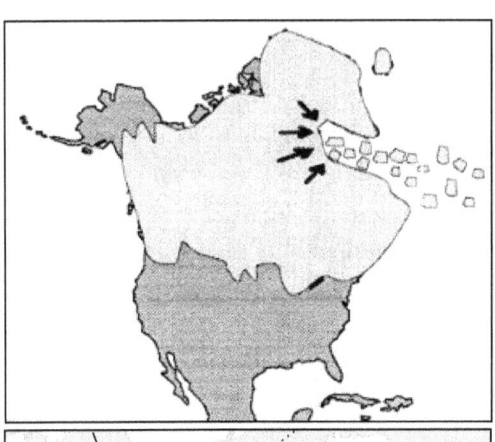

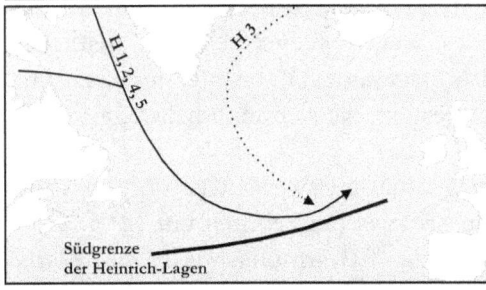

66: Die Entstehung der Heinrichlagen H 1 – H 5 mit Eisbergablösung am Laurentischen Eisschild (oben) und Eisbergdrift von Ostkanada und Grönland (unten).
Quelle: Verändert aus Susanne Zechel (2003).

---

[131] Hartmut Heinrich: Origin and consequences of cyclic ice rafting in the northeast Atlantic Ocean during the past 130,000 years. In: Quaternary Research 29, 1988, S. 142 – 152.

[132] Stefan Rahmstorf und Hans-Joachim Schellnhuber: Der Klimawandel: Diagnose, Prognose, Therapie. München (C. H. Beck) 2012, S. 25.

nung in west-östlicher Richtung. Während ihre Mächtigkeit in der Labradorsee noch einen halben Meter beträgt, sind es im östlichen Atlantik nur noch wenige Zentimeter.[133] Damit werden Quellgebiete (Eispanzer von Ostkanada und Grönland) und Richtung der Eisbergdrift deutlich erkennbar. Weiterhin lässt die Länge der zurückgelegten Driftstrecke (um die 3.000 km) darauf schließen, dass die Wasser- und Lufttemperaturen sehr niedrig gewesen sein müssen. Diese Annahme wird bestätigt durch das typischerweise geringe Vorkommen links gewundener **Foraminiferen** namens *Neogloboquadrina pachyderma* in den Bohrkernproben. Die Linkswindung ihrer Schalen und ein nur geringes Vorkommen treten ausschließlich in extrem kaltem Wasser auf. Ein weiterer Beweis ist das nur sehr kleine **Sauerstoff-Isotopenverhältnis** von $^{18}O/^{16}O$, welches in den Schalen der gefundenen Foraminiferen gemessen wurde. Es beweist ebenfalls, dass die Tiere in sehr kaltem Wasser gelebt haben müssen. Außerdem zeigen die besonders niedrigen Werte von $\delta^{18}O$ einen geringen Salzgehalt des Meerwassers zur Zeit des zugehörigen Heinrichereignisses an, was ja beim massenhaften Abschmelzen einer „Eisbergarmada" zu erwarten ist.

Heinrichlagen markieren also besonders kalte Phasen mit starker Eisbergablösung und Sedimentverfrachtung von den ostkanadischen und grönländischen Inlandeismassen und deren Abschmelzen beim Überqueren des Nordatlantiks. Diese kalten Eisberg- (Heinrich-) Ereignisse wurden jeweils abgelöst durch eine sehr rasch eintretende Erwärmung mit anschließender Warmphase (DO-Event), auf die wiederum eine Phase der Abkühlung folgte. Im Anschluss setzte erneut eine Eisberginvasion ein. Ein solcher Zyklus, bestehend aus einem Heinrichereignis und einem anschließenden Dansgaard-Oeschger-Event wird als **Bondzyklus** bezeichnet. Ein Bondzyklus dauerte jeweils ±7.000 Jahre *(Abb. 67)*.

Bleibt noch die Frage nach den Ursachen der soeben beschriebenen abrupten Klimawechsel. Es ist wieder einmal nicht eine Veränderung des CO_2-Gehalts der Atmosphäre, und nicht einmal die Milankoviczyklen kommen als Erklärung in Frage, da die Klimaereignisse der Bond-Zyklen viel zu kurzfristig abliefen. Beginnen wir mit der gehäuften Entstehung von Eisbergen. Große Inlandeismassen von mehreren tausend Metern Mächtigkeit, wie sie der kanadische und der grönländische Eisschild darstellten, waren an ihren Außenrändern naturgemäß instabil. Je mehr Eis sich anhäufte, umso größer wurden die randlichen Instabilitä-

---

[133] Susanne Zechel: Klimazyklen im Atlantik – Milankovitch-Theorie, Foraminiferen-Geochemie, Heinrich-Events. TU Bergakademie Freiberg, Oberseminar Geologie 2003, S. 9.

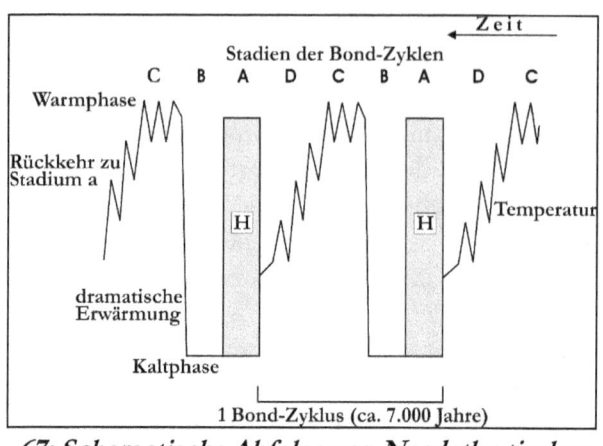

67: *Schematische Abfolge von Nordatlantischen Bondzyklen, beginnend mit einem Heinrichereignis (A) und einer Kaltphase (B); anschließend dramatische Erwärmung und Warmphase (C), danach langsame Abkühlung (D) und Rückkehr zu Stadium A.*
Verändert nach M. Huch et al. (2001).

ten. Die Kalbungsvorgänge nehmen plötzlich sprunghaft zu. Immer größere Eismassen beginnen, ins Meer abzurutschen, ein Vorgang, den wir heute in einigen Gebieten der Antarktis beobachten können. Beschleunigt wird dieser Prozess durch geothermische Wärme, die sich unter den Zentren der Eispanzer ansammelt. Der Boden taut an solchen Stellen auf, so dass die Eismassen ihren festen Halt verlieren und ins Rutschen kommen. Durch die Bewegungen entsteht zusätzliche Reibungsenergie, die den Kalbungsprozess weiter verstärkt.[134] Schätzungen haben ergeben, dass die auf diese Weise während eines Heinrichereignisses in den Nordatlantik gelangten Eismassen so enorm groß waren, dass sie in etwa dem Volumen des halben grönländischen Inlandeises entsprochen haben müssen.

Ein solcher Schmelzwassereintrag konnte natürlich nicht ohne Folgen bleiben. Der Salzgehalt des Oberflächenwassers nahm dramatisch ab, und das Oberflächenwasser verlor erheblich an Dichte. Das leichter gewordene Oberflächenwasser konnte also nicht mehr in die Tiefe absinken, so dass die globale **thermohaline Zirkulation** schließlich behindert war und womöglich komplett zum Erliegen kam *(Kap. 4.2)*. Der Wärmetransport durch den **Golfstrom** setzte auf jeden Fall aus bzw. endete viel weiter südlich, so dass es zur starken Abkühlung während der Heinrich-Ereignisse kommen musste. Eine plötzliche Verringerung der „Eislieferungen" am Ende des H-Events leitete dann jeweils ein Dansgaard-Oeschger-Ereignis ein. Die Eisschilde hatten sich durch das verstärkte Kalben während der Heinrichereignisse wieder ausreichend

---

[134] Monika Huch, Günter Warnecke, Klaus Germann (Hrsg.): Klimazeugnisse der Erdgeschichte: Perspektiven für die Zukunft. Berlin, Heidelberg (Springer) 2001, S. 73 – 74.

stabilisiert. Die thermohaline Zirkulation normalisierte sich sehr rasch und führte binnen weniger Jahrzehnte zu einer deutlichen Klimaerwärmung durch die Wiederankurbelung des Golfstroms.
Auch der Übergang vom Spätpleistozän zum Holozän war noch durch zwei deutliche klimatische Schwankungen gekennzeichnet. Diese sind ebenfalls nur mit

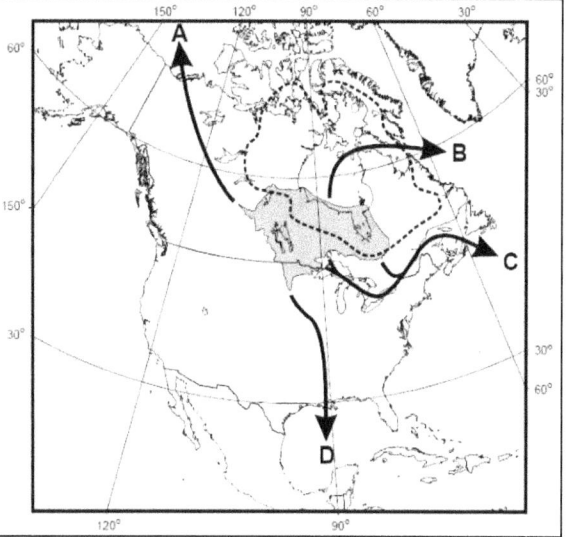

68: *Der Agassizsee und die Änderungen seiner Abflusswege seit dem jungen Pleistozän.*
Quelle: Teller et al. (2002).

gravierenden Störungen der thermohalinen Zirkulation erklärbar. Der einschneidendste Kälteeinbruch mit Temperaturabnahmen von 10 – 15° C vollzog sich in der **Jüngeren Dryas** (ca.12.950 und 11.800 Jahre vor heute), dem letzten Abschnitt des Pleistozäns. Zuvor hatte das Dansgaard-Oeschger-Ereignis Nr. 1 zu einem Wärmerekord geführt. Als Konsequenz muss der kanadische Eisschild ganz erheblich nach Norden zurückgewichen sein. Dabei zerbrach eine gewaltige Gletscherzunge, die bis dahin einen riesigen glazialen Stausee, den so genannten **Agassizsee**, abgedämmt hatte. Dieser spätglaziale Eisstausee war größer als die heutige Ostsee in Nordeuropa und erstreckte sich im Zentrum des nordamerikanischen Kontinents, südlich der Hudson Bay. Seine enormen Wassermassen ergossen sich beim Zerbrechen des Eisdammes ruckartig über die Großen Seen und den St.-Lorenz-Strom in den Nordatlantik *(Abb. 68c)*.[135] Wieder einmal kam die thermohaline Zirkulation zum Erliegen. Es trat ein abrupter Rückgang der Temperaturen auf eiszeitliches Niveau ein, der etwa 1.500 Jahre lang anhielt.
Erst als die thermohaline Zirkulation und damit der Wärmetransport des Golfstroms nach Nordeuropa erneut einsetzte, begann das Holozän, die Warmzeit also, in der wir heute leben. Obwohl diese jüngste Epoche der Erdgeschichte als klimatisch stabil gelten kann, gab es um

---

[135] Nach Teller, J. T., Leverington, D. W. u. Mann, J. D.: Freshwater outbursts to the oceans from glacial Lake Agassiz and their role in climate change during the last deglaciation. In: Quaternary Science Reviews 21, 2002, S. 879 – 887.

8.200 Jahre vor heute noch einmal einen letzten abrupten Klimawandel, welcher bekannt ist unter dem Namen *8k-Event*. Es waren noch einmal die Schmelzwässer aus dem nunmehr viel kleineren Agassizsee, die nach einem Eisdammbruch wieder einmal den Nordatlantik heimsuchten *(Abb. 68b)*. Eine erneute, wenn auch geringere Störung des Golfstroms und eine kurze Abkühlungsphase waren erneut und letztmalig die Folge.

9.4 Die Alpengletscher spielen verrückt – auch ohne CO_2

Wir nähern uns jetzt mit großen Schritten unserer jüngsten klimatischen Vergangenheit und der Gegenwart. Es wird also noch einmal spannend! Nach dem Ende der letzten Eiszeit (Weichsel/Würm) vor 11.500 Jahren endete auch das Pleistozän, und es begann ein neuer, bis heute andauernder Abschnitt der Erdgeschichte. Es ist das *Holozän*, welches man als jüngstes Interglazial des vergangenen Eiszeitalters auffassen muss.

Die Wende vom Ende des Pleistozäns zum Holozän war bis etwa 8.200 vor heute (*8k-Event*) alles andere als klimatisch ruhig. Innerhalb von nur 3.300 Jahren stieg das Temperaturmittel um dramatische 9 K (9° C), und zwar vom Niveau des vorab beschriebenen Kälterückfalls während der Jüngeren Dryas bis zum Niveau, welches sich unmittelbar vor dem 8k-Event einstellte. Einen Eindruck davon, was für Folgen ein solcher Klimasprung nach sich ziehen kann, vermittelt uns der damit zusammenhängende Anstieg des Meeresspiegels: rund 130 m!

Zwar sieht die Klimakurve danach bei kleinmaßstäblichem Hinschauen sehr glatt und ruhig aus, aber bei genauerem Hinsehen fallen doch einige höhen und Tiefen der Temperaturkurve auf, die bis in unsere Zeit hinein ihre unruhige Fortsetzung finden. Das aktuelle Interglazial war also über mehrere Jahrtausende hinweg geprägt von Zeiten mit höheren *(Optima)* und niedrigeren Temperaturen *(Pessima)*.

Was genau hat sich im Verlauf des Holozäns ereignet und welches waren die Ursachen? Gibt es tatsächlich eine belegbare Verbindung zur Gegenwart, eine Fortsetzung von Klimatrends, wie sie sich vor dem Eingreifen des Menschen manifestiert haben? Das sind die Fragen, die an dieser Stelle von einiger Tragweite und Bedeutung sind, denn damit ließe sich belegen, dass die heutige CO_2-Hysterie wirklich nur das Hirngespinst von ein paar Neoklimatologen ist, die sich gedanklich total verrannt und festgefahren haben. Anthropogenes CO_2 hat womöglich nur marginale Auswirkungen auf die Klimadynamik? Seit *Kapitel 6* steht dieser Verdacht ohnehin längst im Raum. Und es gibt sogar

9 Blick in den Rückspiegel

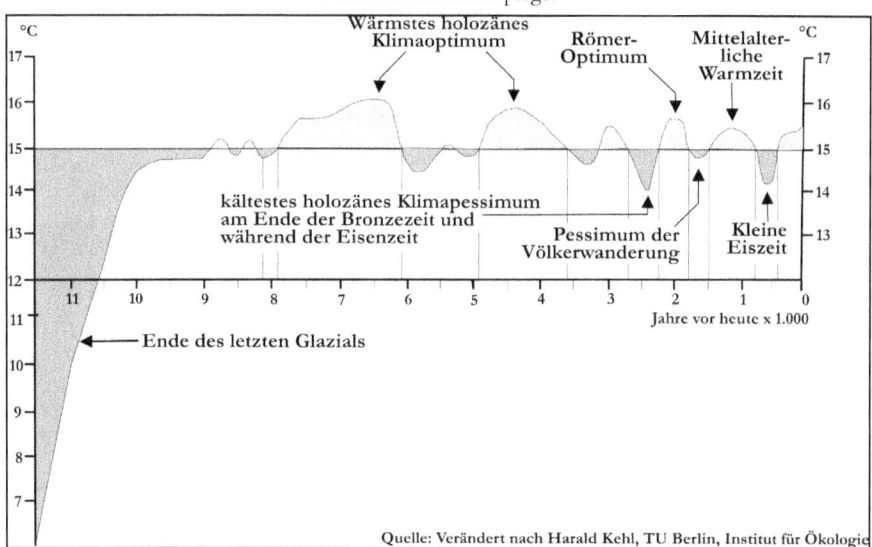

69: Dynamik der bodennahen Mitteltemperaturen auf der Nordhemisphäre während der letzten 11.500 Jahre.
Quelle: Verändert nach Harald Kehl, TU Berlin, Institut für Ökologie.
http://lv-twk.oekosys.tu-berlin.de//project/lv-twk/002-klimavariationen.htm

kompetente Klimatologen, die diese Auffassung ganz offen in der Lehre vertreten.[136] Schau'n mer mal!
Nach dem 8k-Event begann das *Atlantikum* als wärmster Abschnitt des Holozäns *(Abb. 69)*. Seine beiden ersten Temperaturoptima (7.900 – 6.100 und 5.900 – 3.600) waren fast 1° C wärmer als unsere Jetztzeit, ein dazwischen liegendes kurzes Pessimum war etwa 1° C kälter. Ein drittes Optimum (3.400 – 3.000) erreichte ähnliche Temperaturen, wie wir sie heute messen. Danach gingen die Temperaturen um rund 2° C spürbar zurück. Es war das kälteste *holozäne Pessimum*, welches vom Ende der Bronzezeit bis zum Ende der Eisenzeit anhielt (3.000 – 2.300). Als nächstes folgte dann das allseits bekannte, 500 Jahre währende *Römeroptimum*. Die Temperaturen waren 1 – 1,5° C höher als heute, und die Alpengletscher lagen an die 300 m höher als heute. Ansonsten hätte sich Hannibal sicherlich schwerer getan, die Alpen mit seinen Elefanten zu überqueren! Aber schon wenig später setzte das *Pessimum der Völkerwanderung* mit seinen verheerenden Folgen ein. Es dauerte jedoch gar nicht lange, bis es mit den Temperaturen wiederum nach oben ging. Die *Mittelalterliche Warmzeit* sorgte von 800 bis 1250 weitgehend für ein angenehmes Klima im gesamten nordatlantischen Raum, wenngleich zwei kürzere Kälteeinbrüche zu ver-

---

[136] Harald Kehl, TU Berlin, Institut für Ökologie.
http://lv-twk.oekosys.tu-berlin.de//project/lv-twk/002-klimavariationen.htm

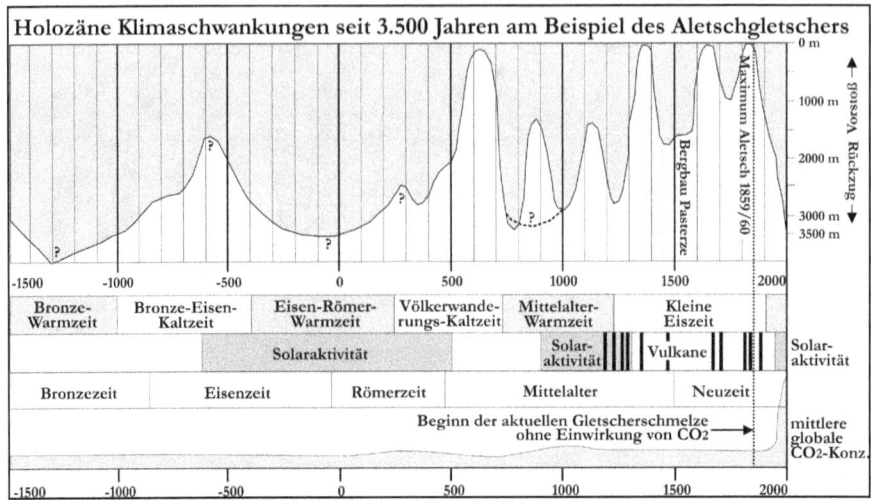

70: **Gletscherschwankungen in den Zentralalpen seit dem Subboreal.**
Verändert und ergänzt nach Heinz Wanner (2007) und Holzhauser et al. (2005).

zeichnen waren. Es entstanden Weinbaugebiete in Südengland und im östlichen Mitteleuropa, und die Wikinger besiedelten Grönland und betrieben dort sogar Ackerbau! Aber ab 1250 begann es wieder kalt zu werden. Die so genannte **Kleine Eiszeit** hatte die ganze Welt mit einer um etwa 2° C gesunkenen Mitteltemperatur im Griff. Grönland wurde derart unwirtlich, dass die Wikinger die Insel wieder verlassen mussten. Europa wurde von katastrophalen Sturmfluten heimgesucht, und Missernten und Hungersnöte brachten Millionen von Menschen den Hungertod. Besserung trat erst um 1850 ein, als das **Moderne Optimum** als vorerst letzte Erwärmungsperiode einsetzte.

Wir haben soeben gesehen, dass das Holozän gekennzeichnet war durch eine sehr stark ausgeprägte Klimavariabilität. Hinzu kommt, dass die Klimaschwankungen regional sehr unterschiedlich ausfielen. Typisch für die meisten holozänen Klimaschwankungen waren zusätzlich sehr schnelle Wechsel, die sich im Zeitrahmen von nur wenigen Jahrhunderten und sogar wesentlich schneller vollzogen. Diese Feststellungen können jedoch so nur für die Nordhalbkugel gelten, denn auf der Südhalbkugel machte sich die dämpfende Wirkung der vorherrschenden Wasserflächen stark bemerkbar. Hier verlief das Holozän klimatisch gesehen sehr viel ausgeglichener.

Zeitlich besonders hoch aufgelöst wurden die permanenten holozänen Klimaschwankungen in den Alpen durch die akribischen Untersuchungen von Hanspeter Holzhauser und Kollegen am Aletschgletscher *(Abb. 70)*. Gletscher reagieren nicht nur hypersensitiv auf jedwede Klimaänderung, sondern sie sind auch besonders ergiebige Klimaarchive, weil sie in unserer jetzigen Warmzeit permanent zurückschmelzen und dabei ständig ergiebige Proxies, meistens in Form von Baumstammresten, freigeben.[137] Aber sogar menschliche Überreste kommen unter dem Eis zum Vorschein, wie wir am Beispiel von „Ötzi" gesehen haben. Ein Gebirgsraum wie die Alpen ist jedoch nicht nur wegen seiner Gletscher für Klimarekonstruktionen besonders geeignet. Hinzu kommen auch klimagesteuerte Grenzen wie die alpine Waldgrenze. Auch sie reagiert mit rasch ablaufenden Veränderungen auf Klimaschwankungen.[138]

Eine der neuesten Forschungsarbeiten zur holozänen Gletscherentwicklung im Alpenraum lässt das heutige Abschmelzen der Alpengletscher unter einem ganz anderen Licht erscheinen. „Grüne Alpen" heißt eine neue Hypothese, welche U. E. Joerin, K. Nicolussi et al. am schweizerischen *Tschiervagletscher* aufgestellt und überprüft haben.[139] Danach waren während der letzten 10.000 Jahre über mehr als die Hälfte dieses Zeitrahmens die Gletscher sehr viel kleiner als heute. Zurückschmelzende Gletscher sind also überhaupt nichts Neues oder Beunruhigendes! Während des Temperaturoptimums im Atlantikum, vor 7.000 Jahren, waren die Alpen sogar fast völlig eisfrei, und zur Römerzeit lagen die Gletscherzungen an die 300 m höher als heute. Mit anthropogenem Kohlendioxid hatte das alles nichts zu tun. Das können nicht einmal Neoklimatologen behaupten wollen.

Unter welchen Bedingungen schmelzen eigentlich Gebirgsgletscher? Temperaturschwankungen allein können es nicht sein, wie man selbst ganz einfach mit ein paar lumpigen Klicks per Google Earth ermitteln kann. Betrachten wir als ein hinlänglich bekanntes und über fast 400 Jahre bestens dokumentiertes eisiges Beispiel den Rhonegletscher in der Schweiz. Im Jahr 1856, am Ende der Kleinen Eiszeit also, lag das Ende der Gletscherzunge wenige Meter oberhalb des Hotels von Gletsch. Alte Fotos belegen dies. Ab 1857 begann der kontinuierliche neuzeitliche Rückzug des Gletschers (*Abb. 70* analog für den Aletschgletscher). Eine Zunahme von anthropogenem CO_2 hatte zu jener Zeit noch lange

---

[137] Holzhauser, H., Magny, M. & Zumbühl, H. J.: Glacier and lake-level variations in west-central Europe over the last 3300 years. In: The Holocene 15, 2005, S. 789 – 801.

[138] Kurt Nicolussi: Klimaentwicklung in den Alpen während der letzten 7.000 Jahre. In: Oeggl, K. u. Prast, M.: Die Geschichte des Bergbaus in Tirol und seinen angrenzenden Gebieten. Innsbruck (Innsbruck University Press Conference Series) 2009, S. 109.

[139] Joerin, U. E., Nicolussi, K., Fischer, A., Stocker, T. F. and Schlüchter, C. (2008): Holocene optimum events inferred from subglacial sediments at Tschierva Glacier, Eastern Swiss Alps. Quaternary Science Reviews 27, p. 337-350.

nicht begonnen, wie wir aus *Abbildung 70* entnehmen können. Dennoch wich der Rhonegletscher unaufhaltsam zurück, was beweist, dass ein erhöhter Treibhauseffekt, sprich ein Temperaturanstieg, nicht die einzige Ursache der heute so beklagten Gletscherschmelze ist.

Eine Messung der heutigen Höhenlage der Gletscherzunge bestätigt die Richtigkeit dieser Vermutung. Sie liegt heute rund 475 m höher als beim Maximalstand 1856. Das würde einer Erwärmung von mindestens 6,8° C entsprechen, welche zum Glück nicht existiert und auch nicht herbeigerechnet werden kann. Die Berechnung ist nämlich denkbar einfach und kann von Schülern der vierten Klasse durchgeführt werden, wenn man weiß, dass die Lufttemperatur je 100 Höhenmeter um ca. 0,7° C zu bzw. abnimmt *(Kap. 7.1.2 u. 7.1.3)*. Die Temperaturzunahme seit Beginn der Messungen liegt im Alpenraum doppelt so hoch wie im globalen Mittel und beträgt somit +1,4° C. Die Gletscherzunge dürfte also heute nur 200 m oberhalb des Hotels von Gletsch liegen, wenn denn die Mär vom anthropogenen Klimawandel kein neoklimatologisches Ammenmärchen aus 1001 Nacht sein soll.

Zwar kann die langfristige Variabilität von Gebirgsgletschern vereinfacht auf die Entwicklung der Niederschlags- und Temperaturverhältnisse insbesondere im Sommerhalbjahr zurückgeführt werden.[140] Aber daneben muss es ganz offensichtlich auch noch andere Phänomene und Wirkungsgefüge geben, welche Gletschereis zum Schmelzen bringen. Einen sehr deutlichen Fingerzeig liefert uns hier eine Beobachtung der österreichischen Zentralanstalt für Meteorologie und Geodynamik (ZAMG) in Wien.[141] Man hatte dort nach einer Erklärung für den doppelt so starken Erwärmungstrend im alpinen Großraum gesucht und stieß dabei auf eine sehr interessante Kausalkette: Es gibt lückenlose Messdaten, die belegen, dass mit dem Einsetzen des neuzeitlichen, CO_2-unabhängigen Temperaturanstiegs parallel auch ein Anstieg von Luftdruck und Sonnenscheindauer über dem Alpenraum einhergeht *(Abb. 71)*.[142] Ganz offensichtlich ist dies die unausweichliche Konsequenz einer geringfügigen Nordverlagerung des subtropisch-randtropischen Hochdruckgürtels, wie sie sich im Zuge der Erderwär-

---

[140] Kurt Nicolussi: Klimaentwicklung in den Alpen während der letzten 7.000 Jahre. In: Oeggl, K. u. Prast, M.: Die Geschichte des Bergbaus in Tirol und seinen angrenzenden Gebieten. Innsbruck (Innsbruck University Press Conference Series) 2009, S. 110.

[141] https://www.zamg.ac.at/cms/de/klima/informationsportal-klimawandel/klimavergangenheit/neoklima/lufttemperatur

[142] I. Auer et al.: HISTALP – historical instrumental climatological surface time series of the greater Alpine region 1760–2003. International Journal of Climatology 27, 2007, S. 17–46.

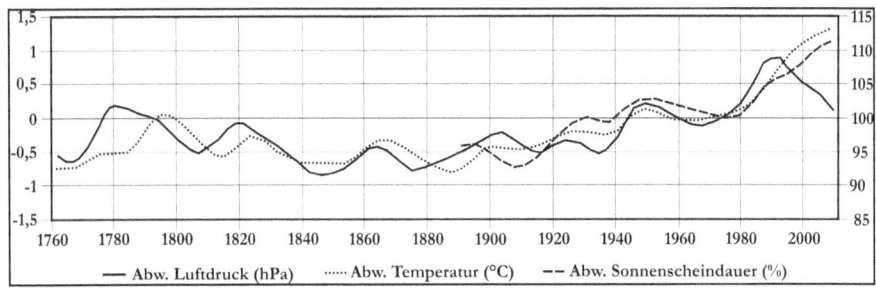

71: Entwicklung der Jahresmittel von Luftdruck und Temperatur (Tieflandstationen) 1760 – 2009 sowie Sonnenscheindauer (hochalpine Stationen) 1884 – 2009 im Großraum Alpen.
Verändert nach Zentralanstalt f. Meteorologie und Geodynamik (Wien) aus I. Auer et al.: HISTALP – historical instrumental climatological surface time series of the greater Alpine region 1760–2003. International Journal of Climatology 27, 2007, S. 17–46.
http://onlinelibrary.wiley.com/doi/10.1002/joc.1377/abstract;jsessionid=1B0B41EB6
03BDF2C2DA0EA03B67EC83D.d03t03

mung zwangsläufig eingestellt hat *(Kap. 7.2)*. Was aber bedeutet dies konkret für die Alpengletscher? Im Wesentlichen drei Dinge:

1. Zum einen werden sich bei verstärktem **Hochdruckwetter** die Niederschlagsereignisse, insbesondere die sommerlichen, trotz allgemeiner Erwärmung spürbar verringert haben *(Kap. 7.2)*. Die **Ablation** (das Auftauen) von Gletschereis wird die **Akkumulation** (das Wachstum) deshalb übersteigen, die Gletscher werden also auch unabhängig von der Temperatur an Masse verlieren.

2. Außerdem kann die Oberfläche von Gletschereis durch erhöhte **Aerosolanteile** in der Atmosphäre mit schwarzen Rußpartikeln verschmutzt sein. Dadurch sinkt die **Albedo**, das ohnehin vermehrt einfallende Sonnenlicht wird zusätzlich weniger stark reflektiert, so dass weiteres Eis abschmelzen muss *(Kap. 4.4)*.

3. Eine nicht zu unterschätzende Rolle spielt im vorliegenden Fall auch die **Sublimation** *(Kap. 5.3)*. Durch diesen Vorgang kann Eis bei starker Sonneneinstrahlung und geringer Luftfeuchte unmittelbar in die gasförmige Phase übergehen, verdunsten. Bei dynamischem Hochdruckwetter sind beide Randbedingungen erfüllt *(Kap. 7.2)*. Oberhalb der Inversionsschicht herrschen trockenadiabatische Absinkbewegungen vor.

Es bleibt zusammenfassend festzuhalten, dass die gegenwärtig zu beobachtende Schmelze der Alpengletscher – und nicht nur dieser – in erster Linie sehr wenig mit einer überhöhten anthropogenen CO_2-Produktion und -emission zu tun hat. Der Gletscherrückzug setzte bereits am Ende der Kleinen Eiszeit um die Mitte des 19. Jahrhunderts ganz massiv ein, als die industrielle Revolution noch in den Kleinkinderschuhen steckte. Selbiges Phänomen ist schon mit an Sicherheit grenzenden Wahrscheinlichkeiten mindestens im gesamten Holozän, d. h. seit gut 11.000 Jahren, immer wieder phasenweise zu beobachten. Unser Blick in den Rückspiegel kommt ohne Zweifel zu diesem Ergebnis. Es bleibt nun abschließend noch zu klären, woher insbesondere die jüngste Erwärmungsphase ihren Antrieb erhält und um welchen Anteil sie, wenn überhaupt, durch die aktuelle Zunahme von atmosphärischen Treibhausgasen überlagert wird.

9.5 Was treibt denn langfristig wirklich unser Klima an?

Wir hatten in *Kapitel 6.2* bereits ausgerechnet, dass die Klimasensitivität von CO_2 mit etwa 0,5° C lediglich marginale Auswirkungen auf das Globalklima nach sich ziehen kann. Nicht mehr und nicht weniger. Eine Temperaturzunahme durch anthropogen vermehrtes CO_2 geht im Rauschen des Systems schlicht und ergreifend unter, auch wenn man noch so angestrengt nach dem Signal lauscht *(S. 12)* oder den Rückkopplungsmechanismen auf der Spur ist *(Kap. 6.3 u. 6.4)*!

Ein neueres Untersuchungsergebnis haben Lüdecke et al.[143] vorgelegt, die sich diesem Thema mit Hilfe der neuartigen Persistenzanalyse nach Lennartz und Bunde[144] gewidmet haben. Sie berechnen die kumulierte Wahrscheinlichkeit, mit der ein in einer Temperaturreihe auftretender linearer Trend externe Ursachen hat und daher nicht auf natürliche Weise durch Persistenz der Temperaturreihe entstanden sein kann. Für den Zeitraum 1906-2005 wird anhand von 2.249 Temperaturreihen aus dem GISS-Pool *(Goddard Institute for Space Studies)* berechnet und nachgewiesen, dass nur etwa 30 % aller Reihen von Messstationen mit weniger als 1.000 Einwohnern und Höhenlagen unter 800 m NN externe, d. h. nicht-natürliche Trends aufweisen. Die Ursachen dieser Trends sind zwar nicht genau festzumachen, aber sicher kommen unter anderem anthropogenes CO_2 und diverse Sonnenaktivitätszyklen in Frage. Somit kann ganz klar festgehalten werden, dass anthropogenes CO_2 nur eine marginale Nebenrolle bei der rezenten Erwärmung unseres

---

[143] Lüdecke, H.-J., R. Link und F.-K. Ewert: How Natural Is The Recent Centennial Warming? An Analysis Of 2240 Surface Temperature Records. In: International Journal of Modern Physics C. Band 22, Nr. 10, 2011, S. 1139–1159.
http://www.eike-klima-energie.eu/uploads/media/How_natural.pdf
[144] Lennartz, Sabine u. Armin Bunde: Trend evaluation in records with long-term memory: Application to global warming, Geophysical Research Letters, Bd.36, 2009, 36, L16706.

Planeten spielt und gespielt hat. Und die Autoren legen noch kräftig nach mit der Feststellung, dass ihr Befund noch bestärkt wird durch die jüngste globale Abkühlungsphase, die nunmehr schon seit 18 Jahren unvermindert anhält.

Sehr zum Leidwesen der Neoklimatologen, die langsam aber sicher immer stärker unter Druck geraten mit ihren bislang nach wie vor unbewiesenen Horrorszenarien aus dem Computerlabor. Legitimationszwang und Erklärungsnotstand schaukeln sich in dieser Branche unaufhaltsam weiter auf. Die wissenschaftliche Klimadiskussion benötigt deshalb längst einen allfälligen Richtungswechsel in Richtung Empirie, denn die computersimulierten Szenarios von zumeist fachfremden „Modellathleten", die sich theoretisch mit marginalen Klimasensitivitäten diverser Treibhausgase beschäftigen, sind schon lange nutzlose Datenfriedhöfe. Das eigentliche wissenschaftliche Interesse konzentriert sich auf die Frage, ob Rückkopplungen den marginalen Erwärmungseffekt von Treibhausgasen noch weiter abschwächen oder aber entscheidend verstärken, wie so häufig behauptet[145] „Eine verlässliche Antwort können nach dem bisher gültigen Paradigma physikalischer Forschung nur Messungen geben."[146]

Wenn schon anthropogenes CO_2 nicht viel zum Klimawandel beiträgt, fragt man sich, wie es denn mit dem zweiten externen Faktor, der Sonnenaktivität, bestellt ist. Trägt sie etwa mehr zu Klimaschwankungen bei? Hier kommen wir an dem Beitrag von H. Malberg nicht vorbei, der zu diesem Thema umfangreiche Korrelationsberechnungen mit hochinteressanten Ergebnissen angestellt hat.[147] Es ergeben sich nach Herausfilterung kurzfristiger natürlicher Klimaschwankungen auf globaler Basis „für den Zusammenhang zwischen langzeitlichem solarem Aktivitätsverhalten und langfristiger Klimaentwicklung ... **Korrelationskoeffizienten** von +90. Der integrale solare Anteil erklärt somit rund 80 % der langzeitlichen Klima-/Temperaturänderungen. Die statistische Irrtumswahrscheinlichkeit liegt nur bei 0,01 Prozent."[148] Umso

---

[145] H. Fischer. et al.: Die Basis des anthropogenen Treibhauseffektes: Veränderte Strahlungsflüsse in der Atmosphäre. Stellungnahme der Deutschen Meteorologischen Gesellschaft zu den Grundlagen des Treibhauseffektes, Berlin (Institut für Meteorologie der Freien Universität) 1999.

[146] Horst-Joachim Lüdecke(2013): Klimatrends in Temperaturreihen. Wieviel Natur steckt in der Erwärmung der letzten 100 Jahre?
http://www.kaltesonne.de/klimatrends-in-temperaturreihen/

[147] Horst Malberg: Langfristiger Klimawandel auf der globalen, lokalen und regionalen Klimaskala und seine primäre Ursache: Zukunft braucht Herkunft. In: Beiträge zur Berliner Wetterkarte. Hrsg. Verein BERLINER WETTERKARTE e.V. zur Förderung der meteorologischen Wissenschaft. Berlin 2009.

[148] Ebda., S. 10.

verwunderlicher ist es, dass man noch immer und überall das Gerede vom CO_2 über sich ergehen lassen muss, denn die Ergebnisse einer sauber und korrekt durchgeführten Korrelationsanalyse mit zwei Variablen sind eine unanfechtbare Realität. Und dass Professor Malberg dazu in der Lage ist, bedarf wohl keiner Frage, auch wenn es Leute gibt, die gerade diesen Punkt stark, öffentlich und ungeniert in Zweifel ziehen. Man kann nur staunen.

Schon wieder bleibt uns nur festzustellen, dass der Einfluss von anthropogenem Kohlendioxid auf die Klimavarianz von Laien und von Neoklimatologen bei weitem zu hoch eingeschätzt wird. Maximal nur 20 % des langfristigen Temperaturanstiegs können über CO_2 erklärt werden. Mehr nicht. Abkühlungsphasen wie die seit 17 Jahren wirksame gegenwärtige oder die Kälteperiode in den 40er bis 70er Jahren lassen sich hingegen überhaupt nicht über CO_2 erklären, egal von welcher Dauer sie sind.

Last, but not least verdient noch ein bemerkenswerter Beitrag von U. Berger erwähnt zu werden.[149] Er hat sich die Messwerte der globalen Temperatur- und CO_2-Entwicklung seit 1880 genauer angeschaut und sie einer tiefgehenden mathematisch-statistischen Analyse unterzogen. Zielsetzung war es, auf rechnerischem Weg zu ermitteln, ob sich die zu beobachtenden nichtanthropogenen Erwärmungs- und auch Abkühlungsvorgänge von solchen Effekten isolieren lassen, die auf das Wirken des Menschen (CO2) zurückgehen.

Es würde zu weit führen, hier auf die angewandten Methoden näher eingehen zu wollen. Viel interessanter sind die Ergebnisse:

Berger hat festgestellt, dass sich die Klimaerwärmung seit 1880 aus drei Effekten zusammensetzt:

1. aus einem konstanten *linearen Erwärmungstrend* von 0,004° C pro Jahr,

2. aus einer *periodischen Überlagerung*, die unabhängig von anthropogenem CO_2 ist und mit zwei Zyklen beschreibbar ist: einem 62,3-jährigen und einem 21,0-jährigen Zyklus. Auffallend ist, dass beide Zyklen verdächtig nahe am ganzzahligen Vielfachen des ca. 11-jährigen *Sonnenfleckenzyklus* liegen,

3. einem zunehmenden additiven Beitrag von *anthropogenem CO2*, der gemäß einer Klimasensibilität von 0,62° C (bei Verdoppelung) einwirkt.

---

[149] Ulrich Berger (2013): Eine Analyse der Globaltemperaturen seit 1880 mit dem Versuch einer Prognose bis 2100.
http://www.kaltesonne.de/eine-analyse-der-globaltemperaturen-seit-1880-mit-dem-versuch-einer-prognose-bis-2100/

Daneben ist bemerkenswert, dass sich keine Wasserdampfrückkopplung nachweisen lässt. Den Ergebnissen angemessen ist denn auch die abschließende Feststellung Bergers: „Wir haben keine harten Anhaltspunkte dafür, dass wir ohne aktive CO_2-Einschränkungen das 2°-Ziel verfehlen würden. Es dürfte klar unterschritten werden, ohne dass wir etwas tun."

Noch ist nicht geklärt, welche Faktoren den konstanten linearen Erwärmungstrend antreiben. Aber die Vermutung liegt natürlich sehr nahe, dass es sich dabei um einen oder mehrere Sonnenzyklen handelt. Berger „verdächtigt" den so genannten Eddyzyklus mit seiner 1.000-jährigen Periode. Das Römeroptimum vor 2.000 Jahren, das Mittelalter-Optimum vor 1.000 Jahren und das rezente Optimum würden gut dazu passen. Ebenso die seit 18 Jahren ganz allmählich anlaufende Abkühlungsphase.

Hier besteht noch ganz erheblicher Forschungsbedarf, damit sich das CO_2-Gespenst endlich verabschieden kann!

10 FAZIT: MEHR HEISSE LUFT ALS ANTHROPOGENER KLIMAWANDEL

Unser Klima wird gesteuert von einem hochkomplexen Wirkungsgefüge systeminterner und –externer Klimafaktoren. Antriebsmotor dieses Klimasystems ist einzig und allein die Sonne mit ihrer energiereichen Strahlung. Ein so kompliziertes System kann nicht statisch sein und vollkommen stabil funktionieren, sondern es unterliegt permanent natürlichen Schwankungen und Veränderungen. Schon sehr geringe Störungen des Strahlungsgleichgewichts, wie sie etwa durch Verschiebungen der Erdbahnparameter oder durch Schwankungen der Sonnenaktivität in periodischen Abläufen auftreten, leiten solche Klimaveränderungen ein. Das Klimasystem ist also von Natur aus ein dynamisches System. Untersuchungen der klimatischen Vergangenheit, wie sie heute durch aufwendige Laboruntersuchungen von so genannten Proxies (z. B. Baumringe, Eisbohrkerne, Tropfsteine, See- und Meeressedimente, fossile Oberflächenformen des festen Landes u. v. a.) möglich sind, liefern eindeutige Beweise.

Neuerdings besteht der begründete Verdacht, dass auch der Mensch ein externer Störfaktor im Klimasystem ist. Durch übermäßige Emissionen von diversen Treibhausgasen, an vorderster Stelle Kohlendioxid (CO_2), manipuliert er das Strahlungsgleichgewicht der Atmosphäre. Zusätzliche Treibhausgase erhöhen das natürliche Wärmeabsorptionsvermögen der Luft und führen so zu einer stärkeren Erwärmung der Erdatmosphäre.

Bis zu diesem Punkt sind sich alle Klimaforscher einig, gleich welcher Couleur: ob fachlich ausgebildetes oder selbsternanntes neoklimatologisches Personal, ob vermeintlich klimarealistisch oder klimaskeptisch. Aber ab diesem Punkt scheiden sich die Geister tiefgründig und offensichtlich unversöhnlich. Der selbsternannte Klimarealist muss nämlich glauben, was das IPCC vorgibt: Anthropogenes CO_2 bringt das Klima zum Kippen, es führt unweigerlich zur Klimakatastrophe, falls wir es nicht schaffen, das 2°-Ziel zu erreichen. Die ungläubigen Klimaskeptiker, aus Blickrichtung der Realisten nur klimatologische Laien (mit großenteils klimatologischer Hochschulausbildung), vertreten fachlich sehr begründet die Meinung, *dass das Forcing und die Klimasensi-*

10 Fazit: Mehr heiße Luft als anthropogener Klimawandel

tivität des Treibhausgases CO_2 zwar vorhanden ist, aber eben nur als marginale Erscheinung des Klimawandels. Die geringfügige aktuelle Klimaerwärmung ist zum überwiegenden Teil auf natürliche Ursachen zurückzuführen.

Wir haben auf unserem Streifzug durch die Klimalandschaft das Forcing und die Klimasensitivität von CO_2 sowie einige wichtige Rückkopplungen rechnerisch mit MODTRAN und anhand einschlägiger physikalischer Lehrsätze überprüft *(Kap. 6)*. Dabei kamen wir zu dem eindeutigen Ergebnis, dass die vom IPCC-Kartell in die Welt gesetzte Begutachtung des Klimawandels falsch und unbegründet ist. Die klimatische Wirksamkeit von Kohlendioxid wird maßlos überschätzt und die prophezeite Klimakatastrophe wird es nicht geben.

Weiterhin haben wir mit der Ableitung der Allgemeinen Zirkulation der Atmosphäre und ihrer exemplarischen Anwendung *(Kap. 7)* aufgezeigt, mit welcher Ignoranz und Dreistigkeit heutzutage neoklimatologische Genies klimageographische Kalauer als absolute Wahrheiten verkaufen, um die Linie des IPCC zu stärken. Hochtrabende statistische Termini und Supercomputer verfehlen dabei nicht ihre Wirkung. Aber wir haben auch aufgezeigt, wie man solche Ammenmärchen durch klimatologisches Wissen enttarnen kann.

Abschließend war unser Rückblick in die jüngere Klimahistorie der Erde sehr aufschlussreich *(Kap. 9)*. Die markanten Klimawandlungen des Pleistozäns vollzogen sich ohne menschliches Zutun, denn diese Spezies kam erst während der letzten Eiszeit auf die Bühne. Dennoch wollen Rahmstorf und Schellnhuber, wie könnte es anders sein, eine entscheidende Rolle von CO_2 bei der Entstehung von pleistozänen Warm- und Kaltzeiten erkennen.[150] Und wenn schon... Auch in der jüngsten geologischen Vergangenheit hat sich gezeigt, dass es in den letzten 11.000 Jahren zwar eine größere Anzahl von Klimaschwankungen gegeben hat, die aber allesamt nichts, aber auch rein gar nichts mit irgendwelchen Treibhausgasen zu tun hatten. Auch unser rezenter Klimawandel setzte bereits, man horche auf, um 1850 ein, als von anthropogenem CO_2 noch lange nicht die Rede sein konnte. Was also soll dieses ganze Affentheater um eine Marginalie?

Wer jetzt immer noch CO_2-gläubig ist, dem empfehle ich wärmstens *Kapitel 9.5* und die zugehörige Literatur. Aber Vorsicht: Auch ungläubige Klimaforscher schießen mit der Mathematik!

---

[150] *Rahmstorf, Stefan u. Hans-Joachim Schellnhuber:* Der Klimawandel. Diagnose, Prognose, Therapie. München (C. H. Beck) 2012, S. 21.

LITERATUR

Arrhenius, S.: On the Influence of Carbonic Acid in the Air upon the Temperature of the Ground. In: Philosophical Magazine and Journal of Science 41, Nr. 251, 1896, S. 237 – 276.

Auer, I. et al.: HISTALP – historical instrumental climatological surface time series of the greater Alpine region 1760–2003. International Journal of Climatology 27, 2007, S. 17 – 46.

Bachmann, Hartmut: Die Lüge der Klimakatastrophe. Berlin (Frieling) 2008.

Berner, Ulrich u. Hansjörg Streif (Hrsg.): Klimafakten: Der Rückblick - Ein Schlüssel für die Zukunft, Stuttgart (Schweizerbart) 2004.

Blüthgen, Joachim u. Wolfgang Weischet: Allgemeine Klimageographie. Berlin, New York (de Gruyter) 1980.

Bradley, Raymond S.: Paleoclimatology: Reconstructing Climates of the Quaternary. San Diego (Elsevier/Academic Press), 3rd. Edition 2014.

Bubenzer, Olaf u. Ulrich Radtke: Natürliche Klimaänderungen im Laufe der Erdgeschichte. In: Der Klimawandel. Einblicke, Rückblicke und Ausblicke. Hrsg. W. Endlicher u. F.-W. Gerstengarbe, Potsdam 2007, S. 17 – 26.

Calder, Nigel und Henrik Svensmark: Sterne steuern unser Klima: Eine neue Theorie zur Erderwärmung. Düsseldorf (Patmos) 2008.

Caquot, Albert und Jean Kérisel: Grundlagen der Bodenmechanik. Berlin-Heidelberg-New York (Springer) 1967.

Cubasch, Ulrich u. Dieter Kasang: Anthropogener Klimawandel. Gotha (Klett-Perthes) 2002.

Der Spiegel 33/1986: Titelbild Kölner Dom im Meer.

Der Spiegel 39/2013: Klima. Ratloses Orakel.

Endlicher, Wilfried u. Friedrich-Wilhelm Gerstengarbe (Hrsg.): Der Klimawandel. Einblicke, Rückblicke und Ausblicke. Potsdam 2007.

Fischer, H. et al.: Die Basis des anthropogenen Treibhauseffektes: Veränderte Strahlungsflüsse in der Atmosphäre. Stellungnahme der Deutschen Meteorologischen Gesellschaft zu den Grundlagen des Treibhauseffektes, Berlin (Institut für Meteorologie der Freien Universität) 1999.

Flohn, Hermann: Zur Frage der Einteilung in Klimazonen. In: Erdkunde 11, 1957, S. 161 – 175.

Fourier, J. B. J.: Mémoire sur les températures du globe terrestre et des espaces planétaires. Les sciences de DES de Mémoires de l'Académie Royale 7, 1824.

Gerstengarbe, Friedrich-Wilhelm u. Peter C. Werner: Der rezente Klimawandel. In: Der Klimawandel. Einblicke, Rückblicke und Ausblicke. Hrsg. W. Endlicher u. F.-W. Gerstengarbe, Potsdam 2007, S. 34 – 43.

Haeberli, Wilfried und Max Maisch: Klimawandel im Hochgebirge. In: Der Klimawandel. Einblicke, Rückblicke und Ausblicke. Hrsg. W. Endlicher u. F.-W. Gerstengarbe, Potsdam 2007, S. 98 – 107.

Heinrich, Hartmut: Origin and consequences of cyclic ice rafting in the northeast Atlantic Ocean during the past 130,000 years. In: Quaternary Research 29, 1988, S. 142 – 152.

Hendl, Manfred: Entwurf einer genetischen Klimaklassifikation auf Zirkulationsbasis. In: Zeitschrift für Meteorologie 14, 1960, S. 46 – 50.

Holzhauser, H., Magny, M. & Zumbühl, H. J.: Glacier and lake-level variations in west-central Europe over the last 3300 years. In: The Holocene 15, 2005, S. 789 – 801.

Huch, Monika, Günter Warnecke, Klaus Germann (Hrsg.): Klimazeugnisse der Erdgeschichte: Perspektiven für die Zukunft. Berlin, Heidelberg (Springer) 2001.

Jacobeit, Jucundus: Zusammenhänge und Wechselwirkungen im Klimasystem. In: Der Klimawandel. Einblicke, Rückblicke und Ausblicke. Hrsg. W. Endlicher u. F.-W. Gerstengarbe, Potsdam 2007, S. 1 – 16.

Joerin, U. E., Nicolussi, K., Fischer, A., Stocker, T. F. and Schlüchter, C.: Holocene optimum events inferred from subglacial sediments at Tschierva Glacier, Eastern Swiss Alps. In: Quaternary Science Reviews 27, 2008, S. 337 – 350.

Köppen, Wladimir: Die Klimate der Erde. Berlin, Leipzig 1923.

Latif, Mojib: Globale Erwärmung. Stuttgart (Ulmer) 2012.

Lauer, Wilhelm u. M. Daud Rafiqpoor: Die Klimate der Erde: Eine Klassifikation auf der Grundlage der ökophysiologischen Merkmale der realen Vegetation. Stuttgart 2002.

Lauer, Wilhelm: Klimatologie. Braunschweig (Westermann) 1995.

Lennartz, Sabine u. Armin Bunde: Trend evaluation in records with long-term memory: Application to global warming, Geophysical Research Letters, Bd.36, 2009, 36, L16706.

Lüdecke, H.-J., R. Link und F.-K. Ewert: How Natural Is The Recent Centennial Warming? An Analysis Of 2240 Surface Temperature Records. In: International Journal of Modern Physics C. Band 22, Nr. 10, 2011, S. 1139 –1159.

Lüdecke, Horst-Joachim (2013): Klimatrends in Temperaturreihen. Wieviel Natur steckt in der Erwärmung der letzten 100 Jahre? http://www.kaltesonne.de/klimatrends-in-temperaturreihen/

Malberg, Horst: Meteorologie und Klimatologie. Eine Einführung. Berlin, Heidelberg (Springer) 2007.

Malberg, Horst: Langfristiger Klimawandel auf der globalen, lokalen und regionalen Klimaskala und seine primäre Ursache: Zukunft braucht Herkunft. In: Beiträge zur Berliner Wetterkarte. Hrsg. Verein BERLINER WETTERKARTE e.V. zur Förderung der meteorologischen Wissenschaft. Berlin 2009, S. 1 – 12.

Mauelshagen, Franz: Klimageschichte der Neuzeit 1500–1900. Darmstadt (Wissenschaftliche Buchgesellschaft) 2010.

Milanković, Milutin: Kanon der Erdbestrahlung und seine Anwendung auf das Eiszeitenproblem. In: Académie royale serbe. Éditions speciales 132 [vielm. 133]. Belgrad 1941.

Milanković, Milutin: Théorie mathématique des phénomènes thermiques produits par la radiation solaire. Paris (Gauthier-Villars) 1920.

Nicolussi, Kurt: Klimaentwicklung in den Alpen während der letzten 7.000 Jahre. In: Oeggl, K. u. Prast, M.: Die Geschichte des Bergbaus in Tirol und seinen angrenzenden Gebieten. Innsbruck (Innsbruck University Press Conference Series) 2009.

Popper, Karl: Logik der Forschung. Tübingen 2005.

Rahmstorf, Stefan u. Hans-Joachim Schellnhuber: Der Klimawandel. Diagnose, Prognose, Therapie. München (C. H. Beck) 2012.

Rahmstorf, Stefan: Die Thesen der „Klimaskeptiker– was ist dran? Eine Antwort auf Alvo von Alvensleben, Potsdam 2004.

Roedel, Walter u. Thomas Wagner: Physik unserer Umwelt: Die Atmosphäre. Heidelberg, Dordrecht, London, New York (Springer) 2011.

Sirtl, Stefan: Absorption thermischer Strahlung durch atmosphärische Gase. Experimente für den Physikunterricht. Wissenschaftliche Arbeit für das Staatsexamen im Fach Physik an der Albert-Ludwigs-Universität, Freiburg i. Br. 2010.

Storch, Hans von u. Werner Krauß: Die Klimafalle. München (Hanser) 2013.

Supan, Alexander: Grundzüge der physischen Erdkunde. Leipzig 1884.

Teller, J. T., Leverington, D. W. u. Mann, J. D.: Freshwater outbursts to the oceans from glacial Lake Agassiz and their role in climate change during the last deglaciation. In: Quaternary Science Reviews 21, 2002, S. 879 – 887.

Troll, Carl: Karte der Jahreszeitenklimate der Erde. In: Erdkunde 18, 1964, S. 5 – 28.

Troll, Carl: Thermische Klimatypender Erde. In: Petermanns Geographische Mitteilungen 89, 1943, S. 81 – 89.

Wanner, Heinz: Der Klimawandel in historischer Zeit. In: Der Klimawandel. Einblicke, Rückblicke und Ausblicke. Hg. W. Endlicher u. F.-W. Gerstengarbe, Potsdam 2007, S. 27 – 33.

Weischet, Wolfgang u. Wilfried Endlicher: Regionale Klimatologie. Die Alte Welt. Stuttgart, Leipzig (Teubner) 2000.

Weischet, Wolfgang: Einführung in die Allgemeine Klimatologie. Berlin-Stuttgart (Borntraeger) 2002.

Weischet, Wolfgang: Regionale Klimatologie. Die Neue Welt. Stuttgart, Leipzig (Teubner) 1996.

Westermann Lexikon der Geographie: Stichwort „Klimatologie". Braunschweig (Westermann) 1969, Bd. 2, S. 817.

Westermann Lexikon der Geographie: Stichwort „Klima". Braunschweig (Westermann) 1969, Bd. 2, S. 813.

Zechel, Susanne: Klimazyklen im Atlantik – Milankovitch-Theorie, Foraminiferen-Geochemie, Heinrich-Events. TU Bergakademie Freiberg, Oberseminar Geologie 2003.

Internet

Berger, U., Globaltemperaturanalyse:
http://www.kaltesonne.de/eine-analyse-der-globaltemperaturen-seit-1880-mit-dem-versuch-einer-prognose-bis-2100/
Berner: Klimafakten (Interview):
http://www.bild-der-

wissenschaft.de/bdw/bdwlive/heftarchiv/index2.php?object_id=10095289
Dimethylsulfid:
https://de.wikipedia.org/wiki/Dimethylsulfid
EIKE:
http://www.eike-klima-energie.eu/eike/
Endlicher/Gerstengarbe, Der Klimawandel (pdf-Download):
https://www.pik-potsdam.de/services/infothek/buecher_broschueren/buecher-broschueren/der-klimawandel-einblicke-rueckblicke-und-ausblicke
Erwärmung im Alpenraum (ZAMG):
https://www.zamg.ac.at/cms/de/klima/informationsportal-klimawandel/klimavergangenheit/neoklima/lufttemperatur
Gerstengarbe:
http://www.kaltesonne.de/gerstengarbe-und-news-xxx/
Keelingkurve:
https://scripps.ucsd.edu/programs/keelingcurve/
Kelvinwellen:
http://de.wikipedia.org/wiki/Kelvinwelle
Klimaschwankungen im Jungpleistozän und Holozän:
http://lv-twk.oekosys.tu-berlin.de//project/lv-twk/002-klimavariationen.htm
Klimasensitivität CO_2:
http://www.eike-klima-energie.eu/climategate-anzeige/zur-klimasensitivitaet-des-treibhausgases-co$_2$/
Klimatologie:
https://de.wikipedia.org/wiki/Klimatologie#Skalen
Lexikon der Biologie, Stichwort Paläoklimatologie:
http://www.spektrum.de/lexikon/biologie/palaeoklimatologie/48929
Lüdecke, Persistenzanalyse:
http://www.eike-klima-energie.eu/uploads/media/How_natural.pdf
MODTRAN-Rechenmodell:
http://climatemodels.uchicago.edu/modtran/
NAO:
http://www.deutscher-wetterdienst.de/lexikon/download.php?file=NAO.pdf
Ozeanerwärmung:
http://wiki.bildungsserver.de/klimawandel/index.php/Erwärmung_des_Ozeans
Rahmstorf gegen Dittrich:
http://www.scilogs.de/klimalounge/treibhauseffekt-widerlegt/
Rahmstorf, Klimaskeptiker:
http://www.pik-potsdam.de/~stefan/alvensleben_kommentar.html
Rahmstorf, Wolkenkrieg:
http://www.readers-edition.de/010/04/04/das-geheimnis-der-wolken-kriegserklaerung-von-stefan-rahmstorf/
Ross-Schelfeis:
http://de.wikipedia.org/wiki/Ross-Schelfeis
Solarkonstante:
https://de.wikipedia.org/wiki/Solarkonstante
Sonnenaktivität:
http://de.wikipedia.org/wiki/Sonnenaktivität#Langfristige_Veränderungen
Der SPIEGEL, Eisenhaltiger Spinat:
http://www.spiegel.de/wissenschaft/mensch/hartnaeckige-irrtuemer-mythen-an-die-selbst-mediziner-glauben-a-525056.html

Der SPIEGEL, Krieg um das Klima:
http://www.spiegel.de/wissenschaft/natur/forscherskandal-heiser-kriegums-klima-a-a-688175.html
Der SPIEGEL, Salzgehalt der Ozeane:
http://www.spiegel.de/wissenschaft/weltall/satellitenbild-der-woche-salzkarte-der-meere-zeigt-suesswasserfladen-a-787840.html
Der SPIEGEL, Vahrenholt und die kalte Sonne:
http://www.spiegel.de/wissenschaft/natur/klima-propaganda-die-verkaeufer-der-wahrheit-a-813953.html
Strahlungsantrieb:
https://commons.wikimedia.org/wiki/File:Komponenten_des_Strahlungsantriebs.svg#file
Treibhauseffekt:
http://www.dmg-ev.de/wp-content/uploads/2015/12/treibhauseffekt.pdf
Tropische Wirbelstürme:
http://de.wikipedia.org/wiki/Accumulated_Cyclone_Energy
Weltenergiebedarf:
https://de.wikipedia.org/wiki/Weltenergiebedarf

SACHREGISTER

8k-Event · 182

A

Abkühlungsphase · 190
Ablation · 187
Absinktendenz · 114
absolute Feuchte · 93
Absorption · 55, 70, 71, 72, 73, 78, 81, 83, 197
Absorptionsbanden · 72, 80, 85, 90, 95, 96
Absorptionspotential · 50, 80
ACE · 169
Aerosol · 70, 114, 138, 187
aerosol-optische Dickemessungen · 53
Agassizsee · 181
ageostrophischer Massentransport · 124
Aktionszentren der Atmosphäre · 122, 124, 125, 139, 163, 165
Aleutentief · 124
Allgemeine Zirkulation der Atmosphäre · 48, 111, 127, 132, 133, 176
Alpen · 184
Alpengletscher · 182, 183, 185
AMO · 167, 168, 169
anisobare Bewegung · 124, 125
Anomalie des Wassers · 36
Antarktis · 40, 140
anthropogenes CO_2 · 190
Antipassat · 156
Antizyklone · 121, 123, 124

Aphel · 68, 141
Äquator · 128
Äquatorialer Gegenstrom · 157
äquatoriale Kelvinwelle · 157, 160
Äquatoriale Tiefdruckrinne · 116
Argon · 46, 49, 79
Arktis · 40
arktisches See-Eis · 166, 167
Assimilation · 47
astronomische Zyklen · 140
Atacama · 154
Atlantic Multidecadal Oscillation · 167
Atlantikum · 183
Atmosphäre · 32, 34, 35, 48, 49, 69
atmosphärische Rückkopplungen · 93
Aufgleitfläche · 121
Auftrieb · 66, 106, 107, 125
Ausgabestelle · 76, 104
Ausgleichsströmung · 113
Auslaufzone der Passate · 115, 116
äußere Tropen · 128
außertropisches Ostseitenklima · 131
Azorenhoch · 119, 122, 124, 139, 163

B

barokline Kelvinwelle · 158
Barometer · 65
Bewölkungsgrad · 73, 74
Biomasse · 47
Biosphäre · 33, 47, 101, 149
Blauanteil · 71
Bohrkernanalyse · 17, 179
Bondzyklus · 179

Bronzezeit · 183

C

Climategate · 18, 145
Clusteranalyse · 132
CO_2-Gespenst · 191
CO_2-Konzentration · 11
Corioliskraft · 35, 113, 117, 123, 124, 125, 152
Cromerkomplex · 174
Cut-Off-Effekt · 122

D

Daltonminimum · 143
Dampfdruck · 93
Dansgaard-Oeschger-Ereignis · 177, 179, 180
Dauerfrostboden · 43, 44
Delta der Höhenströmung · 124
Delta der Frontalzone · 123
Dendrochronologie · 17
De-Vries-Zyklus 144, 145
Accumulated Cyclone Energy · 169
Differenzspektrometer · 11
Diffuse Reflexion · 70
diffuses Himmelslicht · 70
Dimethylsulfid · 51, 198
Distickstoffoxid · 49, 79
Divergenz der Meridiane · 114
Divergenzzone · 124
DO-Event · 177, 179
Doldrums · 116
Drehimpuls · 113, 118, 121
Druck · 49, 62, 64, 65, 66, 112, 117, 124, 189

199

Sachregister

Druckgradient · 123, 128
Dunkelmeer · 53
Durchmischungszone · 36
dynamische Zirkulation · 120

E

Eddyzyklus · 191
Eemwarmzeit · 174
EIKE · 19, 144, 146, 198
Eis-Albedo-Rückkopplung · 142, 175
Eisberge · 178, 179
Eisbohrkerne · 173, 177
Eisenzeit · 183
Eiskristalle · 70
Eisschilde · 175
Eiszeitalter · 172
Eiszeiten · 170
Ekliptik · 141
El Niño · 150, 151, 158, 159, 160, 164, 167, 172
Elbekaltzeit · 174
Elstereiszeit · 174
Emissionskoeffizient · 77, 88, 89, 98
Energiedefizit · 48
Energiegefälle · 35
Energietransport · 35
Erdalbedo · 70, 77, 137
Erdbahnebene · 142
Erdbahnellipse · 141
Erdbahnparameter · 33, 137, 140, 142, 143, 149, 192
Erdbahnzyklen · 175
Erdmantel · 138
Erdoberfläche · 75, 104, 111, 114
Erdrotation · 35, 113, 152
Erdstrahlung · 80, 87
Erdsystemforschung · 24
Europäisches Institut für Klima und Energie · Siehe EIKE
Exosphäre · 54
Extinktion · 70, 71, 72, 73
Exzentrizität · 68, 141

F

FCKW · 49
Ferrelzelle · 117, 119, 120
Ferrelzirkulation · 117
feuchtadiabatischer Temperaturgradient · 108
Fließgleichgewicht · 47
Foraminiferen · 179
Forcing · 88
Fossilisation · 47
Fotodissoziation · 56
Frontalzone · 108, 111, 114, 117, 122, 128

G

Gebirgsgletscher · 185
Gegenstrahlung der Atmosphäre · 76
geometrischer Temperaturgradient · 104
Geomorphologie · 178
geostrophischer Höhenwestwind · 120
geostrophischer Wind · 118, 165
geothermische Tiefenstufe · 43
geothermische Wärme · 180
Gesetz der großen Massenerhebungen · 106
Gesetz der Massenträgheit · 113
Gesetz des elastischen Stoßes · 107
GISS · 188
Glazial · 177
Gleissberg-Zyklus · 144
Gletscher · 45, 175, 178, 184
Globalstrahlung · 72, 73, 74, 108, 112, 175
Goddard Institute for Space Studies · 188
Golfstrom · 37, 39, 40, 68, 160, 177, 180
Gradientkraft · 113, 124
Grönland · 136, 184
Großes IR-Fenster · 76, 81
Grundmoräne · 178
Grüne Alpen · 185

Günzeiszeit · 174

H

Hadleyzelle · 114, 120
Hadleyzirkulation · 112, 114, 117
Halezyklus · 144
Heinrichereignis · 178, 179, 180
Heinrichlage · 178, 179
Heizfläche der Atmosphäre · 76, 103, 104
Hektopascal · 57, 65
Historische Klimatologie · 23
Hitzetief · 112, 116, 130, 135
Hochdruckkeil · 121
Hochdruckwetter · 187
Hockeyschlägerkurve · 16
Höhenhoch · 112
Höhenwestwind · 117, 138
Holozän · 173, 181, 182, 184
holozäne Gletscherentwicklung · 185
holozänes Pessimum · 183
Holsteinwarmzeit · 174
Homo erectus · 173
Homo sapiens · 173
Horror-Vacui-Lehre · 63
Humboldtstrom · 38, 110, 151, 152, 154, 156, 157, 158
Hurrikane · 169
Hydrosphäre · 32, 35, 101
hypsometrisches Wärmegefälle · 104

I

Idealkontinent · 127
Infrarotbereich · 72, 69, 70, 76
Infrarotstrahlung · 52, 76, 79
innere Tropen · 128
Innertropische Konvergenzzone · 6, 12, 115, 135
Intergovernmental Panel on Climate Change · Siehe IPCC
Interne Schwankungen des Klimasystems · 138, 172
Inversion · 55, 105, 153

200

Sachregister

Inversionsschicht · 105, 114, 153, 154, 187
IPCC · 15, 16, 17, 18, 26, 30, 32, 95, 97, 100, 145, 167, 192, 193
Islandtief · 119, 122, 124, 139, 163, 164
isobare Flächen · 121
Isobaren 112, 113, 123, 124
Isolator · 45
Isolierschicht · 48
Isolierung · 45
Isothermen · 109, 110
Isothermie · 43, 55, 105
Isotopenverhältnis · 179

J

Jüngere Dryas · 181, 182

K

Kalbungsvorgänge · 180
Kalmengürtel · 116
Kältehoch · 112
Kaltfront · 122
Kaltluftantizyklone · 125
Kaltlufttropfen · 122
Keelingkurve · 12, 13
Kippung der Erdbahnebene · 142
Kleine Eiszeit · 145, 184, 185, 187
Klima · 27, 28
Klima der hohen Mittelbreiten · 130
Klimaantrieb von CO_2 · 88, 101
Klimaarchiv · 171, 172, 184
Klimadynamik · 32, 170, 182
Klimafaktoren · 30, 31, 33, 34, 101, 137, 150, 192
Klimaforscher · 17
Klimaforschung · 21, 24
Klimakatastrophe · 95
Klimaklassifikation · 126, 127, 196
Klimaprojektionen · 18
Klimarealisten · 17

Klimaregionen · 6, 127, 128
Klimarübe · 6, 126, 128
Klimaschwankungen · 144, 184
Klimasensitivität · 88, 89, 90, 91, 93, 96, 97, 98, 101, 176, 188, 193, 198
Klimaskeptiker · 18, 82, 83, 84, 85, 133, 145, 192, 197, 198
Klimasystem · 30, 32, 34, 137, 150
klimatische Strahlungszonen · 73
Klimatologie · 15, 23, 24
Klimatypen · 132
Klimavariabilität · 184
Klimavarianz · 190
Klimawandel · 14, 32, 170
Klimazeitreihe · 175
Klimazonen · 25
Kohlendioxid (CO_2) · 14, 46, 47, 49, 50, 71, 72, 73, 79, 80, 81, 83, 95, 177, 185, 190, 192, 193
Kondensation · 45, 57, 58, 108
Kondensationskerne · 51
Kondensationsniveau · 108
Kondensationspunkt · 108
Kondensationswärme · 44, 58, 108
Kontinentalität · 103, 130
Kontinentalklima · 131
Kontinentalplatten · 138
Konvektionsströmung · 115
Konvergenzzone · 123
Kryosphäre · 33, 101, 149
kumulierte Wahrscheinlichkeit · 188
Kuro-Schio · 160
kurzwellige Strahlung · 67
Küsten-Kelvinwellen · 160

L

La Niña · 151
Labradorstrom · 166, 167
latente Wärme · 44, 78, 108
linearer Erwärmungstrend · 190
Linkswindung · 179
Lithosphäre · 32, 101, 138, 149

Luftdruck · 63, 65
Luftmoleküle · 70
Lufttemperatur · 104

M

Mäanderwellen · 120
Magnusformel · 93
Maritimität · 103, 130
mathematischer Äquator · 109, 115
Maunderminimum · 143, 145
Meereisfläche · 40
Meeressedimente · 172, 173
Meeresspiegelanstieg · 182
Meeresströmungen · 33
Meersalzkristalle · 52
Mesopause · 54
Mesosphäre · 54
Meteoriteneinschläge · 172
Methan · 49, 79, 80, 81
Milanković · 174
Milankovićzyklen · 141, 142, 143, 172, 175, 179
Mindeleiszeit · 174
Mitführgeschwindigkeit · 117, 112, 121
Mittelalterliche Warmzeit · 183, 191
Modellathleten · 189
modernes Optimum · 184
Monsun · 103, 117
Monsuntief · 128

N

NAO · 161, 162, 164, 165
NAO-Index · 163, 166
Neandertaler · 173
Neogloboquadrina pachyderma · 179
Neoklimatologen · 17, 24, 30, 41, 83, 88, 95, 131, 137, 144, 151, 174, 182, 185, 189, 190
nicht-permanente Gas · 57
Nordäquatorialstrom · 160
Nordatlantische Oszillation · 162

Sachregister

O

Oberflächenformen · 172
Oberseite der Atmosphäre · 76, 104
objektive Klimaklassifikationen · 131
Optima · 182
Ötzi · 185
Ozeane · 34, 37
Ozeanzirkulation · 142
Ozon · 46, 49, 55, 71, 72, 73, 79, 80, 81
Ozonlöcher · 55

P

Paläoklimatologie, · 23
Pascal · 64, 65
Passatbewölkung · 114
Passat · 41, 62, 114, 116, 128, 157
Passatinversion · 114
Passatwolke · 115
Passatzone · 114
Pazifisches Hoch · 124
Pedosphäre · 32, 101, 149
Peer-Review-Verfahren · 15
Perihel · 68, 141
Permafrostboden · 45
permanente Gase · 46, 49, 57, 62
Persistenzanalyse · 188
Pessima · 182
Pessimum der Völkerwanderung · 183
Photosynthese · 47
Phytoplankton · 47, 51
plancksches Gesetz · 76, 80
planckscher Strahler · 80, 88
planetarische Frontalzone · 120, 130, 165
Plattentektonik · 33, 137, 138, 149, 172
Pleistozän · 172, 181, 182
pleistozäne Kaltzeiten · 178
pleistozäner Klimawandel · 174
polare Kaltluft · 117, 121, 131

Polarfront · 6, 117, 118, 120, 123
Polarregionen · 131
Präzession · 141
Precipitable Water · 60
Proxies · 16, 171, 185
Proxy-Informationen · 172

Q

Quartär · 173
quartäre Klimaschwankungen · 173
quasipermanente Druckgebilde · 122
Quecksilber · 63, 64
Quecksilberbarometer · 64

R

Rayleighstreuung · 71
Reflexion · 14, 45, 69, 70, 72, 73
Reibung · 35, 120, 122
relative Luftfeuchte · 93
Relief · 151
Rißeiszeit · 174
Römeroptimum · 183, 191
Römerzeit · 185
Rossbreitenhoch · 119, 122
Rossbywellen · 120, 122, 123, 125, 165, 166
Rossbyzelle · 125, 126
Rossmeer · 38, 42, 198
Rotanteile · 71
Rückkopplung · 33, 46, 88, 89, 94, 189
Rußaerosole · 51, 52
Ryd-Scherhag-Effekt · 124, 165

S

Saaleeiszeit · 174
Sahara · 134, 135, 166
Sahelzone · 128
Salzgehalt · 36, 139, 166, 167, 179, 180

Salzkonzentration · 39, 40, 41, 42
Salzwasser · 36, 37
Sättigungsdruck · 59, 93
Sauerstoff · 47, 49, 71, 72, 73, 79, 179
Schelfeis · 42, 198
Schneegrenze · 106
Schwabezyklus · 143
Sedimentproben · 178
sichtbarer Bereich · 69
Smog · 115
solare Mittelbreiten · 73
solare Polarregionen · 73
solare Subtropen · 73
solare Tropen · 73
Solarenergie · 76, 111
solares Magnetfeld · 144
Solarklima · 48, 73
Solarkonstante · 34, 68, 198
Solarstrahlung · 76, 78, 140, 142, 171
Sonnenaktivität · 33, 137, 143, 144, 145, 147, 150, 189, 192, 198
Sonneneinstrahlung · 33
Sonnenflecken · 143
Sonnenfleckenaktivitäten · 144
Sonnenfleckenzyklus · 143, 172, 190
Sonnenstand · 72, 73
Sonnenstrahlung · 70
Sonnenzyklen · 191
Spektralanalyse · 11
Spektroradiometer · 53
Spurengase · 46, 49, 84, 85
Stefan-Boltzmann-Gesetz · 77, 89
Stickstoff · 46, 49, 79
Strahlungsabsorption · 86
Strahlungsantrieb · 87, 90, 95, 176
Strahlungsbilanz · 67, 99, 104, 137, 140, 150, 170, 175
Strahlungsgesetze · 11
Strahlungsgleichgewicht · 76
Strahlungshaushalt · 67, 140, 148
Stratopause · 54, 55

Sachregister

Stratosphäre · 49, 54, 55, 72, 105, 148, 149
Streuung · 70
Sublimation · 57, 187
subpolare Tiefdruckrinne · 119, 122, 131
Subpolarjet · 118, 120
Subtropen · 128
Subtropenjet · 118
subtropisches Kontinentalklima · 129
subtropisches Sommerregenklima · 130
subtropisches Winterregenklima · 128
subtropisch-randtropische Antizyklone · 122, 128, 129, 164
subtropisch-randtropischer Hochdruckgürtels · 119, 186
Südäquatorialstrom · 154
südasiatischer Monsun · 117
Südpazifische Antizyklone · 151, 154, 152, 156
Sulfataerosol · 51, 149
Süßwasser · 36, 37, 149

T

Tagundnachtgleiche · 115
Taupunkt · 108
Temperaturamplitude · 102, 103, 104
Temperaturgradient · 90, 94, 104, 105, 107, 108, 112, 118, 120, 122
Temperaturoptimum im Atlantikum · 185
Theoretische Klimatologie · 23
thermisch-direkte Zirkulation · 125
thermisch-dynamische Zirkulationsräder · 126
thermischer Äquator · 109, 116
thermohaline Zirkulation · 38, 167, 168, 172, 180, 181
Thermokline · 36, 158
Thermosphäre · 54

Tiefdrucktrog · 121
Tiefenkonvektion · 166, 167
Tiefenwasser · 36, 38, 39, 41, 42, 152
Torr · 64
Torricelli · 63, 64
Trade Winds · 114
Transpiration · 45
Treibhauseffekt · 11, 50, 67, 76, 78, 79, 83, 85, 133, 186, 199
Treibhausgase · 11, 49, 79, 80, 82, 83, 85, 87, 90, 95, 138, 189, 192
trockenadiabatisch · 107, 152, 187
Trockengebiete · 128
tropische Luftmassen · 117
tropische Warmluft · 121
tropische Wirbelstürme · 169
Tropopause · 54, 55, 60, 104, 105
Troposphäre · 49, 54, 84, 105, 106, 111, 112, 117, 120, 138, 149, 165
Turbulenzen · 46, 49, 165

U

ultravioletter Bereich · 69, 70, 72
UNEP · 15
UV-Anteil · 55, 72
UV-B · 55, 72
UV-C · 55, 56, 72

V

Vegetationsdecke · 44, 45
Verdunstung · 44, 57, 58
Verdunstungswärme · 45, 58, 78
Vulkanismus · 138, 148, 172

W

Waldgrenze · 106, 175, 185
Walkerzirkulation · 156, 157, 160

Wärmeaustausch · 44
Wärmegegenstrahlung · 86
Wärmespeicher · 35, 42, 45
Wärmestrahlung · 76
Wärmetransfer · 38
Wärmetransportband · 38
Warmfront · 121
Warmluftinseln · 122
Warmwasserströme · 38
Warmzeit des Holozäns · 174, 191
Warmzeiten · 174
Wasserdampf · 44, 46, 50, 57, 72, 73, 80, 91, 96, 114
Wasserdampfbilanz · 39, 41
Wasserdampf-Rückkopplung · 88, 93, 96, 191
Wasserdampftransport · 40, 41, 152
Wasserhalbkugel · 74
Wasserstoff · 46, 49
Weddellmeer · 38, 42
Weichseleiszeit · 174
Wellenlänge · 69, 70
Wendekreise · 74
Westgrönlandbank · 166
Westwinddrift · 40, 123, 130, 163
Wetter · 18, 25, 27, 28, 48, 54, 58, 64, 72, 124, 129, 161
Windklima · 40
WMO · 15, 105
Wolken · 14, 41, 48, 50, 54, 70, 73, 76, 87, 90, 94, 96, 97, 114
Wolkenbildung · 144
Würmeiszeit · 174

Z

Zirkulationsrad · 112, 119
Zustandsänderung · 50, 107, 114
Zweiter Hauptsatz der Thermodynamik · 76
zyklonales Westwindklima · 131
Zyklone · 121, 122, 123, 124
Zyklonentätigkeit · 130

www.ingramcontent.com/pod-product-compliance
Lightning Source LLC
Chambersburg PA
CBHW070316190526
45169CB00005B/1649